普通高等教育"十四五"系列教材

土木、水利与交通工程课程思政案例汇编

主　编　王立成

副主编　王晶华　刘亚坤　赵金玲

中国水利水电出版社
www.waterpub.com.cn
·北京·

内 容 提 要

本书围绕课程思政建设的目标和要求，以解决当前教师在课程思政教学过程中的实际问题为导向，编写针对土木、水利与交通工程专业的课程思政案例集，突出"历史成就""大国建造""大国工匠""大工贡献"等能够培养学生"四个自信""爱党、爱国、爱社会主义、爱人民、爱专业、爱学习"的第一手资料，深入挖掘蕴含在这些重大工程、爱国情怀、工匠精神和励志故事等资料内部的思政教育元素，用好课堂教学这个主渠道，实现各类课程与思想政治理论课同向同行，并形成协同效应，为培养德智体美劳全面发展的社会主义建设者和接班人做出贡献。

本书可作为土木、水利与交通工程专业的本科生、研究生教材，也可供相关专业教师和技术人员使用参考。

图书在版编目（CIP）数据

土木、水利与交通工程课程思政案例汇编 / 王立成主编. -- 北京 : 中国水利水电出版社，2021.12
普通高等教育"十四五"系列教材
ISBN 978-7-5226-0407-7

Ⅰ. ①土… Ⅱ. ①王… Ⅲ. ①高等学校－思想政治教育－研究－中国 Ⅳ. ①G641

中国版本图书馆CIP数据核字(2022)第003505号

书　　名	普通高等教育"十四五"系列教材 **土木、水利与交通工程课程思政案例汇编** TUMU SHUILI YU JIAOTONG GONGCHENG KECHENG SIZHENG ANLI HUIBIAN
作　　者	主编　王立成　副主编　王晶华　刘亚坤　赵金玲
出版发行	中国水利水电出版社 （北京市海淀区玉渊潭南路1号D座　100038） 网址：www.waterpub.com.cn E-mail：sales@mwr.gov.cn 电话：(010) 68545888（营销中心）
经　　售	北京科水图书销售有限公司 电话：(010) 68545874、63202643 全国各地新华书店和相关出版物销售网点
排　　版	中国水利水电出版社微机排版中心
印　　刷	清淞永业（天津）印刷有限公司
规　　格	184mm×260mm　16开本　14.75印张　359千字
版　　次	2021年12月第1版　2021年12月第1次印刷
印　　数	0001—2000册
定　　价	**45.00元**

凡购买我社图书，如有缺页、倒页、脱页的，本社营销中心负责调换

版权所有·侵权必究

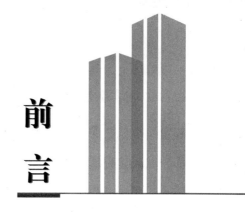

前　言

　　高等教育的根本任务是培养人才，立德树人成效是检验高等学校一切工作的根本标准，要坚持把立德树人作为中心环节，把思想政治工作贯穿教育教学全过程，实现全程育人、全方位育人。我国是中国共产党领导的社会主义国家，这就决定了我们的教育必须把培养社会主义建设者和接班人作为根本任务，培养一代又一代拥护中国共产党领导和我国社会主义制度、立志为中国特色社会主义奋斗的有用人才。这是教育工作的根本任务，也是教育现代化的目标方向。要完成这一根本任务，就要用好课堂教学这个主渠道，各门课都要守好一段渠、种好责任田，使各类课程与思想政治理论课同向同行，形成协同效应。

　　高等学校的"课程思政"是解决和实现"培养什么样的人，怎样培养人，为谁培养人"这一教育的根本问题和根本任务的重要手段。立德树人是我国全部教育实践活动的中心环节。人无德不立，育人的根本在于立德。学校教育要实现"立德"这一目标，仅靠思想政治理论课和思政教师是远远不够的，因为"德"的培养体现在学校所有的教育活动之中，体现在所有的课程之中，体现在每一位教师和每一位教育参与者的言传身教之中。大学校园要处处有德育，所有课程要门门有德育，所有教师要人人讲德育。"课程思政"是实现立德树人的最佳手段，如果说把授课理解为"教书"，那么"思政"就是"育人"。每一位教师都要做到以文化人、以德育人，不断提高学生思想水平、政治觉悟、道德品质、文化素养，做到明大德、守公德、严私德，成为有大爱、大德、大情怀的人。

　　"课程思政"教育模式是教育教学改革的一项重要突破，它明确了高校思想政治理论课和其他各类课程在大学生思想政治教育中的功能定位，对于破解思想政治理论课"孤岛化"窘境和消除思想政治教育与专业教育"两张皮"现象，实现各类课程与思想政治理论课的同向同行、共同建设具有重要意义。高校思想政治工作必须推进从"思政课程"向"课程思政"的转变，形成"课程门门有思政、教师人人讲育人"的局面，使"课程思政"成为高校思想政治工作的主阵地。"课程思政"建设应遵循以下三个基本原则：①以课程为根本，因为这是思政教育的土壤和载体；②以思政为灵魂，没有正确的思政为指引，立德和育人的目标就难以实现；③以教师为核心，教师是实现课程育人功能和引领学生价值取向的关键。

"课程思政"建设的关键在教师。教师是立德树人、教书育人的实施主体，是课堂教学的第一责任人。教师的思政意识、思政素养和思政能力对"课程思政"教学改革的成功至关重要，"课程思政"首先考验的是教师的育德意识和育德能力。高等学校必须大力培养教师的育德意识和育德能力，提高教师思政素质和价值水平。

调查发现，在"课程思政"教学改革实施过程中，最大的问题是专业课教师（也可以称作非思政课教师）的思政素养和思政能力欠缺，具体表现在对如何深入挖掘专业课中蕴含的思政元素，并采取最为恰当、最为有效的手段将思想政治教育贯穿落实到专业课教学过程中不知所措。与专门的思政课通常都有现成的教材或教学资料不同的是，"课程思政"的教学内容往往因课程而异、因专业而异，甚至因学校而异，各门课程之间有共性之处，但个性特征更显著。某些情况下，不同教师即使讲授同一门课程，在课堂中应用的思政元素也可能无法做到完全相同。这就需要专业课教师根据讲授课程的性质、特点，主动去挖掘、梳理教学内容中蕴含的思政元素，找准思政内容与专业知识的切合点，通过创新课程内容建设和知识体系设计，以无缝对接和有机互融的方式，真正实现思政元素与专业知识的有机融合，以"润物无声"的效果实现立德树人的根本目标。

"课程思政"课堂教学改革，要做到"教书"与"育人"的有机统一，思政内容与专业知识要有机融合，要把专业课讲出"思政味"，决不能生搬硬套，也不能牵强附会，不要空喊口号，更不能庸俗化。"课程思政"不是简单、直接地把思政课的部分内容搬到专业课教学中，而是"因势利导、顺势而为"地自然融入。"课程"与"思政"，不是物理学上量的相加，而是化学中的深度反应。在课程专业知识中融入"思政内容"，要使学生不感觉到突兀和陌生，课堂上有"思政味"，学生却没有被"说教感"，老师和学生因情感共鸣，"课程"和"思政"因目标共生。

针对目前"课程思政"教学过程中内容随意性大、切入点困难、与相关课程联系不够紧密的特点，大连理工大学（以下简称"大工"）努力在推进"课程思政"上下工夫，开创"三全育人"工作新局面。广大教师积极加强理论学习，提高为党育人、为国育才的政治站位，不断增强育人定力，回归办学初心，把立德树人作为根本任务，不断探索和创新育人思路，练就课程育人本领，在教学中深入挖掘专业课程教学活动中的育人元素，实现知识传授与价值引领同频共振。

在学校的积极倡导和大力支持下，建设工程学部组织土木工程、水利工程、交通运输工程学科和相关专业的任课教师编写了本书，目的是利用中国劳动人民在古代建设领域中的历史贡献和近年来在重大工程、"一带一路"建设中的成果资料，特别是大工教师、校友参与重大项目的经历和事迹，为相关专业"课程思政"教学提供思政素材与案例，使课程思政教育紧密结合专业人才培养，全面提高"课程思政"教学效果，提高"四个自信"的思想认识和政治站位，培养学生的专业自豪感和时代责任感。本书注重不同案例中思想政治教育素材的挖掘，重点搜集重大工程背后的思想故事、感人事迹，突出"历史成就""大国建造""工匠精神"和"大工红色基因和贡献"等思政元素，教育学生"爱党、爱国、爱社会主义、爱人民、爱专业、爱学习"，传承大工红色基因，守初心，担使命，在实现中国梦的伟大实践和中华民族伟大复兴中做出大工人的贡献。

本书由王立成担任主编，王晶华、刘亚坤、赵金玲担任副主编。参加编写的老师还有董伟、马玉祥、黄丽华、曹明莉、徐博瀚、王骞、王文渊、马小舟、赵璐、王刚、李敏、范书立、康飞、张帝、韩俊南、张志强等。在编写过程中参考、借鉴了许多专家、学者的相关著作和文献资料，以及网络素材等，对于引用的段落、文字、数据等尽可能以参考文献列出，在此谨向各位专家、学者一并表示感谢。对由于文字、图片等资料来源难以溯源或无法以参考文献列出的，特向其出处或作者表示歉意。

由于时间和水平的限制，书中可能存在疏漏和不妥之处，敬请专家和读者不吝赐教，给予批评指正。

编者

2021 年 3 月

目录

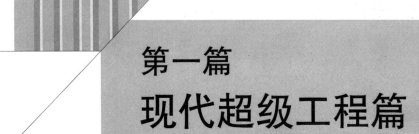

第一篇
现代超级工程篇

港珠澳大桥，55km，世界上最长的跨海大桥、最长沉管海底隧道；三峡工程，装机容量 2240 万 kWh，全世界最大的水力发电站；上海中心大厦，632m，中国人第一次把建筑建到 600m 以上，……。以上这些交通、水利、建筑领域的超级工程，这些普通人耳熟能详的名字，向世界宣告着：昂首进入 21 世纪的中国，正迈开东方巨人的步伐，以前所未有的速度，刷新着一个个世界纪录。桥隧挟山入海，枢纽大坝削山拦江，超高建筑拔地而起，它们成为展示新时代中国强盛国力的符号标志，彰显出现代中国的时代风采。

改革开放 40 年来，我国基础设施建设取得了飞速发展，已经开始领跑世界，创造出了震惊中外的"中国速度"，更是享有"基建狂魔"的美誉。截至 2018 年年底，我国铁路运营里程数 13.2 万 km，其中高铁运营里程数 2.9 万 km，占世界高铁运营总里程数的 2/3，居世界第一位；公路通车总里程 485 万 km，其中高速公路 14.3 万 km，位列世界第一。党的十八大以来，我国交通运输科技水平从跟踪追赶为主，进入到跟跑、并跑、领跑"三跑并存"的新阶段。高速铁路、特大桥隧、离岸深水港、巨型河口航道整治以及大型机场工程等建造技术迈入世界先进或领先行列，一批处于国际领先甚至世界第一的重大工程相继建成，港珠澳大桥、北京大兴国际机场等超级工程震撼世界，惊艳世人。例如，连接粤港澳大湾区的港珠澳大桥创造了多项世界第一：①最长的跨海大桥；②最长的钢结构桥梁；③最长的海底沉管隧道；④最大断面的公路隧道；⑤最大体量的沉管；⑥深海之中数万吨沉管最精准对接。中国高铁同样取得了举世瞩目的成就：①高铁里程超过 2.9 万 km，日本、欧洲、美国的运营线路里程总和不及中国一半；②中国高铁技术适应了世界上独一无二的沙漠（西北）、冻土（东北）环境；③正在建设的京张高铁，是世界上第一条设计时速 350km/h 的高寒、大风沙高速铁路。

自"一带一路"倡议提出以来，中国在"一带一路"沿线近 65 个国家和地区（包括东亚、西亚、南亚、中亚、中东欧等）拥有承建项目 6000 多项，建设了一大批增进当地民生福祉的重点项目，如铁路、桥梁、商业和公共建筑、机场等。例如中老铁路，北起中老边境、南抵万象，线路全长超过 1000km，其中桥梁长度近 62km，隧道长度近 198km，全线采用中国技术标准、使用中国设备；桥梁方面，孟加拉国帕德玛大桥位于孟加拉国首都达卡偏西南约 40km，横跨帕德玛河，距印度洋入海口直线距离约 150km，是连接首都与西南片区的主要交通要道，其主桥水中墩基础采用倾斜钢管桩，为提高钢管桩承载能力、增加钢管桩刚度，施工中采用钢管桩岸上分两段制造、平台上借助自制导向架控制倾斜度进行插打；建筑方面，埃塞俄比亚的商业银行总部大楼位于首都亚的斯亚贝巴，在建筑设计方案中，办公大厦侧立面上有一个空隙，展示出城市的新视角，获得了建筑设计竞赛一等奖。

党的十八大以来，我国一系列重大基础设施工程的相继落成，弥补了短板、打通了瓶颈，成为现代化建设的可靠支撑，让中国发展挺起了更有力的脊梁。我国在建设工程领域和"一带一路"建设中取得的重要成果，是在以习近平为核心的党中央的正确领导下，全党和全国各族人民共同奋斗取得的历史性成就，也是实现中华民族伟大复兴中国梦的重要基石和体现。本篇将从交通、建筑、水利、港口等行业领域，遴选近年来建设完成（或正在建设）的代表性"超级工程"案例，剖析它们在规划、设计、建造等过程中的创新思维、先进技术、绿色发展和生态文明理念，彰显"中国方案"的厚积薄发和中国特色自主创新发展理念的时代价值，是中国特色社会主义制度优越性的集中体现。

案例 1： 港珠澳大桥

港珠澳大桥（Hong Kong - Zhuhai - Macao Bridge）是中国境内一座连接香港、广东珠海和澳门的桥隧工程，位于广东省珠江口伶仃洋海域内，为珠江三角洲地区环线高速公路南环段。港珠澳大桥于 2009 年 12 月 15 日动工建设，2017 年 7 月 7 日实现主体工程全线贯通，2018 年 10 月 24 日上午 9 时开通运营。

港珠澳大桥东起香港国际机场附近的香港口岸人工岛，向西横跨南海伶仃洋水域接珠海和澳门人工岛，止于珠海洪湾立交。港珠澳大桥桥隧全长 55km，是"一国两制"框架下粤港澳三地首次合作建设的超级跨海交通工程。大桥主体工程海中桥隧长 35.578km，有 3 座斜拉桥，桥体全部采用钢结构，钢铁重量相当于 64 座埃菲尔铁塔。海底隧道长 6.75km，是全球最长的公路沉管隧道和全球唯一的深埋沉管隧道。桥面为双向六车道高速公路，设计速度 100km/h；工程项目总投资额 1269 亿元。

港珠澳大桥是世界上最长的跨海大桥，因其超大的建筑规模、空前的施工难度以及顶尖的建造技术而闻名世界，也是中国交通史上技术最复杂、建设要求及标准最高的工程之一，被英国《卫报》誉为"新世界七大奇迹之一"。

1. 建设历程

港珠澳大桥的前身是原规划中的伶仃洋大桥。20 世纪 80 年代初，香港、澳门与中国内地之间的陆地运输通道虽不断完善，但香港与珠江三角洲西岸地区的交通联系因伶仃洋的阻隔而受到限制。20 世纪 90 年代末，受亚洲金融危机影响，香港特别行政区政府认为有必要尽快建设连接港珠澳三地的跨海通道，以发挥港澳优势，寻找新的经济增长点。

2009 年，中国国务院批准建设港珠澳大桥，2018 年 10 月 23 日，港珠澳大桥开通仪式在广东珠海举行，大桥正式开通，10 月 24 日，港珠澳大桥公路及各口岸正式通车运营。

2. 整体布局

港珠澳大桥分别由三座通航桥、一条海底隧道、四座人工岛及连接桥隧、深浅水区非通航孔连续梁式桥和港珠澳三地陆路联络线组成。其中，三座通航桥从东向西依次为青州航道桥、江海直达船航道桥以及九洲航道桥。海底隧道位于香港大屿山岛与青州航道桥之间，通过东西人工岛连接其他桥段。深浅水区非通航孔连续梁式桥分别位于近香港水域与近珠海水域之中，三地口岸及其人工岛位于两端引桥附近，通过连接线接驳周边主要公路。

3. 设计理念

港珠澳大桥总体设计理念包括战略性、创新性、功能性、安全性、环保性、文化性和景观性几个方面。

港珠澳大桥主桥为三座大跨度钢结构斜拉桥，每座主桥均有独特的艺术构思。其中青州航道桥塔顶结型撑吸收"中国结"文化元素，将最初的直角、直线造型"曲线化"，使桥塔显得纤巧灵动、精致优雅。江海直达船航道桥主塔塔冠造型取自"白海豚"元素，与海豚保护区的海洋文化相结合。九洲航道桥主塔造型取自"风帆"，寓意"扬帆起航"，与江海直达船航道塔身形成序列化造型效果，桥塔整体造型优美、亲和力强，具有强烈的地标韵味。东西人工岛汲取"蚝贝"元素，寓意珠海横琴岛盛产蚝贝。香港口岸的整体设计富于创新且美观、符合能源效益。旅检大楼采用波浪形的顶篷设计，为支撑顶篷，大楼的支柱呈树状，下方为圆锥形，上方为枝杈状展开。最靠近珠海市的收费站设计成弧形，前面是一个钢柱，后面有几根钢索拉住，就像一个巨大的锚。

大桥水上和水下部分的高差近100m，既有横向曲线变化又有纵向高低起伏，整体如一条丝带一样纤细轻盈，把多个节点串起来，寓意"珠联璧合"。前山河特大桥采用波形钢腹板预应力组合箱梁方案，采用符合绿色生态特质的天蓝色涂装方案，造型轻巧美观，与当地自然生态景观浑然天成；桥体矫健轻盈，似长虹卧波，天蓝色波形腹板与前山河水道遥相辉映，如同水天一色，在风起云涌之间形成一道绚丽的风景线。

4. 设计特点

针对跨海工程"低阻水率"、"水陆空立体交通线互不干扰"、"环境保护"以及"行车安全"等苛刻要求，港珠澳大桥采用了"桥、岛、隧三位一体"的建筑形式。大桥全路段呈S形曲线，桥墩的轴线方向和水流的流向大致取平，既能缓解司机驾驶疲劳，又能降低桥墩阻水率，还能提升建筑美观度。

斜拉桥具有跨越能力大、造型优美、抗风性能好以及施工快捷方便、经济效益好等优点，往往是跨海大型桥梁优选的桥型之一。结合桥梁建设的经济性、美观性等诸多因素以及通航等级要求，港珠澳大桥主桥的三座通航孔桥全部采用斜拉索桥，由多条8～23t、1860MPa的超高强度平行钢丝巨型斜拉缆索从约3000t自重主塔处张拉承受约7000t重的梁面。整座大桥具有跨径大、桥塔高、结构稳定性强等特点。

5. 设计参数

港珠澳大桥全长55km，其中包含22.9km的桥梁工程和6.7km的海底隧道，隧道由东、西两个人工岛连接。桥墩224座，桥塔7座；桥梁宽度33.1m，沉管隧道长度5664m、宽度28.5m、净高5.1m；桥面最大纵坡3%，桥面横坡2.5%内、隧道路面横坡

1.5‰内；桥面按双向六车道高速公路标准建设，设计速度 100km/h，全线桥涵设计汽车荷载等级为公路-Ⅰ级，桥面总铺装面积 70 万 m²。通航桥隧满足近期 10 万 t、远期 30 万 t 油轮通行。大桥设计使用寿命 120 年，可抵御 8 级地震、16 级台风、30 万 t 巨轮撞击以及珠江口 300 年一遇的洪潮。

5.1　青州航道桥

青州航道桥是一座双塔双索面钢箱梁斜拉桥，全线跨径最大，全长 930m，为半漂浮体系。索塔采用双柱门形框架塔，塔高 163m，共设有 112 根斜拉索，上下塔柱分别高 135m、45m，上下塔柱断面为空心矩形断面、倒角空心菱形断面，塔底 5m 采用实心断面。大桥设有通航孔 1 个，净空高度 42m，净空宽度 318m，通航吨级 1 万 t。

5.2　江海直达船航道桥

江海直达船航道桥是一座中央单索面三塔钢箱梁斜拉桥，斜拉索采用空间扇形布置、钢混组合结构塔身，共 3 个主墩和 4 个边辅墩。主梁为倒梯形、带悬臂整幅单箱三室截面；斜拉索采用接近竖琴型双索面，共 42 根斜拉索，最长索长约 135m，最大索重约 20t，索塔为中央独柱型混凝土塔，其基础均采用群桩钢管复合桩基础。中塔高 106m，重 2800t，过渡墩高 18.8m，墩底厚 4.5m，宽 12m，采用预制空心墩身。大桥设有通航孔 1 个，净空高度 40m，净空宽度 210m，通航吨级 1 万 t。

5.3　九洲航道桥

九洲航道桥是一座双塔单索面钢混组合梁 5 跨连续斜拉桥，共设有 64 根斜拉索。主梁为倒梯形、带悬臂整体单箱三室截面，梁顶宽 39.1m，底宽 22.8m，梁高 3.575m，顶板悬臂长度为 5.5m，标准梁段长 16m，拉索锚固位置位于中央直腹板处。斜拉索采用竖琴型中央单索面，梁上索距为 16m，塔上索距 9.63m，索塔为中央独柱型钢塔，塔顶标高 136.190m，两个索塔皆与主梁固结，辅助墩设竖向支撑，过渡墩设竖向支撑及横向抗风支座，在纵向，三个索塔处设置纵向阻尼装置提高抗震性能。大桥设有通航孔 2 个，净空高度 24.5m，净空宽度 173m，通航吨级 5000t。

5.4　非通航孔桥

港珠澳大桥浅水区非通航孔连续梁式桥每跨 85m，采用单墩双幅梁。深水区非通航孔连续梁式桥每跨 110m，采用单墩整幅梁。净空高度 20m、宽度 85m，通航吨级为 500t。

5.5　海底隧道

港珠澳大桥海底隧道由 33 节巨型沉管和 1 个合龙段接头共同组成，每节沉管长 180m、宽 37.95m、高 11.4m、重约 7.4 万 t，最大排水量达 8 万 t，最大沉放水深 44m，通航吨级为 30 万 t。

5.6　香港连接线

港珠澳大桥香港连接线是双程三线行车道路，全长约 12km，连接主桥与香港口岸，包括约 1.8km 陆上高架桥段、约 7.6km 海上高架桥段、约 1km 观景山隧道和约 1.6km 沿赤鱲角东岸地面道路。香港连接线走向设计降低了对周边设施和环境的影响：靠近观景山隧道的一段紧贴北侧机场岛南岸，远离南侧北大屿山生态敏感地区，接下来一段拐向南侧并弯弯曲曲，以免影响机场西南角政府飞行服务队的运作，同时降低对大屿山居民的影响，到开阔海面后桥面开始升高，供大型船只通行。

5.7　珠海连接线

港珠澳大桥珠海连接线全长 13.4km，采用双向六车道高速公路标准，设计速度 80km/h，桥梁总宽 31.5m，隧道总宽 2×14m，整体式路基宽度 32m，分离式路基宽度 16m。桥涵设计汽车荷载等级采用公路-Ⅰ级。主线两座隧道长 6204.0m，3 座桥梁全长 5779.8m。设人工岛 1 处，南湾互通、横琴北互通、洪湾互通 3 处互通立交和口岸人工岛连接匝道 1 处。

5.8　拱北隧道

港珠澳大桥拱北隧道是珠海连接线的核心控制性工程之一，采用双向六车道设计，全长 2741m，由海域人工岛明挖段、口岸暗挖段以及陆域明挖段三种不同结构的隧道连接而成。隧道地处类似泥潭一样的高富水地质结构区，同时下穿我国第一大陆路出入境口岸至拱北口岸，施工难度大，地质条件复杂，周边建筑环境密集，车辆按"先分离并行，再上下重叠，最后又分离并行"形式设置。

5.9　加林山隧道

港珠澳大桥加林山隧道是珠海连接线的重点控制性工程之一，单洞全长 3641m，全隧道段采用双洞上下行分离式设计，每洞为单向三车道高速公路，设计速度 80km/h。该隧道近距离三次穿越对澳输水管道、两次穿越水库和断层破碎带，地质条件复杂，施工难度大。

5.10　前山河特大桥

港珠澳大桥前山河特大桥是珠海连接线的重要组成部分，全长 1777m，采用"（90＋160＋90）m"跨径布置，为一座新型、大跨、宽幅波形钢腹板预应力混凝土连续梁桥，通航净宽 80m，净高 8m，满足国家Ⅳ级航道要求。因桥面设计标高在河面 20m 以上，加之波形钢腹板安装定位操作空间要求大，桥梁高空作业施工风险高。大桥主跨 160m，居当时中国国内同类型桥梁首位，整体线形控制精度要求高。

5.11　东西人工岛

港珠澳大桥海底隧道东西人工岛是水上桥梁与水下隧道的衔接部分，为全线路段的重点配套工程。东人工岛西边距铜鼓航道中心 1563m，采用椭圆形布设，岛长 625m，宽 225m，总面积为 10.3161 万 m²，建筑面积约 2.5 万 m²。西人工岛东边距伶仃西航道中心 2018m，也设为椭圆形岛，岛长 625m，宽 185m，总面积为 9.7962 万 m²，建筑面积约

1.8 万 m²。为减少阻水效应，两岛均位于－10m 等深线以外。其中东人工岛除了养护救援功能外，附加旅游服务功能，建设环岛步道用以观光。西人工岛以管理功能为主，设运营、养护以及救援站。东西人工岛建筑顶部均设有一个帽子状的中央风口，保持隧道空气畅通。

5.12 三地口岸岛

珠海、澳门口岸人工岛总面积约 217 万 m²，其中东西宽 950m，南北长 1930m，由珠海口岸管理区、澳门口岸管理区和大桥管理区组成，为港珠澳大桥主体工程与珠海、澳门两地的衔接中心，是可实现香港、珠海以及澳门三地旅客或车辆通关的互通陆路口岸。珠海口岸岛采用白色调椭圆形整体设计结构，总建筑面积约 32 万 m²。澳门口岸岛采用灰色调长方形设计结构，总建筑面积约 60 万 m²。香港口岸人工岛填海造地面积 130hm²，设置在香港机场东北面对开水域一个面积约 150hm²（包括 130hm² 土地用作香港口岸和 20hm² 土地用作屯门至赤鱲角连接路南面出入口）的人工岛上，邻近香港国际机场及东涌新市镇。

6. 技术难题

港珠澳大桥工程具有规模大、工期短，技术新、经验少，工序多、专业广、要求高、难点多的特点，为全球已建最长跨海大桥，在道路设计、使用年限以及防撞防震、抗洪抗风等方面均有超高标准。在港珠澳大桥修建过程中，中国国内许多高校、科研院所发挥了重要技术支撑作用。

港珠澳大桥地处外海，气象水文条件复杂，健康、安全与环境管理体系（Health Safety and Environment Management System，HSE 或 HSEMS）管理难度大。伶仃洋地处珠江口，平日涌浪暗流及每年的南海台风都极大影响高难度和高精度要求的桥隧施工。海底软基深厚，即工程所处海床面的淤泥质土、粉质黏土深厚，下卧基岩面起伏变化大，基岩埋深基本处于 50～110m 范围。海水氯盐含量高，可腐蚀常规的钢筋混凝土桥梁结构。伶仃洋是弱洋流海域，大量的淤泥不仅容易在新建桥墩、人工岛屿或在采用盾构技术开挖隧道过程中堆积并阻塞航道、形成冲积平原，而且会干扰人工填岛以及预制沉管的安置与对接。同时，淤泥为生态环境重要成分，过度开挖可致灾难性破坏，故桥隧工程既要满足低于 10% 阻水率的苛刻要求，又不能过度转移淤泥。伶仃洋立体空间区域内包括重要的水运航道和空运航线，伶仃洋航道每天有 4000 多艘船只穿梭，毗邻周边机场，通航大桥的规模和施工建设受到很大限制，部分区域无法修建大桥，只能采用海底隧道方案。

港珠澳大桥穿越自然生态保护区，对中华白海豚等世界濒危海洋哺乳动物存在威胁。同时，大桥两端进入香港、珠海市，亦可能对城市产生空气或噪声污染。此外，粤港澳三地在各自法律法规、技术标准、工程管理、市场环境、责任体系、决策机制等均存在较大差异，大桥运营管理复杂。

6.1 经验匮乏

港珠澳大桥是至今为止全球规模最大的跨海工程，其沉管海底隧道规模也位居全球之首。中国工程师们虽然有建设跨江隧道的经验，但截至 2010 年，仍对海底沉管隧道非常陌生。国外在这一领域保持高度技术封锁，而且许多国外技术经验不适用于港珠澳大桥的实际情况。因此可以说，港珠澳大桥是一座集多项世界性难题为一身的超级工程。

6.2 深海环境

港珠澳大桥主体工程深入外海，同时要面对复杂多变的海洋气候和海底地质条件，存在深水深槽、大径流、强回淤等不利因素。2015 年，港珠澳大桥沉管隧道的安置对接经历多次无功而返，其中 E15 节沉管历经三次浮运两次返航 156 天才完成安装。

6.3 生态保护

港珠澳大桥穿越中华白海豚自然保护区核心区约 9km、缓冲区约 5.5km，共涉及保护区海域面积约 29km²。为实现海豚不迁移、零伤亡目标，建设单位对大桥的设计和施工方案进行多次调整，如将桥墩数量由原来的 318 个减少至 224 个；尽量避免 4—8 月白海豚繁殖高峰期进行大规模疏浚、开挖等容易产生大量悬浮物的作业活动；调整桥位主线与海流流向的夹角，减少疏浚物开挖倾倒量，降低工程对海洋水文动力和生物资源的不利影响等。2018 年 6 月，据广东省海洋与渔业厅发布的《2017 年广东省海洋环境状况公报》显示，2017 年珠江口中华白海豚国家级自然保护区管理局目击中华白海豚 380 群次，共 2180 头次，据 2017 年最新数据显示，珠江口水域栖息的中华白海豚在数据库新增 234 头，累计已识别海豚 2367 头。

7. 重点工程

7.1 外海造岛

港珠澳大桥海底隧道所在区域没有现成的自然岛屿，需要人工造岛。受 800 万 t 海床淤泥的影响，施工团队采用了"钢筒围岛"方案：在陆地上预先制造 120 个直径 22.5m、高度 55m、重量达 550t 的巨型圆形钢筒，通过船只将其直接固定在海床上，然后在钢筒合围的中间填土造岛。这种施工方法既能避免过度开挖淤泥，又能避免抛石沉箱在淤泥中滑动。岛上建筑采用表面平整光滑、色泽均匀、棱角分明、无碰损和污染的新型清水混凝土，施工时一次浇注成型，无任何外装饰，能够有效应对外海高风压、高盐和高湿度不利环境。

7.2 沉管对接

港珠澳大桥沉管隧道及其技术是整个工程的核心，既能够减少大桥和人工岛的长度，降低建筑阻水率，保持航道畅通，又能避免与附近航线产生冲突。

所谓沉管技术，就是在海床上浅挖出沟槽，然后将预制好的隧道沉放置沟槽，再进行水下对接。沉管隧道安置采用集数字化集成控制、数控拉合、精准声呐测控、遥感压载等为一体的无人对接沉管系统。沉管对接采用多艘大型巨轮、多种技术手段和人工水下作业方式相结合。在水下沉管对接过程期间，设计师们提出"复合地基"方案，即保留碎石垫层设置，并将岛壁下已使用的挤密砂桩方案移至隧道，形成"复合地基"，避免原基槽基础构造方案可能出现的隧道大面积沉降风险。建设者们在海底铺设了 2～3m 的块石并夯平，将沉管穿越多种地层可能出现的沉降值控制在 10cm 内，避免整条隧道发生不均匀沉降而漏水。

港珠澳大桥沉管隧道采用中国自主研制的半刚性结构沉管，具有低水化热、低收缩的沉管施工混凝土配合比，提高了混凝土的抗裂性能，从而使沉管混凝土不出现裂缝，并满足隧道 120 年内不漏水要求。沉管隧道柔性接头主要由端钢壳、GINA 止水带、Ω 止水带、连接预应力钢索、剪切键等组成。

港珠澳大桥沉管安放和对接的精准要求极高，沉降控制范围在 10cm 之内，基槽开挖误差范围在 0～0.5m 之间。沉管隧道最终接头是一个巨大楔形钢筋混凝土结构，重 6000t，为中国首个钢壳与混凝土浇筑，由外墙、中墙、内墙和隔板等组成的"三明治"梯形结构沉管，入水后会受洋流、浮力等影响而变化姿态。为了保证吊装完成后顺利止水，高低差需控制在 15mm 内。最终接头安放目标是 29m 深的海底、水下隧道 E29 和 E30 沉管间最后 12m 的位置，由世界上最大起重船"振华 30"进行吊装。港珠澳大桥索塔吊装作业的 4 根吊带，每根长 120m，直径 40cm，由 14 多万根高强纤维丝组成，长度误差控制在 5cm 内，全部经过额定荷载检测试验。

7.3 索塔吊装

港珠澳大桥的斜拉桥距离机场很近，受密集航班影响，海上作业建筑限高严格，传统的架设临时塔式起重机吊装方法无法施展。为此，施工团队采用预制索塔牵引吊装的方案，即在陆地上造桥塔，然后通过桥梁底座上的连接轴进行连接，由巨大的钢缆将原水平置放的桥塔牵引旋转 90°角垂直于桥面后再固定。

7.4 隧道开挖

港珠澳大桥拱北隧道是全球最大断面双层公路隧道，隧道顶部距离拱北口岸地表不足 5m，隧道洞口上方是广珠城际高速铁路及其珠海站，施工范围极为有限。为避开"星罗棋布"的管线、桩基，降低对口岸建筑及通关的影响，施工如"针尖上跳舞，麦芒上绣花"。拱北隧道采用上下并行的双层隧道方案，隧道开挖断面达 336.8m²。同时采用"大断面曲线管幕顶管施工""长距离水平环向冻结""分台阶多步开挖"相结合的施工工法，即先将 36 根直径 1.62m、平均长度约 257.9m 的顶管，从隧道一侧工作井顶入、另一侧工作井穿出，再通过冻结管道和低温盐水，让土层中水结冰形成 2m 厚的冻土层，以此隔绝地下水。

7.5 新型材料

为满足港珠澳大桥高标准的抗震、抗腐蚀等要求，中国科学家们研制了多种高性能材料，应用于桥隧建设。其中，港珠澳大桥斜拉桥锚具材料采用经热处理与表面改性超高强韧化技术的中碳低合金钢，力学性能得到大大改善。

港珠澳大桥的设计使用寿命长达 120 年，打破了国内大桥设计使用寿命的"百年惯例"。中国科研人员依靠 1986 年以来湛江地区累积形成的海洋水文数据，攻克了大量技术难题，并结合伶仃洋实际，创造性地提出了"港珠澳模型"等一整套具有中国特色、世界水平的海洋防腐抗震技术措施，最终保障了"120 年"指标的达成。"我们采用了当前世界上最好的高性能环氧钢筋、不锈钢筋、高性能海工混凝土、合理的结构、工厂化制造等，集目前国内国际最好的耐久性技术，来保证港珠澳大桥达到 120 年的设计使用寿命，这在中国也是绝无仅有的。"港珠澳大桥总设计师孟凡超自豪不已。

8．科研成果

港珠澳大桥建设前后开展了 300 多项课题研究，发表论文逾 500 篇（科技论文 235 篇）、出版专著 18 部、编制标准和指南 30 项、软件著作权 11 项。创新项目超过 1000 个、创建工法 40 多项，形成 63 份技术标准、创造 600 多项专利。先后攻克了人工岛快速成岛、深埋沉管结构设计、隧道复合基础等十余项世界级技术难题，带动 20 个基地和生产线的建设，形成了拥有中国自主知识产权的核心技术，建立了中国跨海通道建设工业化技术体系。

9．荣誉表彰

2018 年，港珠澳大桥工程先后获《美国工程新闻纪录》（ENR）评选的 2018 年度全球最佳桥隧项目奖、国际隧道协会"2018 年度重大工程奖"和英国土木工程师学会（ICE）期刊 *NEW CIVIL ENGINEER* 评选的"2018 年度隧道工程奖（10 亿美元以上）"。

截至 2018 年 10 月，港珠澳大桥是世界上里程最长、沉管隧道最长、设计使用寿命最长、钢结构用量最大、施工难度最大、技术含量最高、科学专利和投资金额最多的跨海大桥。大桥工程技术及设备规模创造了多项世界纪录。

10．总结：中国制造支起"世界之最"

港珠澳大桥具有多项世界之最。它是世界上最长、耗资最高、拥有最长海底沉管、最具有挑战性、设计使用寿命最长、"颜值"最高的跨海大桥。对于这样一座目前世界上综合难度最大的跨海大桥而言，每项荣誉的背后，都是一组组沉甸甸数据的支撑——全长55km，世界总体跨度最长的跨海大桥；海底隧道长 6.75km，世界上最长的海底公路沉管隧道；海底隧道最深海平面下 46m，世界上埋进海床最深的沉管隧道；对接海底隧道的每个沉管重约 8 万 t，世界最重的沉管；世界首创的深插式钢圆筒快速成岛技术。此外，大桥还囊括了世界首创主动止水的沉管隧道最终接头、世界首创桥岛隧集群方案、世界最大尺寸高阻尼橡胶隔震支座、世界最大难度深水无人对接的沉管隧道等多项世界之最。曾参与指挥建设东海大桥、杭州湾大桥等工程的老桥梁专家谭国顺用"集大成者"来形容港珠澳大桥。他表示，"世界之最"的背后，是港珠澳大桥在建设管理、工程技术、施工安全和环境保护等领域填补诸多"中国空白"乃至"世界空白"，进而形成一系列"中国标准"的艰苦努力。

编者评：

港珠澳大桥是国家工程、国之重器，体现了勇创世界一流的民族志气。这是一座圆梦桥、同心桥、自信桥、复兴桥。

港珠澳大桥建成通车，极大缩短了香港、珠海和澳门三地间的时空距离，被视为粤港澳大湾区互联互通的"脊梁"，有效打通了湾区内部交通网络的"任督二脉"。作为中国从桥梁大国走向桥梁强国的里程碑之作，被业界誉为桥梁界的"珠穆朗玛峰"，不仅代表了中国桥梁先进水平，更是中国国家综合国力的体现。

作为连接粤港澳三地的跨境大通道，港珠澳大桥必将在大湾区建设中发挥重要作用。

案例 2：大连星海湾跨海大桥

世纪之交，我国的交通基础设施建设走"博采众长，自主创新"的发展道路，先后建成了一批世界级跨江海桥梁工程，无论建设规模还是工程品质都取得了举世瞩目的成绩。大连是我国北方重要的沿海城市，为实现"全域城市化"概念，使城市组团间通过高速公路、环城快速路或者轨道交通相互贯通，构建大连周边一小时经济圈，修建星海湾海上桥梁通道以形成环状路网的主框架结构，是解决城市发展交通问题的重大民生工程，也能够进一步提升这座现代化城市可持续发展的品质。大连星海湾跨海大桥位于星海湾广场，主要是为了解决大连市中山西路的交通压力而修建的横跨星海湾的跨海大桥。该桥东起金沙滩东侧的金银山，西至凌水湾上岸，海上部分全长约 6km。

星海湾跨海大桥是我国首座海上地锚式悬索桥。主桥为双塔三跨双层地锚式悬索桥，跨径为 180m＋460m＋180m。桥梁分上下两层，上层为 4 车道＋两侧人行道，下层为 4 车道，上层车道从东向西行驶，下层车道从西向东行驶。桥上横坡为双向 1.5％。主通航孔通航净高为 30m。加劲梁采用钢桁架结构，钢桁架梁由主桁架、上下横梁、上下平纵联组成。由于上下横梁间要留有行车空间，将上下横梁及主桁的竖杆组合成一个强大的框架结构。主桁高 10m，节间长 10m，两主桁间宽度为 24m。上下弦杆截面尺寸为 920mm×840mm，竖腹杆为 800mm×740mm，横梁尺寸为 1500mm×740mm。桥面系由架设在主桁横梁上的纵梁、横隔梁及正交异性钢桥面板构成。

星海湾大桥主缆采用预制平行钢丝索股逐根架设的施工方法（PPWS）。每根主缆由 61 股平行钢丝索股组成，每根索股含 127 丝 Φ5mm 的镀锌高强钢丝。主缆中跨的矢跨比为 1/6.667；边跨的矢跨比为 1/16.67。两根主缆间距为 25.2m。吊点纵向间距为 10m，每个吊点设有 2 根吊杆，吊杆采用预制平行钢丝束索股，外包 PE 防护。每根索股采用 73 丝 Φ7mm 的镀锌钢丝。中央扣吊杆索股采用 109 丝 Φ7mm 的镀锌钢丝。索塔采用门式框架钢筋混凝土结构，由塔柱、上下横梁组成。横梁内配有预应力钢筋。塔柱为 D 字形空心截面，全高 112.31m。塔柱横桥向由上而下向外侧倾斜，内侧斜率保持不变，外侧有两段不同的斜率，用 500m 半径圆弧过渡。上部等截面段外轮廓尺寸为 410cm×650cm，根部变到 630cm×820cm。每根塔柱下设 17.2m×23.5m×6.0m 承台。承台下设 12 根 Φ2.5m 的钻孔灌注桩。

海上修建锚碇在我国尚属首次，我国绝大部分悬索桥的锚碇是设置在陆地或者岛上，国外也仅有少数桥梁的锚碇修建在海中。围绕星海湾大桥的设计和施工，开展了多项科研工作。大桥创造性地采用了锚碇基础预填骨料升浆基床技术，解决了海上修筑锚碇的技术难题。钢桁架梁的整体节点技术改善了节点的受力状态，方便梁体在现场的安装，并提高了安装精度。裸岩地区的钢护筒及施工便桥钢管桩采用振动环切法植桩和锚杆嵌岩植桩等创新工艺，为我国海上修筑桥梁提供了宝贵经验。星海湾大桥以多项自主创新成果为支撑，成为体现我国跨海桥梁最新技术的又一个标志性工程。

1. 锚碇基础预填骨料升浆基床技术

丹麦大贝尔特桥也是在海里修筑锚碇，基础坐落在预固结冰川期含漂砾的黏土上，主要危险是沿薄弱区面的滑动，这个问题通过采用 2 个楔形的石质基础来解决。星海湾地区的海床下面是石灰岩，其抗压强度和抗剪强度都高于大贝尔特桥所处的地基，因此项目施工过程中采用了预填骨料升浆基床技术，即先将海床开挖至中风化岩面，然后采用潜水水下刮道整平的施工方法进行基床整平，接下来在基床上铺设土工布，以防止在升浆过程中发生漏浆现象。星海湾大桥基床抛石所采用的石料为 10~100kg 块石，饱和单轴极限抗压强度不低于 50MPa，采用方驳配反铲的施工方法进行抛石，抛石后自然形成的孔隙率为40％左右，为保证升浆的要求，不进行夯实处理。东锚碇的基床比西锚碇深，最终形成的碎石基床的厚度为东锚碇 10m，西锚碇 3m，待锚碇沉箱浮运就位后，在沉箱上搭设升浆平台，利用已经预埋好的预埋管进行钻孔。钻孔深度钻至基床底面以下 0.5m，钻孔后再将注浆管和观测管打至基岩面，再进行基床升浆作业。升浆采用平升工艺，砂浆从底部向上升起，逐渐充满整个碎石基床。基床底面不用设计成楔形，既方便施工，又能够达到抵抗水平力的要求。

锚碇基础为预制混凝土重力式沉箱结构，单个沉箱尺寸为 69m×44m×17m，重达26000t，为国内最大沉箱。沉箱内的舱格部分，采用抛填块石升浆混凝土结构。星海湾大桥为了提高锚碇的抗滑移安全系数，在沉箱与碎石基床的接触面间增设钢锚杆，增加锚碇的抗滑移能力。

2. 钢桁架梁的整体节点技术

钢桁架整体节点是将节点板与弦杆焊接成为一个整体。由于其节省材料，整体性好，逐渐受到青睐。星海湾大桥主桁架采用整体节点技术，弦杆、腹杆、横梁均在节点外采用高强度螺栓连接。星海湾大桥整体节点连接处的长焊缝和高强螺栓要承受较大的动载作用，整体节点的受力状态复杂。为了掌握该桥整体节点的疲劳性能，对弦杆整体节点按1：2 缩尺模型进行了疲劳试验。静载试验中各测点应力基本呈线性变化，并且各次静载试验应力数值基本没有差别。疲劳加载 200 万次后，试验模型未出现裂纹，表明整体节点不会发生疲劳破坏。

3. 钢护筒及施工便桥钢管桩植桩技术

裸岩地区的钢护筒及施工便桥钢管桩采用振动环切法植桩和锚杆嵌岩植桩技术。环切嵌岩植桩是将钢管桩环切入基岩 1.5 倍桩径，利用岩壁及桩芯岩石抵抗钢管桩在波浪力作用产生的上拔力和横向力。施工前，预先在钢管桩底口镶嵌 16 个 YG-8 合金钢钻齿，然后采用工程水井钻机通过钻杆带动钢管桩转动，正循环排渣，实现钢管桩钻进。

植桩平台的制作及吊放。植桩平台尺寸为 5.4m×9.8m×3m，支撑立柱采用 4 根可调立柱系统，以适应不同岩面高差，采用起重船进行安装。钢管桩顶部与主动钻杆连接杆焊接，底部焊接 16 个 YG-8 合金钢钻齿，调整钻孔平台上的限位槽钢，准确定位，将钢管桩沿钻孔平台导向定位架插入至海底岩面，利用钻机将钢管桩钻进岩面。

锚杆嵌岩植桩是在每根钢管桩内设置 2 根锚杆，锚杆的型号为 L90×10mm 角钢，承受轴向上拔力。根据锚杆与砂浆、砂浆与岩石、锚杆与混凝土黏结力计算，当锚杆入岩深度达到 3.1m，嵌入桩内混凝土 2.0m，即可满足上拔力设计值要求。首先制作定位架和临时导向平台，定位架为 6m×6m×6m 等边三角形，定位架钢管之间用 I32 工字钢连接。临时导向平台采用 2 根 15.6m 长 I32 工字钢，内净距 2.5m。使用方驳吊机将定位架及临时导向平台组合在一起并安放就位，复核、微调后，钢管桩精确就位。钢管桩就位后，及时进行桩间平联，焊接临时八字腿支撑，并与前一排已立好的钢管桩纵连加固。然后浇筑水下混凝土。混凝土采用拌和船搅拌，采用导管灌注水下混凝土，连续进行直至完成。再采用方驳吊机将地质钻机吊至定位架平台上。调整钻机支腿，钻头准确定位后将支腿固定牢固。桩顶设置钻杆限位装置，固定在桩顶，钻杆通过限位孔下放进行钻孔，孔深 5.1m，钻孔完成。每个钻孔内埋设 1 个锚杆，锚杆材质为 Q345，长度为 5.1m。注浆管采用硬质 PVC 管通过锚孔套管直接插至孔底，M30 砂浆由挤浆泵注入孔内，完成植桩。

4. 光纤腐蚀传感器在大桥健康监测系统中的应用

大桥采用先进的健康监测系统，对大桥的应力、位移、环境状况及内部钢筋的锈蚀状况进行实时监测，应用了大连理工大学结构工程学科专利技术——BOTDR 光纤腐蚀传感器。大桥的多项试验研究工作以及整座大桥的成桥检测工作也是由大连理工大学负责完成的。大连星海湾跨海大桥以多项自主创新成果为支撑，成为体现我国跨海桥梁最新技术成果的又一个标志性工程。

星海湾跨海大桥由大连理工大学桥隧研发基地张哲教授团队主持设计，该桥相关的科研项目均在大连理工大学桥隧研发基地结构实验室及风洞试验室进行，包括全桥模型试验、主桁整体节点疲劳试验、锚箱的疲劳试验、横梁的疲劳试验、锚碇滑移试验及桥塔和主桁节段模型的风洞试验。

专家点评：

桥梁设计强调"3E"，即功能、经济和优美。大连南部滨海大桥很巧妙地将这三点结合在一起，为了解决交通问题而建设的大桥，在满足通航需求的前提下，没有追求过大跨度，同时，还从景观角度，采用了悬索桥设计，强调了结构的美学设计，这让人们远观近看都会产生一种视觉享受。

——中国工程院院士　项海帆

星海湾跨海大桥在设计之初就考虑了耐久性，对钢筋和混凝土等施工材料都做了防腐处理，对国内桥梁建设很有借鉴意义。其美学设计不亚于丹麦著名的大海带桥，相信大连会因为这座桥而更著名！

——国际桥梁与结构工程协会主席　葛耀君

星海湾跨海大桥是国内第一座在海中建设锚碇的悬索桥，具有较高的桥梁建设学术价值。同时，星海湾跨海大桥从设计之初就考虑了管理系统和健康监测系统，颇具领先性。

——同济大学大跨度桥梁研究室主任　肖汝诚

星海湾大桥是中国国内首座海上建造锚碇的大跨度双层悬索桥，建成后成为星海湾一个新的旅游景点以及大连市新的地标式建筑。大连南部滨海大道项目工程规模浩大，地质条件复杂，特别是在海上建造锚碇技术难度大，设计工作涉及方面多、任务艰巨，该桥建成后对海中修建悬索桥提供了宝贵的经验。

——《世界桥梁》评

案例3：金马大桥

金马大桥（图1）位于广东省广（州）——肇（庆）高速公路上，在马口峡下游附近跨越西江，全长1912.6m，主桥60m+2×283m+60m，主桥桥宽29m，采用"斜拉桥与T型刚构协作体系"结构，大幅度降低造价，计划投资3.2亿元，实际投资1.89亿元，1999年建成通车，是目前我国最大跨径的混凝土单塔斜拉桥。

西江该处河段常水位时河宽700m，河滩地外两岸大堤间约900m，设计流量53900m³/s，水深流急。常水位水深约28m，设计洪水位水深36m。河道为通航黄金水道，要求航行5000t海轮，通航净高要求22m，净宽2×90m（主航道），2×80m（副航道）。桥面宽26.5m，车速120km/h，纵坡限3%以内。船撞力：中墩12000kN（横桥向），6000kN（顺桥向）；边墩1100kN（横桥向），800kN（顺桥向）。

图1 金马大桥

该桥采用了设计与施工组成联合体，进行总招标的方式。造价因素极为重要，特别是主桥方案的优劣尤为关键。当时全国共有19家联合体参与项目投标，经过初选，参与竞标的单位从十九家缩减为四家，有国内著名的设计院，实力雄厚的高校，竞争异常激烈。

由大连理工大学桥梁所张哲教授提出的方案最后脱颖而出，以技术先进、设计新颖、造价较低一举中标。张哲教授首次创新性地应用"混凝土斜拉桥与T型刚构协作体系"（图2），而且采用了多项新技术解决了工程中的技术难题。该方案采用了协作体系，在不增加索长的情况下加大了斜拉桥的跨越能力。只有一个深水墩，施工方便。主墩本身受力较大，选用24根Φ2.5～2.8m的变截面钻孔桩，自身即可抵抗船撞力。在12000kN的船撞力作用下墩顶仅有6cm的位移。由于采用的高桩承台有一定柔度，船撞时可吸收一部分能量，减少了对船只的破坏力。

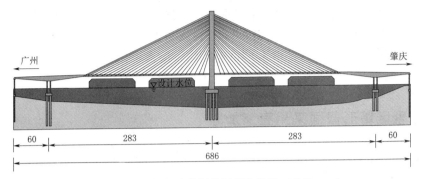

图 2　T 型刚构与独塔斜拉桥协作体系（单位：m）

金马大桥设计中的创新点有以下几点。

1. 大型混凝土斜拉桥与 T 型刚构协作体系

金马大桥创造性地利用两侧的 T 构连接斜拉桥来增大主桥跨径，无论从使用功能还是从经济角度都是一个非常合适的设计方案。斜拉桥悬臂端竖向位移受较强大的 T 构约束，整个体系的水平力主要由斜拉桥主墩承担。由于斜拉桥跨径大，主墩必然设计得强大，从而又可自身抵抗船撞力（12000 kN）。由于结构对称，恒载及温度力作用下主塔弯矩接近于零，仅在活载下有较小弯矩，所以主塔只需按构造配筋。T 构墩设计成柔性也适应了温度变形。采用协作体系的主桥结构布置协调，受力合理。这种新型协作体系斜拉桥的优点主要有以下几点：

（1）刚构侧深入主跨 60m，可以在不增加长边索的条件下加大桥的跨越能力，长边索的节省可以大大降低造价。因为斜拉桥中拉索的造价占很大比重，223m 跨径的斜拉桥最长边索达 258m，同样长度的四根长边索造价就达 275 万元，所以采用刚构来增大跨径和利用长边索增大跨径两者的差值一目了然。

（2）斜拉桥和刚构可以同时悬臂施工，互不影响，缩短了施工工期，从而降低了长悬臂施工期间遭遇台风的危险性。因为现代大跨径斜拉桥在悬臂施工期间最不利的荷载往往是风荷载。在跨径不变的情况下，用 T 构的 60m 长度来代替斜拉桥的长悬臂，很大程度地降低了施工风险。

（3）用刚构从两侧相迎减小斜拉桥跨度，在减少长边索的同时降低了主塔高度和主塔的施工难度。因为斜拉桥随着跨径的增大、拉索的增多，塔柱势必也要越修越高，而高大的受压构件往往存在稳定问题，而且也给爬模施工带来一定的难度。因此，如何有效地降低主塔高度也是当今设计大跨度斜拉桥的一个重要问题。

（4）斜拉桥与两侧刚构协作后，比普通的斜拉桥更加美观，结构匀称舒展，桥型给人一种很强的跨越感。

2. 斜拉桥与 T 构连接（边主梁与箱梁顺接）

由于斜拉桥边主梁断面与 T 构的箱梁断面接续，接头处产生较为复杂的构造。经过多方案反复比较，最后选用将斜拉桥边主梁最后一个阶段（8m）下面加底板，前后两个横隔梁由 0.28m 加宽到 0.40m。T 构的四个腹板深入斜拉桥 8m 的箱梁段，用三向预应力筋加强。合拢段留在 T 构河心悬臂端 1.62m 范围内。经在不同受力工况下有限元分析及光弹实验分析，截面内力均能满足要求。

3. 主塔拉索区箱形截面采用直束加固

在此之前，国内诸多斜拉桥箱形塔柱锚索区均采用环形钢束加固。当将箱内抹斜处（导角处）改为圆角采用直束加固（用精轧螺纹钢）时，可省一部分摩阻损失较大的环箍形加固钢束。金马大桥通过有限元计算及光弹实验确认后进行了设计，在施工中受到欢迎，并经受了实际受力的考验。

4. 引桥 T 梁采用后穿长束先简支后连续技术

引桥往往占大型桥梁工程量中相当大的一部分。引桥的经济与否也关系到总造价是否经济。采用 T 梁先简支后连续的一般做法，锚头和锚具用量较大，金马大桥创新性地采用了一种后穿长二次束的设计方法，该方法施工方便，易被施工单位接受，可节约力筋 10%～20%，节约锚具 40%，并能够得到真正的连续梁桥。

编者评：

金马大桥是大连理工大学桥梁所发展历程中非常重要的代表作品。1994 年，坐落在广州至肇庆高速公路上的西江金马大桥计划投资 3.2 亿元，在全国招标。然而由于西江水流湍急，桥梁设计难度极高，要想拿下这个项目并不容易。为了竞标，当时的重庆桥梁公司专门找桥梁专家王伯惠咨询，请其推荐设计的领军人物，王伯惠回答，要想中标，就找大连理工大学的张哲教授。

那个时候大连理工大学桥梁所在全国并没有太强的竞争力，名气也远不如那些设计院、老牌的高校。为了抓住这个新的发展机遇，张哲决定亲自担纲，迎难而上。当年 8 月，张哲前往广东查看地形、桥位，回来后，便带领团队行动起来，进行设计研究。一张又一张图纸记录了无数个冥想的瞬间，一个又一个方案见证了无数次探索的历程。最终，拿出了"独塔混凝土斜拉桥与双侧 T 型刚构协作体系"的设计方案。这一方案减少了深水墩的数量，有利于通航泄洪，大大降低了施工难度与建设成本，将原计划 3.2 亿元的建设费用减少到 1.89 亿元。方案一出，重庆桥梁公司的老总惊喜不已，信心十足地表示"没人能想出这样独特的设计方案，肯定会中标"。张哲教授回想"那天中午，我们痛快地吃了一顿海鲜，就像已经中标了一样。"

最终果然与预料中一样，大连理工大学的方案以绝对的优势中标。最终建成的金马大桥全长 1912.6m，主跨 60m＋2×283m＋60m，至今仍保持着混凝土独塔斜拉桥跨径的世界纪录。国家级设计大师、中国工程院院士林元培，著名公路桥梁专家王伯惠等专门组成专家组对金马大桥进行鉴定，他们认为，金马大桥的设计达到世界领先水平。该桥设计获得教育部优秀设计一等奖、建设部优秀设计一等奖。

雄伟壮观的金马大桥成功地跨越了湍急的西江水，更成功地跨出了张哲和他的桥梁研究所迈向世界科学前沿的第一步，它是张哲教授桥梁生涯里最难忘也是最珍贵的记忆，更是世界桥梁研究历程中光辉的一页。

直到现在，有关金马大桥设计的技术还在国内外一些著名刊物上被广泛介绍和引用。当讲起这一点时，张哲教授的脸上露出了自豪的笑容，这笑容不仅仅在诠释着一位设计师的成就感，更多的是在展示着一位走在世界桥梁科学前列的中国设计师的民族自豪感。

案例 4：北京大兴国际机场

北京大兴国际机场位于北京市大兴区与河北省廊坊市广阳区交界处，是一座 4F 级民用机场。作为 20 年内全球范围规划新建设的最大机场之一，同时也作为献礼新中国成立 70 周年的国家标志性工程，北京大兴国际机场不仅具有"高颜值"，而且创造的各项"世界之最"也吸引了世界关注的目光，造就了举世震惊的世界奇迹。世界最大综合交通枢纽、世界首座"双进双出"式航站楼、世界首座高铁下穿的航站楼。据初步统计，北京大兴国际机场已经创造了 40 余个国际、国内第一。正是凭借这么多项纪录，英国《卫报》将其评为"新世界七大奇迹"之首。

早在 1993 年，北京市在城市总体规划修编中就提出了在北京市周边兴建中型机场的想法。此后历经北京奥运会、京津冀整体开发等重大事件，中型机场的方案最终被升级为"大型国际航空枢纽"、"支撑雄安新区建设的京津冀区域综合交通枢纽"的"大兴方案"，建设规模为年起降量 80 万架次，每年客流吞吐量 1 亿人次，总投资超过了 800 亿元人民币。

北京大兴国际机场于 2010 年启动选址，从 2015 年动工到 2019 年 9 月 25 日投入运营，两年内完成航站楼钢结构封顶，三年内完成机场跑道的全部摊铺和贯通，总共四年时间就完全竣工运行，可谓前所未见的中国速度。

1. 世界最大单体航站楼

北京大兴机场占地 140 万 m^2，航站楼面积 70 万 m^2，相当于首都国际机场 1、2、3 号航站楼面积的总和，是目前世界最大规模的单体航站楼。

图 1　北京大兴机场五座"空中花园"
式建筑分布图

从空中看，北京大兴国际机场的航站楼分为两大部分：中心区和位于中央南、东北、东南、西北、西南方向的五条互呈 60°夹角的指廊，见图 1。相比同等规模航站楼，大兴机场采用放射状构型，近机位更多、乘机步行距离更短。五座指廊的近机位多达 79 个，从航站区中心到最远登机口仅 600m，仅需步行八分钟，减少了到达登机口的劳顿。

C 型柱散射出的五条指廊末端，分别设计了丝园、茶园、瓷园、田园以及中国园等五座

"空中花园"，几乎涵盖了中国传统建筑的特点，休憩的同时尽享文化之美。

大体量的背后，是叹为观止的耗材量。大兴机场钢结构总量超过 13 万 t，相当于 2 座鸟巢，或 18 座埃菲尔铁塔，这个数字对于机场而言堪称惊人。

2. 世界首个高铁地下穿行航站楼

大兴国际机场是全球首座高铁地下穿行的机场航站楼。在航站楼下方，高铁、城际铁路等多种轨道交通南北穿越航站楼，特别是高铁通过航站楼下方时，设计最高时速可达 250km。

大兴国际机场担负着京津冀综合交通的重任，高铁和城际铁路贯穿航站楼地下，将京津冀紧密相连。从北京市内，无论通过何种公共交通渠道，都能便捷地到达机场的核心区域，极大地缓解了交通阻塞和出行不便。

大兴机场还首次将高速、轨道交通、公路、地下综合管廊等在 100m 宽、近 8km 长的空间内集中布置，打造综合交通走廊，节约建设用地近 600 亩。

3. 世界最大单体隔震建筑

体型大、跨度大、结构复杂是大兴国际机场航站楼设计团队面临的首要难题。大兴国际机场航站楼的隔震装置采用了铅芯橡胶隔震支座、普通橡胶隔震支座、滑移隔震橡胶支座和黏滞阻尼器等，整个航站楼总共使用了 1152 套隔震装置，防震能力显著提升。不仅如此，北京大兴国际机场采用的橡胶隔震支座，无论是体量还是单个支座的吨位都创下国内之最，刷新了此前云南昆明长水机场保持的纪录，仅使用的隔震垫直径就达到 1.5m。

同时，大兴国际机场采用国内首创的"层间隔震技术"解决航站楼负二层轨道交通产生的强烈振动，即在上部结构和震动区之间，设置一层柔软的隔震层，减少震动区的震动向上传递，降低上部结构的震动幅度。"层间隔震技术"加上超稳定钢结构，使机场抗震设防烈度可以达 8 度，足以抵御 17 级台风。

4. 世界首个"双进双出"航站楼

为了解决交通拥堵问题，大兴机场还使用了两层出站，两层进站的设计，成为了世界首个"双进双出"的航站楼。

航站楼采用双层出发高架桥设计，双层桥分别对应航站楼的第三层和第四层，国际出发走上层，国内出发上下两层均可。

第三层与国内安检平行的楼层中部可以进行自助取票、自助行李托运等服务，第四层中部为国际办票柜台和行李托运，两侧则可以办理国内航空业务。

5. 世界施工技术难度最高的航站楼

大兴机场创造了数项世界之最，也意味着无数待解难题。无论是地铁跟航站楼的结构转换，还是屋顶的钢结构支撑，技术难度之复杂都超乎想象。

最大的施工难点"航站楼"南北长1753m，东西宽1591m，为将公共空间最大化和简化建筑形式，将C形柱顶部与气泡天窗相接，屋面与承重结构一体化。这意味着足以囊括鸟巢的大厅仅使用8根C形柱支撑，开放空间间距能放下整个水立方。即便如此复杂，机场主体工程施工阶段仅用三个月的时间，就完成了C形柱和支撑屋面18万m网架的安装，相当于每天完成一座18层高楼的工作量。

整个航站楼一共使用12800块玻璃，仅自由曲面的屋顶就有超过8000块玻璃，由超过60000根连杆接起12300个球形节点。每一个杆件和球形节点连接处的三维坐标都不相同，意味着屋顶的8000多块玻璃没有一块相同，施工难度堪称世界之最。

如此大规模的机场，设备安装也可以说十分具有挑战性，仅航站楼核心区，就涉及电气、暖通、给排水、消防等108套机电系统，需要安装24.7万台（套）设备、541间机房、1800km的电缆电线、近73个标准足球场面积的风管，这样的机电安装规模是史无前例的，超过了目前所有正在运营中的公共机场。

6. 中国最大的地源热泵系统

作为屈指可数的超大型航空综合交通枢纽，大兴国际机场坚持绿色建设理念，采用地热能源、绿色建材等绿色节能技术。自建设伊始，北京大兴国际机场就对标国内外机场，从"资源节约、环境友好、高效运行、人性化服务"4个方面提出了54项绿色建设指标。

就绿色指标而言，大兴国际机场旅客航站楼及停车楼工程获绿色建筑三星级认证和全国首个节能建筑3A级认证，机场在全球枢纽机场中首次实现了场内通用车辆100%新能源。北京大兴国际机场的可再生能源总量占机场年综合能源消费总量10%以上，是目前全国运用可再生能源比例最高的机场。主要包括太阳能光伏发电、浅层地热、污水源热量、烟气余热等。

北京大兴机场是目前国内最大的多能互补地源热泵工程，将环保节能的社会效益与降低能源成本的经济效益统一，探索和开拓了航空港未来的绿色能源新模式。北京大兴国际机场的地源热泵工程位于永定河蓄滞洪区内，将景观湖区作为集中埋管区，通过耦合设计实现地源热泵与集中燃气锅炉系统、锅炉余热回收系统、常规电制冷等的有机结合，形成稳定可靠的复合式系统。

7. 中国首次应用"全构型"跑道

大兴机场飞行区的4条跑道，在国内首次采用三纵一横"全构型"布局，结合北京周边的空域条件等，三条南北方向跑道，一条东西方向跑道，不仅极大减少地面滑行时间，提高运行效率的同时节能减排。预计每年可节约1.85万t飞机燃油，相当于减少5.88万t碳排放量。

由于机场地处于北京大兴和河北廊坊之间，从华南、华东、西南方向进出机场的客机总运行时间相比首都机场将节约近40min。

编者评：

北京大兴国际机场是世纪工程，也是加快民航基础设施建设的"牛鼻子"工程，对于民航强国建设具有重要意义。首先，极大提高北京及全国的航空保障能力，为进一步打开我国民航市场空间，缓解旺盛需求与基础设施建设相对滞后的矛盾提供了设施保障。其次，有助于提升我国枢纽机场的国际竞争力，提升北京作为国际枢纽的多元布局和均衡发展，同时，实现京津冀地区主要机场与轨道交通等有效衔接，打造形成空铁联运、协同发展的京津冀世界级机场群，进一步提升国际竞争力。第三，有助于中国民航成为引领国际民航发展先进理念的领跑者，全向跑道构型、五指廊航站楼、双层出发车道边、国内进出港旅客混流等大量创新布局和设计，先进的综合交通系统规划，海绵机场、绿色机场等环境友好的设计理念等均是新机场突出的亮点，都值得国内外机场学习和参考。

绿色发展是生态文明建设的必然要求。党的十八大以来，我国提出了创新、协调、绿色、开放、共享的发展理念。作为超大型航空综合交通枢纽，北京大兴国际机场在我国乃至世界上成为资源节约、环境友好的绿色示范样板，将环保节能的社会效益与降低能源成本的经济效益统一，开创性地探索出一条绿色能源新模式。

如此庞大的工程，仅仅花了 4 年的时间修建完成并且实现通航，创造了建筑史上的新奇迹，这一切得益于我国科技的不断发展和国力的不断提升！

案例5：青藏铁路

　　青藏铁路全长1956km，被誉为"天路"。青藏铁路实际上分两期建成，一期起于青海省西宁市，西至格尔木市，1958年分段建设，1984年5月建成通车。二期东起青海格尔木，西至拉萨，全长1142km，2001年6月29日开工，2006年7月1日全线通车，途经纳赤台、五道梁、沱沱河、雁石坪，翻越唐古拉山口，进入西藏自治区再经过安多、那曲、当雄、羊八井、拉萨。在海拔4000m以上路段960km，多年冻土地段550多km，是世界上海拔最高、在冻土上路程最长的高原铁路，是中国新世纪四大工程之一[1]。2013年9月入选"全球百年工程"，是世界铁路建设史上的一座丰碑。

　　1955年，铁道部西北设计分局派出第一支考察队，迈出了考察进藏铁路的第一步。但随之而来的3年自然灾害，迫使已经完成全线初测的青藏线停止建设。但新中国建造进藏铁路的梦想并没有随之破灭。半个多世纪，几番沉浮，进藏铁路终于在2001年6月29日全面开工建设。青藏铁路二期工程破解了多年冻土、高寒缺氧和生态脆弱三大世界难题，将无数奇迹定格在雪域高原！

　　在青藏铁路二期铁路建设总指挥部提出"先生存，再生产"后，各参建单位"兵马未动，保障先行"。工程沿线建立了三级医疗机构，平均每10km一座医院，职工生病在半个小时内可以得到有效治疗。施工期间，全线共抢救脑水肿、肺水肿等急性高原病近千例，成功率100％，未发生一例高原病死亡事故。

　　青藏铁路穿越了550km长的多年冻土地区。冻土随气温变化胀缩，会导致路基破裂或塌陷。由于冻土病害，世界冻土区铁路列车时速一般只能达50km。中铁二十局创造性地研制了两台大型隧道空调机组，控制隧道施工温度，有效防止了地下冰融化滑塌，并和多家科研单位合作，相继攻克了浅埋冻土隧道进洞、冰岩光爆、冻土防水隔热等20多项世界性高原冻土施工难题。青藏铁路堪称冻土工程的"博物馆"，长达111km的"片石层通风路基"、总长156.7km的"以桥代路"都称得上世界奇观。青藏铁路建设专家组组长张鲁新说，青藏铁路未来大规模出现冻土工程病害的可能性较小，行车速度可达每小时100km以上。

　　青藏铁路环保工程的投资大约21亿元，占整个项目总投资的8％。青藏铁路建设总指挥部和施工单位，还与青海省和西藏自治区政府签订了中国铁路建设史上首份环保责任书。青藏铁路总体设计师李金城说，在自然保护区内，铁路线路遵循"能避绕就避绕"的原则进行规划，施工场地、便道、砂石料场的选址都经反复踏勘确定，尽量避免破坏植被。施工沿线选用清洁能源，采取太阳能设备和电取暖设备。为防止水污染，采用先进的旋挖钻机进行钻孔，施工废水全部经沉淀、隔油处理后再排放，生活污水也都经氧化处理后再排放。为保障野生动物的正常生活、迁徙和繁衍，青藏铁路全线建立了33个野生动物通道。通道设计时不仅吸纳专家、环保部门的建议，还征求了当地牧民的意见。2002年夏季，国家珍稀野生动物藏羚羊产仔迁徙时，相关施工单位主动停工为它们让道。为了恢复铁路用地上的植被，科研人员开展了高原冻土区植被恢复与再造研究，科研人员采用先进技术，使植物试种成活率达70%以上，比自然成活率高一倍多[2]。

新华网列出了青藏铁路创立的多项世界铁路之最：①青藏铁路是世界海拔最高的高原铁路，铁路穿越海拔4000m以上地段达960km，最高点为海拔5072m。②青藏铁路也是世界最长的高原铁路，青藏铁路格尔木至拉萨段，穿越戈壁荒漠、沼泽湿地和雪山草原，全线总里程达1142km。③青藏铁路是世界上穿越冻土里程最长的高原铁路，铁路穿越多年连续冻土里程达550km。④海拔5068m的唐古拉山车站，是世界海拔最高的铁路车站。⑤海拔4905m的风火山隧道，是世界海拔最高的冻土隧道。⑥全长1686m的昆仑山隧道，是世界最长的高原冻土隧道。⑦海拔4704m的安多铺架基地，是世界海拔最高的铺架基地。⑧全长11.7km的清水河特大桥，是世界最长的高原冻土铁路桥。⑨建成后的青藏铁路冻土地段时速将达到100km，非冻土地段达120km，是目前火车在世界高原冻土铁路上的最高时速[3]。

新华网引述了英国《卫报》对青藏铁路的长篇报道：登横跨世界屋脊的铁路。报道原话摘录如下：

西藏根本没法修铁路。那里有5000m高的山脉要攀越，12km宽的河谷要架桥，还有绵延上千公里、根本不可能支撑铁轨和火车的冰雪和软泥。怎么可能有人在零下30℃的低温中开凿隧道，或者在这个稍一用力就需要氧气瓶的地方架桥铺轨呢？然而，以上种种正是让今天的中国为之兴奋的挑战。10月，1000多公里新铺设的铁路就将连接西部要塞格尔木和西藏首府拉萨，进一步证实中国作为技术超级大国的地位[4]。

编者评：

青藏铁路的建设极大促进了青海省和西藏自治区与外界的联系，对西藏的政治稳定、经济发展、社会繁荣有着极大的意义。青藏铁路对陆上丝绸之路也有着极大的贡献，通过青藏铁路可以加强我国和中亚等国的联系，促进彼此市场繁荣，人民友好，有利于实现中华民族的伟大复兴。对于青藏铁路工程设计和施工中诸多技术难题的克服和解决，再一次向世人证明了中国人民的智慧和勤劳的文化精髓，展示了我国作为大国的作为与担当。社会的繁荣和谐在于人民的幸福，人民的幸福在于经济和文化繁荣，俗话说要想富先修路，青藏铁路的建成促进了西藏的发展，提升了人民的幸福指数，对于和谐社会的建设是必不可少、极为重要的一步。

参 考 文 献

[1] 《青藏铁路通车纪念章》中国铁路总公司2016年3月3日.
[2] 《破解世界难题：写在青藏铁路建设全线贯通之际》新华网2005年10月15日10：23.
[3] 《青藏铁路创造多项世界铁路之最》新华网2005年10月14日16：04.
[4] 《英报称青藏铁路是中国奇迹和伟大精神的向象征》新华网2005年10月6日06：41.

案例6：筑国之尊——中国尊

　　"中国尊"（图1）大厦位于北京市朝阳区CBD核心区Z15地块，是世界首座在抗震设防烈度为8度区域内建造的超过500m的大楼，也是中国建筑师主创设计的最高建筑。地上建筑高528m，共108层、地下共7层，工程占地面积为1.15万 m²，总建筑面积为43.7万 m²。可容纳1.2万人办公，是集金融、办公、商业、观光为一体的北京市地标性建筑。它拥有全球最大的超高层建筑底座，首层平面超过6000m²；拥有全球超高层建筑中最高、最大的室内观光平台，净高约18m，挑空3层的无柱空间，可以360度俯瞰北京城。

　　"中国尊"整体建筑形态源于中国传统礼器之"尊"，承载着中国传统文化的天圆地方、道儒互补的主体精神。《庄子·说剑》曰："上法圆天以顺三光，下法方地以顺四时，中和民意以安四方"。"中国尊"大厦承天启地，顺时安民，是融合了现代科技与传统文化的北京CBD核心区的灵魂建筑。其设计符合中国人传统的审美观，同时又不失时尚之气，体现出庄重的东方神韵，尊顶高耸直入云端，与顶天立地之势不谋而合，其特殊地理位置更赋予了"中国尊"更加丰富的内涵。在以世界级城市为发展目标的北京CBD核心区内的城市最高地标性建筑，取"尊"之意，寓意这座建筑是以"时代之尊"的显赫身份奉献"华夏之礼"。

图1　"中国尊"远景

1. 基坑开挖和土方施工

　　"中国尊"大厦基坑面积较大，开挖深度较深，基坑开挖深度在−27.200～−38.000m，土方总量近120000m³。北侧采用"护坡桩＋预应力锚杆"和"地下连续墙＋混凝土角撑＋高压旋喷桩"相结合的支护体系；东西南三侧采用"地下连续墙＋预应力锚杆＋混凝土角撑"支护体系。土方开挖过程中尽量保证周边支护结构受力均匀，以保证支撑体系稳定，最大限度地减少基坑开挖对周边环境的影响，因此土方开挖和支撑施工工序根据"时空效应"原理，按"中心岛式、分区、分块、对称、平衡"的原则进行。有效解决了土方量大且开挖深度大、降效严重的问题，同时提前为锚杆施工及检测桩检测提供作业面，保证了土方施工的连续性，缩短关键线路施工工期。

2. 基础底板混凝土浇筑

"中国尊"大厦基础底板东西长 136m、南北宽 84m，开挖深度 37.8m，分 3 次浇筑，混凝土总量 6.2 万 m³，相当于 30 个标准游泳池容量，是全球罕见的超深民用建筑基坑，创中国超高层建筑基坑深度之最。其中塔楼底板厚 6.5m，纯地下室底板厚 2.5m，两者之间过渡区底板厚 4.5m。底板混凝土量约 63000m³，混凝土强度等级 C50，抗渗等级 P12。

大体积底板混凝土性能要求高，采用正交试验法对不同配合比混凝土进行 4 轮比选，最终选定低热、低收缩、高抗裂性的单掺粉煤灰混凝土。面对如此罕见的基坑深度、筏板厚度、一次性浇筑的超大体量以及北京 CBD 核心区复杂的交通现状，为确保底板大体积混凝土成功浇筑，现场浇筑采用溜槽、串管、车载泵结合工艺和斜面分层浇筑法。项目调集 200 台混凝土罐车、2000 余名建设者不间断作业，采用 4 排溜槽、2 个串管和 16 台车载泵同时进行，计划平均浇筑量为 560m³/h，实际约 600m³/h，高峰时段达 740m³/h，历时 93 个小时，创北京市单体民用建筑大体积底板混凝土施工新纪录。

3. 结构体系

"中国尊"的结构体系为巨型框架支撑外框筒＋钢板组合剪力墙核心筒组成的双重抗侧力结构体系，基础形式为桩筏基础。主塔楼为框架-筒体结构，外框为巨型柱、巨型支撑、转换桁架组成的巨型框架，内部为型钢混凝土核心筒。内筒外框共同构成多道设防的抗侧力结构体系，总用钢量约 13.5 万 t。建筑主体高度为 528m，楼层截面为从下往上、先变小后变大的方形楼板设计，为确定樽型详细的外形尺寸，包括底面尺寸、腰部缩放比例以及细部参数，设计了同比例缩小的不同设计模型，把它们置于风洞或模拟地震的仪器上进行试验并选出其中力学性能最优的一组设计，这为减小整体结构在风荷载和地震作用下的响应提供了最优化的外形基础。

与国内外超高层建筑先例类似，"中国尊"结构形式也为筒中筒结构体系，但由于"尊"形外表的特殊，结构外筒与外玻璃幕墙的联系就成了设计的挑战之一。为了使内外筒的质量中心与建筑的几何中心线重合，内筒为等截面设计，截面尺寸为 39m×39m，从水准面一直向上延伸至顶层；外筒四角由四根巨型柱组成，巨型柱直接依靠钢桁架彼此联系在一起，此外玻璃幕墙与结构外筒之间也实现了最大程度的贴合。作用在外筒上的水平荷载通过连梁传递到内筒，连梁在整体结构中均匀布置，有利于结构的抗扭中心与几何中心的重合。处于 8 度抗震设防区的超高层结构也需要采取一些特殊设计来抵抗水平地震作用及高楼风荷载作用，双连梁的设置有利于在地震中吸收地震能量，增加结构延性，减少主体承重结构的能量比例。巨型柱是外筒承重体系中最主要的承重骨架，与一般柱构件不同，"中国尊"的巨型柱为了迎合酒樽式的外形而被做成了单支"双曲线"形状。巨型柱可被划分为钢管混凝土范畴，其最大截面积可达 60 多 m²，内部被分隔成多个腔室，每个腔室内又根据不同的设计需求布置各种型钢、钢板、钢筋等作为巨型柱内部骨架，内填混凝土，在巨型柱外钢板的约束下，内部混凝土的抗压能力大幅度提升，内部密实的混凝土也能防止外部钢板发生种种失稳、屈曲情况，钢板与混凝土协同受力，使整体构件的抗力性能（抗弯、剪、扭）以及稳定性都会增强，在往复荷载作用下，钢管的约束也会提升构件的延性来保障安全。由于巨型柱的受力情况十分复杂，内部构造极其烦琐，直接使用外侧钢板作为支护模板能够大大减小工程量并保证柱体内混凝土浇筑的施工质量。此外，钢管混凝土相比普通的混凝土柱在轴压比相同的情况下，对材料的利用率会更高，因此能够大幅减小截面尺寸从而节约成本，同时也能减少建筑自重。

在保证结构同时满足抵抗垂直荷载和水平荷载的前提下，优化了斜撑桁架与框架体系的布置，使它们位于同一斜平面上，以增加内部空间的使用效率。对于关键节点的加强也使得结构能在地震作用下满足刚度需求，使节点晚于构件破坏。一些次框架在极端工况下会先于主体结构破坏，吸收一部分能量，余下的应力会在主体结构中重新分布，形成一条新的有效传力途径，保证的结构整体稳固性和安全性。

4. 技术难题

4.1 盖楼神器——智能顶升钢平台

智能顶升钢平台是中建三局自主研发的超高层施工顶升模架平台，是目前世界房建施工领域施工平面面积最大，承载力最强，首个自带两台大型塔机的智能化超高层建筑施工集成平台。它集成了大型塔吊、施工电梯、布料机、模板、堆场等设备设施，随主体结构一同攀升，节约工期 56 天。可同时进行 4 层核心筒立体施工，实现了"工厂里造摩天大楼"，显著提升了超高层建筑建造过程的工业化及绿色施工水平，主体结构施工速度最快 3 天一层楼。

平台长 43m、宽 43m、高 38m，面积 1800m²，工作时，分布在大楼核心筒外侧墙体的 12 个液压油缸合力将平台顶推上升，平台顶推力达 4800t，可顶起 3200 辆小汽车，同时可抵御 14 级大风。智能顶升钢平台技术利用独创的混凝土微凸支点将顶升钢平台支撑在核心筒墙体上，以液压油缸和支撑架作为钢平台的顶升与支撑系统，实现全新的顶撑组合模式，解决了超高层塔楼核心筒施工中常见的墙体内收、吊装需求空间大、安全要求高等施工难题。

4.2 跃层电梯

由于超高层建筑具有垂直运输协调难度大的特殊性，垂直运输设备是超高层建筑施工组织的瓶颈，更是安全疏散逃生的生命线。"中国尊"核心筒井道内竖向电梯高达 101 部，因无法在正式梯井布置大量施工电梯，造成工人疏散难度增大。为解决该难题，"中国尊"项目在世界范围内首次将跃层电梯应用于超 500m 建筑工程施工中，该技术使电梯的服务楼层与建筑高度同步递增，最大行程达到 500m，电梯运行速度由普通施工电梯的 1m/s 提升至 4m/s，单台跃层电梯的乘客运力约是同规格施工电梯的 12 倍，有效解决了超高层建筑垂直运输瓶颈问题，是全球速度最快、行程最大的跃层电梯。

4.3 BIM 技术支撑

这样一座超大、超体量的建筑在建造过程中存在诸多难点，一是平面组织，"中国尊"项目体量虽然非常大，但是由于地处 CBD 核心区，占地面积有限，建筑边界线距离用地红线只有 10cm，整个材料的运输和人员的组织是一大难题。二是工程进度，"中国尊"项目的合约进度只有 62 个月的施工工期，这样的进度计划对比全球的一些超高层建筑都比较紧张。按照进度目标，每个月的施工进度需要完成 7400 多 m^2 的工程量。三是垂直运输，整个项目的垂直运输在高峰阶段超过了 3000 人同时施工，如何将这些人员、材料运送上去也是项目的一大难点。四是施工安全，由于"中国尊"项目处于人群密集区域，如何保证施工的安全和质量对于项目团队而言也是一个很大的挑战。

针对上述这些难题，"中国尊"制定了项目建设全生命周期 BIM 技术应用的基本目标，要求所有参建单位使用 BIM 技术。"中国尊"项目全专业深化设计 BIM 模型共 652 个，过程模型总容量超 700GB，最新版大楼整体综合模型达 35.4GB。项目 REVIT 专业族库拥有为本项目专门建立的构件族 300 余个，覆盖机电、幕墙、精装修、电梯等各个专业。项目利用 BIM 技术将建筑规划、设计、施工、运营全生命期内的所需各类信息数据整合到一起，以三维模型为载体的高效而全面的信息化数据传递方式，加快了项目进度、缩短了项目工期、降低了项目成本，并在诠释节能减排、绿色建造概念的同时，也为未来运维阶段的信息化、数字化建筑管理建立了良好的技术基础。

编者评：

中国当代十大建筑之一的"中国尊"作为目前北京市最高的地标建筑，是全球范围内建设完成的第八高楼、中国第四高楼，并创下了 8 项世界之最，15 项国内记录：成为抵御 8 度地震烈度设防的世界最高建筑、全球地下室最深的超高层建筑、全球底座面积最大的超高层建筑等等。这样一座超级摩天大楼，从开工到完工仅用 62 个月，是国内 500m 以上超高层建筑中工期最短的。多项国内创造技术助力大楼建造：自主研发超高层建筑智能化施工装备集成平台，实现了塔机、模架一体化安装与爬升，核心筒施工同步作业面可增至 4 层半。自主研发"临永结合"的消防系统，把永久消防设施搭建与大楼建设同步进行，完成了"临永"消防的无缝对接与科学转换；自主研发新型窗台一体化系统，将窗台板宽度由原 0.5m 降至 0.28m，使"中国尊"成为全球窗边一体化系统最薄的超高层建筑；自主研发了集成一体化空调机组，打造楼内空气综合指标最优的超高层建筑；自主研发智能三维扫描机器人，代替了传统的人工巡检，可以进入工作人员无法观测的区域，同时大大提高了检测数据的精确性，保证了施工成果的验收。

"中国尊"等超高层建筑的不断建成标志着我国建筑业进入新的发展阶段，展现出建筑强国的强大实力，成为我国强大综合国力的标志和光彩夺目的国家名片。新中国成立初期，百废待兴，这一时期的大规模建设为国家经济社会的发展打下了坚实的基础。改革开放后，"三天一层楼"的"深圳速度"，创造了当时中国高层建筑历史上的奇迹，拉开了中国建筑业不断刷新纪录、创造奇迹的序幕。新中国成立 70 多年来，一大批举世瞩目的超高层建筑拔地而起，目前世界上建成及在建的高度超过500m的超高层建筑前十名中有7座是中国内地建造的。中国建造已经在超高层建造技术方面达到世界领先水平，而由中国建筑师担任设计并由中国建造的"中国尊"更是摆脱了国外设计的垄断，实现了几代建设者渴望的建筑强国梦，中国建设的新时代也必将是全面建设社会主义现代化强国的新时代。

参 考 文 献

［1］ 戴宝林，戴聪棋，贺洪朝，等. 妆点华夏之礼，彰显大国之尊：中国尊大厦超高层建筑夜景照明的新高度［J］. 照明工程学报，2019，30（1）：79-82.

［2］ 许立山，王坤，陈锋，等. 中国尊大厦深基坑降水及土方施工技术［J］. 施工技术，2019，48（4）：10-14.

［3］ 许立山，彭明祥，曾运平，等. 中国尊大厦底板大体积混凝土综合施工技术［J］. 施工技术，2019，48（4）：19-21.

［4］ 程超，许金山. 中国建筑筑国之尊：北京第一高楼"中国尊"大厦施工纪实［J］. 建筑，2017（20）：65-67.

［5］ 杨蔚彪，齐五辉，常为华，等. 基于中国尊大厦项目的高烈度区巨型超高层结构设计关键技术研究［J］. 建筑结构，2019，49（18）：39-48.

［6］ 陈雅璇. 中国尊工程技术浅析［J］. 中华建设，2018（12）：147-148.

［7］ 张磊庆. 中国尊项目智能顶升钢平台的应用［J］. 建筑机械化，2015（8）：20-22.

［8］ 戴晓亚. "中国尊"祝你安好［J］. 劳动保护，2018（3）：98-100.

［9］ 孙璟璐. 数字技术铸就"中国高度"［J］. 中国建设信息化，2017（24）：41-44.

［10］ 陈昕. 中国尊大厦为首都增添新绿［J］. 中国建设信息化，2017（8）：24-27.

案例7：上海中心大厦

上海中心大厦（Shanghai Tower），位于上海浦东新区陆家嘴金融贸易区，建筑总高度 632m，是我国目前已经建成的唯一突破 600m 的高楼，为世界第二高度。建筑突破层叠式理念，实现垂直城市新模式。632m 这一建筑高度，使上海中心大厦与隔壁 420m 的金茂大厦和 492m 的上海环球金融中心在大楼顶端呈现螺旋阶梯上升的趋势。

上海中心大厦有很多"之最"，这些"之最"不仅是上海之"最"，有些还是中国之"最"，甚至是世界之"最"。比如说，上海中心大厦是世界上最高的绿色建筑，同时拥有美国 LEED 铂金级和中国建筑绿色三星认证；上海中心大厦有世界上最快的电梯，速度可以达到 20.5m/s，仅用 55s 就可从－2 层到达 118 层的观光厅；上海中心大厦有最高的观光厅——"上海之巅"观光厅，360°无死角地饱览黄浦江两岸的美景；在垂直高度 546m 的 118 层观光厅内，上海中心大厦有个上海最高的邮筒，游客们可以在那里寄出一份空中祝福；在上海中心大厦的 125 层、126 层有"巅峰 632"艺术空间，它被 CNN 誉为"世界上最高的艺术空间"；上海中心大厦有最高的空中花园，分别位于大厦的 22 层（103.65m）、37 层（173.85m）和 68 层（318.75m）；上海中心大厦有世界上最高的风阻尼器，这个阻尼器是我国自主研发的且是世界首创的电涡流摆式调谐质量阻尼器，也是世界上最大的阻尼器。

上海中心大厦的定位是"形神兼备、秀外慧中、汇集大成"。大厦筹建过程中就提出"垂直城市"和"绿色环保"的建设目标。强调生态、节能、环保、安全是上海中心大厦建筑的灵魂，是 21 世纪现代摩天大楼与自然和谐共存的完美体现，是一个自然与人文、环境与生活有机结合的和谐空间。上海中心大厦不纯粹是一座建筑，而是一座竖直的微型城市，一座资源高度集约化、能源高度节约化的超级大楼城市。

1. 结构概况

塔楼的设计使用年限在承载力及正常使用情况下为 50 年，耐久性要求下重要构件为 100 年，次要构件为 50 年。塔楼重要构件（核心筒、巨柱、外伸臂桁架、环带桁架、径向楼面桁架）建筑安全等级为一级，重要性系数 1.1。塔楼建筑抗震设防为乙类建筑。塔楼结构抗震设防烈度为 7 度，抗震等级为特一级。塔楼地基基础设计等级为甲级，基础设计安全等级为一级。

2. 地基与基础建造

上海中心大厦基础是一块直径 121m、厚约 6m 的圆形钢筋混凝土底板，11200m² 的面积相当于 1.6 个标准足球场大小，厚度则达到两层楼高，是世界民用建筑底板体积之最。作为高度达 632m 摩天大楼的底板，以及其下方的 955 根主楼桩基一起承载起上海中心 121 层主楼的荷载，被施工人员形象地称为"定海神座"。在基础建造过程中，针对上海地区的深厚软土地基状况，施工方突破钢管桩工艺，率先在软土地基采用桩端注浆钻孔桩工艺，首次突破建造 400m 以上超高建筑的记录，开创了如何在"豆腐土上建高楼"的先河。

上海中心大厦的基坑深达 34m，面积相当于 4.8 个足球场。由于大楼紧邻城市主干道，周边还有两栋超过 400m 的超高层大楼，最近的一侧距离仅约 20m，基坑开挖稍有不慎，就可能损伤其他建筑的基础和管线，甚至导致路面沉降和建筑倾斜。如此复杂的基础施工在国内无先例可循。针对上海地区软土的"时空效应"特点，为保证主楼圆形基坑的真圆度以及开挖过程中的受力均衡，在挖掘之前采用混凝土在基坑周围做出了 65 块 1.5m 厚、50m 深的超深地下连续圆形围护墙结构，牢牢挡住基坑周围的土体滑落，保护了周边建筑、管线及道路的安全。剩下裙房基坑则在主楼基坑施工完毕之后，先做好顶板支撑，再从上向下逆向施工。在地下室顶板上预留出土口，然后向地下开挖，施工过程极为艰苦，好似矿井作业。裙房的挖土方量为 60 多万 m^3，加上主楼基坑总共 100 多万 m^3，重达 180 万 t 左右，创下了世界超高层建筑大型深基坑土方挖掘量的记录，而上海中心大厦建成后的自重还不超过 85 万 t，基坑的土方挖掘量已远超大楼的自重。

3. 结构体系

上海中心大厦主楼为劲性钢筋混凝土巨型框架—核心筒结构体系，上部结构采用 3 个相互连接的结构受力系统，即钢筋混凝土芯柱、钢环和带状桁架。第一个系统是 90 英尺×90 英尺（约合 27m×27m）的钢筋混凝土芯柱，提供垂直支撑力。巨型芯柱和角柱为加组合型钢的钢筋混凝土劲性结构。共有 8 根巨型柱、4 根角柱，混凝土设计强度等级为 C50～C70，钢材采用 Q345GJC，最大厚度 60mm。巨柱最大截面 5.3m×3.7m，角柱最大截面 5.5m×2.4m。第二个是钢材料"超级柱"构成的一个环，围绕钢筋混凝土芯柱，通过钢承力支架与之相连。这些钢柱负责支撑大楼，抵御侧力。最后一个是每 14 层采用一个 2 层高的带状桁架，环抱整座大楼，每一个桁架带标志着一个新区域的开始。

平面布置呈"九宫格"，随着高度提升，平面形状变成"十字格"，核心筒墙体厚度 1.2～0.5m，但在巨型桁架层部位厚度增加，厚度随高度方向出现向内收缩-增加-收缩的情况，混凝土设计强度等级为 C60。主楼共设 8 道 2 层高外伸臂桁架，桁架穿过核心筒与巨型柱相连并外挑，外挑最大达 16m，桁架在平面方向由环带桁架相连，环带桁架穿过巨型柱与角柱。钢材采用 Q345GJC，最大厚度 120mm。楼面结构为钢结构梁＋组合楼板（压型钢板和钢筋混凝土组合）。

4. 混凝土浇筑

上海中心大厦工程主楼基础底板混凝土总用量达 6.1 万 m^3，是隔壁金茂大厦底板的

3.7 倍、环球金融中心底板的 2.1 倍，可称得上建筑工程基础中的"巨无霸"。针对超大面积、超深厚度、超大方量和高标号"四碰头"的超级施工难题，技术人员经过多次论证、

图 1 主楼基础底板混凝土浇筑
（图片来自文献［2］）

试验，对超大体积混凝土的各项性能指标进行了深入研究，开发了高强度低收缩混凝土技术，确定了混凝土的最终配合比；在施工中统筹安排，合理配置，严密监测控制混凝土浇筑和养护温度；19 辆混凝土泵送设备安置在不同作业点，近 450 辆搅拌车连续供给混凝土，2000 余名建设者分双班 24 小时不间断作业，以约 1100m³/h 的浇筑量，连续 63 小时完成主楼基础大底板的浇筑工作，创造了民用建筑工程大体积混凝土一次连续浇筑成功的新世界纪录（图 1）。

在核心筒混凝土浇筑施工中，技术团队研制采用低黏度、易泵送超高强混凝土技术，为超高 600m 级泵送混凝土奠定了基础；根据泵送高度不同分别设计混凝土的配合比，分为 3 个区段：0～65.8m（1～14 层）采用自密实混凝土、65.8～393.3m（14～84 层）采用高流态混凝土、393.3m 以上（84 层以上）采用自密实混凝土。在 200m 以上采用世界最大出口压力的超高压混凝土输送泵，将 C35 混凝土一次泵送高度达 610m，创造了实体结构混凝土一次泵送高度世界纪录，并验证性地将 120MPa 超高强混凝土一次泵送到 620m 高度。

5. 绿色技术创新

上海中心大厦从立项开始就把"绿色环保"列为设计任务书的两大目标之一，可以说把"绿色环保"的理念从设计一直贯彻到采购、施工建设，甚至后期运营的每一个环节之中，上海中心大厦也因此荣获了美国 LEED 铂金级和中国绿色三星认证，成为了全球唯一一栋 400m 以上获得中美绿色双认证的超高层建筑，为国际建筑业树立了一个绿色标杆。

5.1 双层幕墙

如今的现代建筑通常会采取玻璃幕墙取代砌体填充墙，然而随着全球变暖和碳排放问题日益严重，玻璃幕墙巨大的热损失也为人诟病。而上海中心大厦使用了"双层幕墙"（图 2）缓解了这个困境。"双层幕墙"利用"热水瓶原理"，在两层幕墙之间的空腔形成一个温度缓冲区，它像一层隔热毯一样将建筑包裹起来，减少了内幕墙以内区域和外界进行直接热交换，因此能保持冬暖夏凉。一般来说，比起普通单层玻璃幕墙，双层幕墙能

图 2 双层幕墙
（图片来自文献［2］）

降低 50% 左右的采暖和制冷能耗。此外，"双层幕墙"还具备降噪隔音功能，能屏蔽一部分的雷电轰鸣及外界噪声，给予内幕墙以内区域活动的人们安全感和静音环境。据统计，上海中心大厦的外层玻璃幕墙总面积达 14 万 m²，内层玻璃幕墙面积达 9 万 m²，在 350m 以上的超高层建筑中，如此大规模地使用双层幕墙，在世界上还属首例。

5.2　智能照明

在上海中心大厦使用的将近 10 万套的灯具中，95% 以上都采用了既节能美观又保证寿命的 LED 光源。更重要的是，上海中心大厦通过动态感应"恒流明"的照明技术，充分实现了照明的智能化，让室内光照始终保持在一个基本的数值范围内，不会过亮或过暗。智能的照明系统每年能节电 1107 万 kWh 或标准煤 4244t，减少 CO_2 排放 11 万 t，相当于为地球种下了 10 万棵树木。

5.3　风力发电

上海中心大厦的 270 台风力发电机带来的绿色电力也让上海中心大厦走在了绿色建筑的前列。风力发电在人口密集的城市中的应用目前仍屈指可数，上海中心大厦在 580m 高靠近屋顶的外幕墙上安装了 270 台 500W 的风力发电机（图 3），这个高度的每年平均风速估计可达 8～10m/s，非常适合利用风力来进行发电。与传统的风扇型的风力发电机不同的是，上海中心大厦使用的"圆筒状"的"垂直轴涡轮"风力发电机。这些风力发电机分成 3 组贴近塔冠的幕墙摆放，每组 3 层共 90 台。

图 3　风力发电机组（图片来自文献 [2]）

上海中心大厦没有采用蓄电池来储备电能，而是通过直流转换器和逆变器，直接将电能接入上海中心大厦的内部供电网源。这些风力发电机总额定功率为 135kW，每年可以为大厦提供 118.9 万 kWh 的绿色电力，供屋顶、观光层中的设备使用，每年为这幢"第一高楼"省下近千万元。

5.4　多种绿色技术手段应用

上海中心大厦绿化率达到了 33.33%，处处绿意盎然；中水年使用量 245994m³，建筑的综合节水率达到了 52.9%；采用变风量空调系统，降低电耗 50%；空气实时监测，

确保新风量随 CO_2 等有害气体监测指标及时变化；大楼的全部采用再生能量回馈性电梯，馈能利用率超过 30％；127 根地源热泵系统进行冷热交换，相对于常规空调年节约用电量 5 万 kWh，年减少 CO_2 排放约 1360t；地面和主楼塔冠的两组冷却塔，一高一低共同完成水的冷却。此外，上海中心大厦还采用了诸如雨水收集系统、利用峰谷电的"冰蓄冷"系统、热电冷三联供系统等多项绿色节能技术，并且运用中央能源管理系统对整幢大楼的所有能源系统、节能措施进行智能管理、优化组合，在现有节能模式之下实现大楼能耗再节能和再优化，这也是世界上第一次在如此规模巨大、功能复杂的建筑物中使用这项技术。

编者评：

如今的陆家嘴，黄浦江畔，三栋摩天大楼（上海中心大厦、环球金融中心、金茂大厦）成"鼎足之势"，上海中心大厦作为我国唯一突破 600m 的摩天大楼，以世界第二高度建筑的身姿矗立在黄浦江畔，引领着中国乃至世界超级城市未来的发展之路。当你驻足在这鳞次栉比的摩天大楼观光走廊、俯视大上海并欣赏美丽的黄浦江沿岸风景，亲身感受新中国成立 70 年来，特别是改革开放 40 多年来祖国大地上的巨大变化，陶醉于"万丈高楼平地起"的豪迈气魄的同时，又怎么可能不注意到一河之隔的外滩上，当年被"跛脚"沙逊"一脚踢掉一半（17 层）"的中国银行大厦，比旁边的和平饭店北楼（建成时称作沙逊大厦）低 60cm，耳边是否会响着沙逊"这里是英租界，在这里造房子不准超过我的金字塔尖"的叫嚣声。（关于中国银行大厦与沙逊大厦的故事请阅读第二篇案例 11"中国银行大楼限高之谜"）

80 多年过去了，如今的中国再也不会因为当年丧权辱国的《中英天津条约》的规定："凡有英国侨民牵涉在内的讼事，中国官厅一概无权做主"而被迫让步，留下一段无法补齐的高度。上海中心大厦设计建造过程中创立的一项项第一，打破的一个个世界纪录，无不向世人展示着：昂首进入新时代的中华民族，也必将犹如陆家嘴的摩天大楼一般，傲然屹立于世界民族之林。

上海中心大厦位于陆家嘴，它和金茂大厦、环球金融中心作为一个整体形成陆家嘴的新地标，代表了整个上海的形象（图 4）。这 3 座超高层大楼中，第 1 座大楼金茂大厦代表着中国的过去，基于中国本土的历史和文化，形式灵感来源于对中国过去的回顾，造型和外观酷似宝塔，代表着中国的"历史"。第 2 座大楼环球金融中心由日本投资兴建，代表中国的"当下"，现在的中国正逐步开放，成为吸引外资的磁场。全球化的浪潮和外商投资给中国带来了无限的机遇，这代表着中国跨越国界和全球的融合，代表着一个学习与成长中的中国。第 3 座也是最后一座上海中心大厦代表了中国的"未来"。这不仅是黄浦江两岸这座城市的未来，更是中国的精神所在。

生态、节能、环保、安全作为上海中心大厦建筑的灵魂，以"体现人文关怀、强化节资高效、保障智能便捷"为绿色建筑技术特色，打造了一个自然与人文、环境与生活有机结合的和谐空间，是 21 世纪现代摩天大楼与自然和谐共存的完美体现。为帮助学生树立"绿色环保"理念，建立从设计、施工、运维全生命期实施绿色可持续发展战略思想，实现和谐共生的城市人居环境具有良好的示范作用，也成为引导学生贯彻生态文明和美丽中国建设全新发展理念的有效载体。

图 4　上海的云端天际线（图片来自文献［2］）

参　考　文　献

［1］　陈继良，丁洁民，任力之，等. 上海中心大厦的技术创新［J］. 建筑实践，2018（11）：106-109.

［2］　王维. 上海中心大厦工程概况［J］. 建筑实践，2018（11）：96-98.

［3］　顾建平. 上海中心大厦综述［J］. 建筑实践，2018（11）：26-35.

东方之门（The Gate of the Orient），位于江苏省苏州市工业园区，建筑总高度 301.8m，是与苏州传统园林相融合的门式塔楼，曾获"中国结构最复杂的超高层建筑"的荣誉。外观独立的两塔楼之间在＋229.2m 以上整体刚接，形成双向曲线并底宽约 70m 的拱门建筑，外形具有典型的姑苏风貌和现代建筑设计理念，如图 1 所示。

东方之门在整体外观塑造上同代表着苏州园林典型风格的月洞门之间产生意向上的联系，是以苏州名塔虎丘塔的轮廓演变而来。以阴刻形式勾勒轮廓，给人留下想象空间，传达了创建苏州新门户的寓意。三百米高度的"门"形外观，即表达了独特的古典神韵又体现了高超的现代科技。此外，东方之门定义了 CBD 轴线的起始，同时又将轴线指引向金鸡湖，完成一次空间上的延伸。

图 1　东方之门远景图

1. 地基与基础建造

东方之门的基坑面积达 2.6 万 m²，基坑普遍开挖深度 20.0～22.3m，塔楼加厚底板范围挖深 22～23m，电梯井深坑挖深近 30m，属于超大超深的基坑。根据基坑环境的特点采用了大面积放坡、钻孔灌注桩排桩和钢筋混凝土内支撑的支护形式。基坑上部卸载深 6.3m，采用两级放坡，卸载放坡宽度为 20m。卸载后采用 ϕ1050mm（ϕ1200mm）钻孔灌注桩挡土，内设 3 道钢筋混凝土支撑。止水采用三轴搅拌桩止水帷幕。基坑面积大、开挖深度深、施工周期长，为了控制基坑开挖对周边环境的影响，在开挖过程中遵循了"时空效应"理论，采取了分区分块盆式开挖措施，尽可能快地形成支撑系统。底板采取分块施工措施，使基坑开挖到底后，沿基坑边尽快形成底板，减少基坑无支撑时间及基底暴露时间，加快基坑施工速度，从而保证了基坑的安全。

2. 结构体系

东方之门具有复杂的双塔连体结构，说其复杂是因为其外观看似一样的南北塔楼，竟然是不对称的！南北两栋塔楼地上最高层分别为 66 层和 60 层，其建筑层高、平面布置和使用荷载都不相同，其相应的结构刚度、结构重量也存在着明显的差异。两栋塔楼在第四避难层，即 229.2m 高度连成一体，连体以上共有 10 层，总高约 51.9m。在整个第四避难层钢结构总用钢量约 6500t，其中连接段用钢 4500t。主体结构的连接体部分在第四避难层外边缘设置空间桁架，与外围柱和核心筒连接，提高连体结构的抗扭能力，降低核心筒分担的倾覆力矩。连体的横向设置柱间支撑形成竖向桁架，增强连体结构中间部位的横向刚度。

图 2　双塔合龙现场图

设计之初并没有 BIM 作为辅助工具，完全依靠 CAD 进行施工过程的模拟，对施工工况进行控制，尽最大可能减小两个塔楼之间的沉降差，以保证合龙的顺利完成。2012 年东方之门南北楼实现历史性的合龙。合龙的标志就是将长 20m，重达 4t 的钢梁匀速地抬升到两百多米的高空。如此长度、重量的合龙必须用两台 M900 的塔吊进行双机抬吊，而这种塔吊当时中国只有四台。双塔合龙现场如图 2 所示。

同时，为体现建筑定义的弧线形成门，结构设计以南、北塔楼内侧框架柱形成拱形主结构，次要框架柱支承于主拱之上。内侧柱从第二避难层开始往上分叉，分叉后采用矩形钢管柱和圆形钢管柱，在第三避难层以上二层又第二次分叉。分叉柱至拱顶部，并连至第四结构加强层，使连体部分竖向荷载能够更直接有效地向下传递，减少连体部分所面对的复杂受力状况。

3. 浇筑施工

从 2008 年 11 月 20 日开始，历时 52 天，累计钢筋总量约 1.2 万 t、混凝土总量约 6.5 万 m³ 的东方之门基坑底板浇筑结构全部完成。作为单体工程，其规模之大堪称全国之最，而作为单体工程的底板体量也是同类项目中绝无仅有的。为确保底板混凝土连续施工，共配备 100 辆混凝土运输车，现场另备汽车泵一台。底板混凝土采取"斜面分层、自然流淌、连续推进、一次到顶"方案浇筑。

在基坑浇注过程中，施工方克服了多个技术难关。首先，是地下水压问题。在东方之门选址地下 33m 处，有一个承压地下水层。一旦不能控制水压，将会导致基坑渗水、地下煤气、水管道产生次生灾害。为了解决地下水压问题，施工方对水层以上的土层采用了旋喷加固法，将带有喷嘴的注浆管钻进土层预定深度后再注浆，当浆液凝固后，便在土中形成一高强度的固结体，从而提高土层的强度和抵抗变形的能力。其次，是如何避免混凝土的热胀冷缩问题。基坑内最大底板厚度达到了 9.5m。一般来说，底板越厚，温度应力越大。在混凝土浇筑施工期间，苏州天气寒冷，如何在低温下防止混凝土产生裂缝是浇筑过程中要与自然规律做抗衡的。为此，施工方积极控制水泥掺量，在混凝土中加入了约 1.2 万 t 钢材。为防止温差过大，在浇筑完成后，还采取了双重覆盖保温措施。同时，施工方利用温控信息化指导混凝土的养护，有效地控制混凝土内部温度，避免了有害裂缝的出现，保证了底板大体积混凝土施工质量。此外，底板施工未按"先深后浅"的常规方法，而采用"先周边后中间、先浅后深"的施工流程，有效地控制基坑变形的发展，提高了基坑的稳定性，保证了底板的顺利完成。

编者评：

苏州被誉为"人间天堂"，小桥流水、园林古镇一直是人们意识中最"苏州"的那部分。时至今日，苏州从小城步入"大城时代"的脚步在加快，"一核四城"的城市新定位已然付诸实施中。如何向世界展现"传统与现代完美融合"这全新的一面，东方之门这样的新地标无疑是最佳的代言人之一。就东方之门本身的设计理念而言，也充分体现了古今融合的强烈色彩。为了与苏州这个充满传统味道的历史古城相协调，它特意选择了黑、白、灰三色作为整个建筑的基色，与古典园林的黛瓦白墙相呼应。门式的建筑形象灵感来源于传统的花瓶门与城门的巧妙结合，并透过简洁的几何曲线生动地表现出来，就是想表达创建苏州新门户和东方之门的寓意。

苏州之门，不仅融入了苏州人对于古城门的情感，也寓意着这里开启了一扇让世界了解苏州、了解中国、了解东方的大门。如今的苏州经过多年的发展，经济、文化与社会各方面都处在全国前列；如今的中国，俨然已经成为了一个傲立在东方，飞黄腾达的大国强国，在世界的聚光灯下，演绎着属于自己的风采；如今的东方，雄狮早已苏醒，它正以崭新的姿态踏上民族复兴的伟大征途。

案例 9：　上海佘山世茂洲际酒店
——废石坑内负海拔建筑

上海佘山世茂洲际酒店（又名：世茂深坑洲际酒店），位于上海市松江国家风景区佘山脚下的天马山深坑内，海拔−88m，于采石坑内建成的自然生态酒店（图1）。酒店遵循

图 1　上海佘山世茂洲际酒店外景
（图片来自文献［1］）

自然环境，一反向天空发展的传统建筑理念，下探地表 88m 开拓建筑空间，依附深坑崖壁而建，是世界首个建造在废石坑内的自然生态酒店。被美国国家地理誉为"世界建筑奇迹"。

曾经的废弃矿坑，变身时尚酒店。上海松江，佘山脚下，世茂深坑洲际酒店历时 12 年设计施工完成。地表向下 88m，它是全球人工海拔最低的自然生态酒店，克服 64 项技术难题，将"地球伤痕"化为瑰宝。一路向东，直上云霄，632m 的上海中心大厦屹立于浦东陆家嘴核心地带，它不仅是中国第一、世界第二高楼，更是一座绿色、智慧、人文的"垂直城市"。从深坑酒店到上海中心，从"上海之根"到"上海之巅"，两个"超级工程"遥相呼应，其背后不仅是建筑技术上的一个个创纪录，也折射出卓越的全球城市上海，不断追求人与城市、城市与自然和谐共生的发展理念。

1. 基础建造

世茂深坑酒店主体工程位于松江天马山采石坑坑底，整栋建筑附建在深坑边坡上，依崖壁建造，总建筑面积5.5万 m²。酒店主体建筑分为地上部分、地下至水面部分以及水下部分。其中地上建筑 2 层，地下至水面建筑共 14 层，水下部分建筑 2 层。结构为特殊的两点支承体系，坑内主体建筑坐落在坑底弱风化基岩上，同时在坑顶通过地下 1 层楼板（跨越钢桁架下弦）支承在坑口基础梁上，提供竖向和水平约束，坑顶采用跨越钢桁架支托上部 2 层裙房的部分结构。结构水平地震作用分别由坑顶崖壁边的坑口基础梁和坑底箱形基础承担。特殊的结构形式也使得其基础设计特殊而复杂，设计中综合运用了桩基、筏板基础、箱形基础、预应力锚索等多种方式，坑底结合场地基岩面标高分别采用了箱形基础和筏板基础，坑口基础梁支座埋件设计了格构式钢埋件来抵抗恒载、活载和地震作用下

的巨大水平力，坑口基础梁设置了预应力锚索，来保证支座承担地震水平力，并传递到远离坑口的边坡岩体，坑顶裙房基础采用了嵌岩桩和筏板，离坑口较近的裙房基础采用了释放水压水箱。

为解决崖壁加固施工操作面的问题，在接近坑底设计了1层20m高落地脚手架，以上部位则采用3层（每层16m）高悬挑架，悬挑架各立杆支承于18号工字钢上，18号工字钢钻孔入岩5m，悬挑4m。本工程原设计建筑基础为坑底嵌岩基础，但由于坑底地形复杂，爆破难度高、代价大。为避免爆破对已加固崖壁的影响，经论证设计调整为坑底回填混凝土基础，采取大体积混凝土找平后，再做两层箱型基础。依据坑底形状，

图2　施工过程图

混凝土基础形成梯田式，最高处为19m，总长约200m，共分12个不同的台阶高程，混凝土总方量约12000m³。图2为施工过程图。

2. 结构体系

"深坑酒店"的主体位于矿坑内部，建筑依崖壁建造，坑内各楼层建筑平面中部为竖向交通单元，两侧均为圆弧形曲线客房单元，坑内建筑平面狭长且呈L形，其独特的曲面造型致使施工方不能采用层层浇筑的方法来进行浇筑，因为在建筑上部缺乏有效支点的情况下，荷载的不断增加可能会导致主体结构发生偏移，造成"失之毫厘谬之千里"，达不到理想的建设效果，安全性更没有保障。因此，决定将矿坑的上沿和坑底作为双重支撑点，先安装好全部钢结构框架再浇筑混凝土，通过减少荷载来避免建筑偏移。最后，整个建筑一共用了8100t钢材，大大小小的钢构件数量共计14000只，并且没有一只是重样的。在同等规模工程中，"深坑酒店"的钢构件种类是最多的。

3. 混凝土运输与施工

"深坑酒店"最低处位于地下80m的坑底，根据项目工程师当时的测算，如果用塔吊吊装向下运输混凝土，完成整个浇筑过程就需要十年的时间。他们转而尝试将混凝土从高处直接浇入坑底的方法，但同样因为上下落差太大，混凝土在高速下落的过程中就出现了离析，水、砂浆、石子各自分离，根本无法使用，更谈不上保质保量；工程师们又尝试使用钢板在中途进行承接，但自由落体的混凝土还是像子弹一样击穿了钢板。为了让混凝土能够顺利向下运输，他们请来了有着30多年工作经验的混凝土专家，和现场技术负责人、钢结构工程师一起研发出77m深"全势能一溜到底"混凝土输送技术，让经过精心调制配比的混凝土经过"三级接力"式缓冲后准确落在坑底的施工位置上，既不会发生离析，也不会提前凝结，最终解决了深坑内混凝土输送难题。工程师还对常见的塔吊进行了改装，找来升降机并将其固定在塔吊上，以塔吊标准节为两台施工升降机的附着结构，成功

解决了施工人员的运输问题。这种"改装"经证实效率极高，得名为"异形断面施工升降机"。图3为塔吊及施工升降机方案，图4为"一溜到底"混凝土输送图。

上海世茂深坑酒店通过采用堆抛石混凝土施工技术，节省混凝土 4000m³，同时降低了大体积回填混凝土中的水化热温升，减小了基础混凝土的开裂风险。堆抛石混凝土中混凝土填充率为 40% 左右，与现浇混凝土回填基础相比，混凝土用量减半，施工作业效率提高 1 倍。工程造价方面，堆石混凝土比现浇混凝土低。堆抛石混凝土中，块石用量为 60% 左右，与传统现浇素混凝土相比，水化热显著降低。

图3 塔吊及施工升降机方案

图4 "一溜到底"混凝土输送图

编者评：

难以想象，在 2006 年以前，如此壮观的"深坑酒店"和周边设施规划所在地还只是一个深约 80m 的废弃人工采石坑。而现在，用"宏伟"二字来概括眼前这项投入 20 亿元的工程都过于吝啬了——经过历时 11 年的努力和探索，"深坑酒店"正式上线运营。而这一切的背后是 5000 多名奋斗者日夜拼搏出来的，无数奋斗者用实际行动证明，有梦想、有机会、有奋斗，一切美好的东西都能够创造出来。

站在时间的节点上回望过去，没有奋斗，就没有我们今天的一切。国家的前行成就个人的梦想，个人的脚步推动国家的进步，就比如"深坑酒店"项目的工作人员以感天动地的奋斗，创造了举世瞩目的中国奇迹。可以说，"深坑酒店"凝聚着所有为之奋斗的工作者的汗水。新征程上再出发，我们没有时间喘口气、歇歇脚，只有保持永不懈怠的精神状态和一往无前的奋斗姿态，才能一步一个脚印把前无古人的伟大事业推向前进。

参 考 文 献

[1] MARTIN JOCHMAN. 深坑奇境上海佘山世茂洲际酒店 [J]. 室内设计与装修，2019（2）：100 -105.

案例 10：广州新电视塔

广州塔（Canton Tower）又称广州新电视塔，坐落于广州市的核心地带与 CBD 珠江新城隔江相望，于 2009 年竣工后成为广州市的新地标。广州塔塔身主体高 454m，天线椎杆高 146m，总高度 600m，是目前国内最高的塔椎建筑。结构整体长细比为 7.5，因为结构造型优美、塔身中部细而有"小蛮腰"之昵称。广州塔塔体由底至顶分为 5 个功能段和 4 个透空区，共 39 个楼层，层高 5.2m；地下 2 层，层高为 5m，底板面标高－10.0m。地上主要功能为观光、餐厅、电影厅、休闲娱乐区等。总建筑面积 102000m²，平台层以下面积 64000m²，主塔面积 38000m²（图 1）。

图 1　广州塔远景
（图片来源于文献［1］）

广州塔的独特造型来源于特定的地理环境，综合考虑了雕塑造型、结构能力和规划要求等多项因素。它以偏心的核心筒作为竖向交通联系，由上下两个大小不同的椭圆体扭转而成。"扭腰"的造型意念来自滚滚东流的珠江水：寓意水流的能量"运转"塔腰，使坐标扭转，并将新中轴线上的珠江新城双塔也拥进环形的景观范围内，形成了珠江南北两岸富有活力的景观意象。扭腰、偏心的造型在不同的方向看，都会呈现有不同的形态，宛如站在珠江南岸扭身回望的少女，极富动感；镂空、开放的结构形式，可减少塔身的体量感和承受的风荷载，使得塔体更纤秀、挺拔，也创造出更加丰富、有趣的空间体验和光影效果。

1. 结构体型特点

广州塔为高耸结构，主塔结构体系由内、外两个筒体构成，其结构体型有以下特点。

1.1 椭圆旋转体

广州塔塔体体形为一个椭圆旋转体。外筒由 24 根钢管混凝土斜柱＋46 道圆环＋46 圈斜撑组成。外筒柱由－10m 处的椭圆和 450m 处的椭圆旋转 45°围合自然生成。从底层平面到顶层平面，椭圆长短轴顺时针转 45°，圆心同时沿 X 轴向西平移 7.07m、沿 Y 轴向北平移 7.07m。1 号柱从柱底定位到柱顶定位，顺时针转了 135°。

1.2 "细腰"型

−10m 标高外筒椭圆为 80m×60m，450m 标高外筒椭圆为 54m×40.5m，在塔身 2/3 高度处结构密集，收紧腰部，278.8m 处腰部最小，为 20.65m×27.5m，塔底到顶高宽比为 7.5，腰部以上高宽比为 7.3，形成两端大、中间小的"细腰"型。

1.3 内外筒椭圆偏心布置

内筒平面为椭圆形，墙内尺寸长轴 17m，短轴 14m，定位沿高度不变。内筒与外筒形心偏心布置，由于外筒随塔高圆心沿 45°偏移，因此形成从底层到顶层不同的偏心。

1.4 无楼层的"透空区"

广州塔一个重要的特点是从底到顶存在 4 个无楼层的"透空区"，"透空区"是高耸结构的一个典型特点。第 1 透空区标高 32.8～84.8m，高 52m；第 2 透空区标高 116.0～147.2m，高 31.2m；第 3 透空区标高 168.0～334.4m，高 166.4m；第 4 透空区标高 355.2～376.0m，高 22.8m。

1.5 外筒节点错位相交、区域变化大

广州塔外筒为网状结构，在外筒节点，斜柱、斜撑和环杆节点中心并不相交于一点，只有斜柱和斜撑中心相交，而环杆与从斜柱伸出的水平牛腿连接。水平牛腿长度约 1200mm，环杆中心根据建筑定位，斜柱、斜撑中心偏心约 700mm＋斜柱半径。广州塔外形两端大、中间小，也使得节点区域变化大：沿柱母线最小高度 3m，最大高度 7.9m；斜撑长度最短 7.9m，最长 16.87m；斜撑与柱上交角度最大 48°，最小 16°；斜撑与柱下交角度最大 46.53°，最小 16.5°。

2. 设计与技术创新

广州塔建筑体型独特、建筑高度超限、平面功能特殊、结构体系复杂，前无借鉴，给设计带来了很多难题和挑战，通过开展课题研究和试验，开发了多项创新技术。

2.1 HMD 风振控制系统

广州塔作为高耸结构，其体型纤细，结构独特，为确保其在强风和地震等灾害作用中的正常使用，首次提出采用直线电机驱动的结构两级主被动复合调谐减振控制技术，对其进行了系统的理论、试验与应用研究，并结合广州塔的振动控制，完成了两级主被动复合调谐减振控制系统设计、装置施工图设计、信号采集系统设计等一整套完善的结构两级主被动调谐控制技术应用实施体系。HMD 即混合质量阻尼器，是由被动 TMD 及其顶部的 AMD 系统组成，通过小质量块的快速运动产生的惯性力驱动大质量块的运动以抑制结构的振动。它具有以下两个方面的优点：当主动 AMD 失效或停止工作时，TMD 可以发挥其被动控制的作用和效果，因此系统具有 Fail-safe 的可靠性；在较大环境干扰下，AMD

和 TMD 共同工作从而改善被动 TMD 的性能，而在较小环境干扰下，可关闭上部 AMD，节省能源并延长 AMD 的使用寿命。广州塔 HMD 系统中的 TMD 质量由两个消防水箱（每个 650t，充满水）组成，HMD 系统中有两个 AMD，每个 50t，每个 AMD 由直线电机驱动。当塔身晃动时，水箱通过传感器向反方向滑动，以此来消减塔身的晃动幅度，这可以使晃动位移降低 40%。在"被动"的水箱基础上，另外增设一个小的主动控制系统。在正常情况下，水箱一直在工作，小的主动控制系统则处于待机状态，只有在极端天气或灾难导致结构反应特别大时才会启动，它"推着水箱动"，将水箱的缓振效果再加强 8% 到10%。

2.2 创新的垂直交通运输系统

由于塔体扭转、塔身"腰"部面积很小，可布置电梯的数量难以满足垂直交通运输的需要，设计采用了世界最先进的双轿厢节能电梯，并根据层高的需要，开发研制了可以将两个垂直互相移动距离达 2m 的轿厢联成一体的"超级双层轿厢电梯"，大大提高了垂直电梯运营的经济效益和运送能力，分散了候梯人流，节省了平面空间和建筑面积，达到了环保、高效、节能的目的。

2.3 创新的结构健康监测系统

广州塔采用世界领先技术，安装了将结构施工监控与长期运营健康监测有机结合在一起的结构健康监测系统。通过计算分析选取了 5 个关键截面并安装 280 个各种传感器和设备进行实时监测，为广州塔的安全施工、营运、维护、检查、维修等决策提供第一手的数据和资料。

2.4 创新的内外筒连接方法

广州塔除地下室和平台层（7.0m）楼盖楼层板与外筒构件相连外，其他楼盖楼层板不与外筒连接。只有钢梁伸出楼板与外筒斜柱连接，外伸梁段的水平刚度与楼板刚度相差很远，成为内外筒之间连接薄弱部位。为使外伸梁与外筒斜柱的连接实现真正铰接，释放楼面梁的面外、面内弯矩，放松转角位移，满足模型假设，外伸梁端与外筒斜柱的连接采用空间万向铰节点，并通过试验验证节点的安全性、可靠性。

2.5 创新的桅杆与塔体连接

天线桅杆与塔体的连接经过与桁架转换连接比较，提出采用承接式连接，由天线桅杆格构段 8 根钢管柱与内筒 14 根钢骨直接相贯连接，内筒顶部采用钢板剪力墙，减少了用钢量和施工难度，同时满足建筑功能要求。这种方式不同于一般电视塔天线桅杆的插入式或转换式，是广州塔创新的结构设计。

2.6 新型节点独创性设计

广州塔外筒柱、斜撑、环杆节点形式是一种新型、巨型复杂节点构造。外筒柱与斜撑中心线交于一点，但环杆的中心线与柱有一段距离，且每个节点的高度都不同，设计通过一个直径为 1m 的牛腿将环杆连在柱上，再结合结构稳定分析及斜撑应力校核结果，在有限元计算的基础上，进行模型试验，验证了刚性节点区的加劲板设置设计。

3. 工程施工难点

3.1 复杂斜交网格主塔体钢结构施工

工程为连续渐变圆锥钢柱，加工制作难度高。钢结构外筒包括三种类型的构件：立柱、环梁和斜撑，形成复杂斜交网格钢结构体系。外筒共有 24 根立柱，由地下二层柱定位点沿倾斜直线至塔体顶部相应点，与垂直线夹角为 5.33°～7.85°不等。采用钢管混凝土组合柱，钢管截面尺寸由底部的 A2000×50mm 渐变至顶部的 A1200×30mm，柱内填充 C60 低收缩混凝土；斜撑与钢柱斜交，其材料亦为钢管，直径 A850×40mm～A700×30mm。斜撑与钢管柱的连接采用相贯节点刚接形式；环梁共有 46 组，环梁材料同样为钢管，直径 A800，壁厚 25～20mm 不等，采用弧线形式，环梁平面与水平面成 15.5°夹角。环梁与钢管柱通过外伸的圆柱节点相贯连接。所有现场节点均为全熔透焊接连接。焊缝运用准确的预热和后热措施，确保了焊接接头的性能。

通过深入试验，确定了优化的焊接顺序，有效地控制了多节点的焊接变形、焊接质量控制难度大的问题。整个钢结构施工不规则，复杂形体的测量定位难度高，工程采用在底板面及周边可通视区域建立平面和空间测量基准网，采用高精度全站仪及水准仪沿混凝土核心筒外壁垂直传递，建立测量中继站，在分段柱端中点及环梁与柱交点处设测点。用全站仪进行每一节柱的精确定位，必要时通过两个测站互相测校，以千斤顶组进行构件校正纠偏，以临时装配板和高强螺栓作临时固定。适时采用 GPS 定位系统进行定位复核。

3.2 超高椭圆形核心筒施工

工程混凝土核心筒高 448.8m，截面为椭圆，内径 17m×14m，筒壁厚度从 1000mm 递减至 400mm。混凝土采用 C80～C45。核心筒模板采用整体自升钢平台模板体系，钢平台体系主要包括：钢平台系统、脚手架系统、支撑系统、提升系统和模板系统等五个部分。其中整体提升钢平台和可调式大模板系统实现了椭圆超高核心筒的竖向和水平结构的同步施工，钢大模主要结构为面板、竖向肋、水平围檩、纵横向封边板和吊耳组成。钢面板厚度 6mm，竖向肋为单根 8 号槽钢，水平围檩为双拼 12 号槽钢。横向封边板采用 L80×8 角铁，纵向封边板采用 10×80 扁铁。钢模板顶部设置吊耳，每块模板设 2 个吊耳。钢模板下部设置止浆条防止水泥浆渗漏。本工程竖向结构采用 C80～C45 混凝土，水平结构采用 C30 混凝土。其中 38m 以下为 C80，38～90m 为 C75，90～126m 为 C70。

4. 节能环保措施

4.1 光伏幕墙应用技术

工程在 438.4～448.8m 安装半透明非晶硅 BIPV 光伏电池组件，共由 346 片 3100×

1800mm的半透明 BIPV 组件拼装而成。预计年发电量 12660kWh，相当于每年节省标准煤 4.56t、减排 CO_2 12.6t，减排 SO_2 380kg，减排 NO_X 30kg。

4.2 风力涡轮发电机技术

工程在 168m 安装了两台螺旋桨式风力发电机，每台发电机装机容量为 3～5kW，年发电量约 41000kWh。

4.3 雨水收集技术

工程采用雨水回用系统，雨水收集面积 9300m²，年收集雨水量可达万吨，通过虹吸管输送到雨水处理池，用于灌溉绿地以及广场的清洁冲洗。日用水量（可用雨水部分）218.2m³，雨水收集调蓄量 86.45m³，雨水收集利用率 39.6%。

编者评：

高达 600m、有着纤纤细腰的广州塔，自 2010 年开放以来不仅经受过无数严寒酷暑的考验，同时也经历了各种恶劣天气的洗礼，但它始终屹立在珠江边，始终保持纹丝不动。特别是当 2018 年超强台风"山竹"过后，各地一片狼藉，而广州塔似乎只是利用这场风暴冲刷了一下小腰身上的尘埃。这主要是因为广州塔里面插着一根"定海神针"，这根神针就放在广州塔 109 楼以上的大楼内，是一套由科研团队花了 8 年，自主研发的 HMD 两级主被动复合调谐减振控制系统。在 438～448m 标高层（第 109～111 层）利用核心筒两边各一个 650t 容量的铁制消防水箱作为 TMD 减振系统块，在水箱下面安装滑轮和轨道。在此之前，世界上很多高楼都是利用大型金属块作为稳定块，但是美国世贸中心被飞机撞击发生火灾后无法灭火，最终导致大楼最后完全坍塌。广州塔利用两个消防水箱作为被动控制阻尼质量块，消防水箱用钢筋混凝土制作，内部装满消防水，两台水箱总重量 1500t，相当于 2 万个成人的体重。假如广州塔里发生火灾，只要把水释放出来，就完全可以达到自救的效果。两个水箱上部各安装了一台重达 50t 的直线电机主动控制装置，根据塔身摇摆的精确数值，自动调整运动模式，进一步降低塔身的摇摆幅度。这种方法是全球首创，还大大降低了造价。

在 2010 年广州亚运会之前，以广州塔为核心的位于广州新城市中轴线上的一系列标志性建筑群相继落成，代表了广州加速迈入国际化都市行列的新城市形象。而广州塔的英文名以"Canton Tower"取代了常见的"Guangzhou Tower"更加彰显了广州力图跨入国际都市行列的决心。从公元 3 世纪的海上丝绸之路的主港，到 17 世纪作为闭关自守的清帝国对外开放的唯一"窗口"，再到如今粤港澳大湾区、泛珠江三角洲经济区的中心城市，以及"一带一路"的枢纽城市，广州一直是中国对外开放的排头兵，它的成就也验证了中国改革开放这一历史抉择的重要意义。

参 考 文 献

[1] 梁伟盛，梁硕，吴浩中，等. 广州电视塔绿色建筑新技术应用 [J]. 建设科技，2013 (12)：70-73.

［2］　周定，韩建强，杨汉伦，等. 广州塔结构设计［J］. 建筑结构，2012，42（6）：1-12.

［3］　吴树甜，梁隽，陈卫群. 收山水胜景 揽天地入怀：广州塔设计［J］. 建筑学报，2011（1）：45-47.

［4］　王海明. 新型主被动调谐质量阻尼器的性能研究［D］. 广州：广州大学，2011.

［5］　尹穗，关而道，邵泉，等. 技术先行—铸就南国明珠—广州塔工程项目介绍［J］. 工程质量，2013，31（3）：53-58.

［6］　冯原. 全球时间与岭南想象：历史与大众政治视野中的广州新建筑评述［J］. 时代建筑，2011（3）：68-71.

案例 11：2022 冬奥会国家速滑馆“冰丝带”

1．工程概况

北京 2022 冬奥的标志性建筑——国家速滑馆“冰丝带”，位于北京奥林匹克公园西侧，是北京 2022 冬奥的 8 项新建场馆之一，也是唯一新建冰上竞赛场馆。场馆建筑面积约 8 万 m²，地下 2 层、地上 3 层，能容纳约 12000 名观众。2017 年 4 月 25 日设计图正式对外公布；2018 年 6 月 26 日完成了场馆地下结构工程的“精耕细作”；2018 年 9 月 30 日地上主体结构实现了“拔地而起”；2019 年春节前，创“世界之最”的“单层双向正交马鞍形索网屋面”索网编织完成；“冰丝带”完成屋面和曲面墙施工，实现封顶封围，于 2020 年 12 月竣工。

2．国家速滑馆之“最”

国家速滑馆“冰丝带”创下多项世界之最：世界体育场馆中最大的单层双向马鞍形索网屋面；北京冬奥会场馆建设首个成功引入社会资本的场馆；1.2 万 m² 的世界最大冰面；世界体育场馆中首次采用二氧化碳制冷环保制冰技术；率先采用全国首例弧形预制看台板。

3．设计创意

“冰丝带”呈现出椭圆形平面、“马鞍形”造型，此设计理念来自一个冰和速度结合的创意。把坚硬的冰设计成柔软的丝带，其中蕴含了中国人对自然的深层思考和刚柔并济的智慧。22 条飘逸的丝带，像速滑运动员在冰上划过的痕迹，冰上画痕成丝带，象征速度和激情，又代表北京冬奥会举办的 2022 年。

“冰丝带”的控制高度为 55m，它将和 69m 高的国家体育场“鸟巢”、30m 高的国家游泳中心“水立方”遥相呼应，亮相于奥林匹克公园西侧。沿外墙曲面设置的透明管将内置彩色光带，可变幻出不同颜色的动感光带，和鸟巢的红、水立方的蓝相映生辉，体现速度滑冰的动感和绚丽。

4．屋面体系

4.1 屋面“天幕”——索网跨度破世界纪录

国家速滑馆的屋面支撑为大跨度双曲马鞍形钢环桁架索网结构，南北长跨约 200m，

51

东西短跨约 130m，是目前世界上体育馆场馆中规模最大的单层双向正交马鞍形索网屋面。

选用索网方案，主要出于节能环保、节约材料的考量，符合"绿色办奥"的要求。这样的方案能呈现受力最优、形态最美的双曲面结构，用钢量只是传统钢结构屋面的四分之一。

整个环桁架工程的主弦杆共 328 根，腹杆共 2220 根，总用钢量约 8500t。采用屋面环桁架"南北分区直接吊装和东西滑移安装"的施工方法，分两次将环桁架滑移到位。第一次滑移为下滑移轨道的低空滑移，第二次滑移为上滑移轨道的高空滑移，其中第二次滑移可将环桁架滑移至设计指定位置。

滑移采用液压千斤顶液压滑移技术实现，如同 32 个"机器人"同时发力，以每秒滑移半毫米的速度将 5500t 钢铁"巨龙"从东、西两侧向内侧的主场馆上方平行推移，与南北侧吊装区约 3000t 环桁架合龙。经过就位、嵌补段安装、合拢等工序后，实现钢结构工程的完工，为后期"编织天幕"创造条件。屋面索结构采用的是国产高钒封闭索，有利于积极推进国家速滑馆各种材料国产化。

4.2　幕墙"丝带"：外形飘逸的精密结构

"丝带"是对外立面的 22 根灯带的形象称呼，平均每条冰丝带约 622m 长，它们依附在天坛形曲面幕墙系统。"冰丝带"由晶莹剔透的超白玻璃彩釉印刷玻璃幕墙构成，平均每条冰丝带 600 多 m 长，它们依附在天坛形曲面幕墙系统，营造出轻盈飘逸的丝带效果。"丝带"本身既是幕墙钢结构的重要部分，还能起到遮阳、节能的作用。

外形飘逸的玻璃幕墙藏着数字奥秘：经过建筑师的几何逻辑优化，不论是向内的曲面还是向外的曲面，都采用了同一个曲率半径，曲面玻璃板块不超过 50%。3360 块幕墙玻璃，将拼成"冰丝带"外观自由流畅的椭圆形曲面。其中只有两块玻璃幕墙的尺寸是一样的，其他的玻璃幕墙每一块的尺寸都不相同。设计之精妙，可见一斑。

5.　主体结构

速滑馆工程主体结构型式为钢筋混凝土框架剪力墙结构，主场馆建筑面积约 8 万余 m²，地上 3 层、地下 2 层，建筑物最高点 33.8m。比赛时坐席为 1.2 万个，分为永久坐席和临时坐席。永久坐席是固定在预制清水混凝土看台上，临时坐席是固定在钢结构看台之上。仅清水混凝土看台构件共 1911 块，最长为 7982mm、最重为 6.25t。按照清水混凝土构件功能不同可分为看台板、栏板、踏步和楼梯四大类。看台板按照形状不同分为：U 形、L 形、"一"字形和反 L 形四种，按照线性的不同分为直线型和弧线型，其中弧线看台板共 316 块，有 L 形 198 块、U 形 46 块和平板 72 块，直线看台板共 766 块，有 L 形 556 块、U 形 96 块、反 L 形 22 块和平板 92 块。

预制清水混凝土弧线看台板预制和安装难度相当大。在装配式结构看台中，预制看台构件被形容为电脑的芯片，在深化设计时要统筹协调建筑、结构、精装、机电以及与安装施工相关的预留预埋，深化设计工作极其复杂，而预制构件的生产需要进行加工图纸深化和签认、构件模板设计和加工、钢筋加工和混凝土浇筑、混凝土蒸汽养护、混凝土构件存放和出厂运输到施工工地等一系列过程。

6. 基础建造

在速滑馆 5.5 万 m² 的基坑中，环绕椭圆形的 FOP（fieldof play）比赛区域，分布着通风电缆管沟、制冰管沟、下沉式空调机房、集水坑、电梯基坑等近 150 个大小不一的嵌套坑，每个基坑边线呈弧形，并存在 60°的坡度，清槽难度很大。利用 BIM 模型对基坑排布、坐标点位等逐一深化设计，对工人进行三维可视化交底，用全站仪一米一个坐标点进行精确定位，让最终成型的基坑宛如天成。

整个"冰丝带"场馆的基石是巨大的混凝土结构。作为建造亚洲最大冰面的技术支撑，混凝土结构的难点在于，整个冰面可分区冻冰，使用多功能全冰面制冰系统等技术，对混凝土也提出了更高的要求。因此，国家速滑馆工程大面积采用了特殊的钢纤维高性能混凝土，具有抗冻、微膨胀、高强度、易泵送的特性，以及特殊的养护方式。在 8.9 万 m³ 的地下结构混凝土用量中，特殊混凝土占比 90％以上。工程底板、外墙、顶板梁全部采用补偿收缩混凝土，FOP 比赛区域采用抗冻等级高达 F250 的抗冻混凝土，同时，FOP 比赛区域每个制冰单元之间左右各 2m 还使用了抗冻钢纤维混凝土。

编者评：

1. 双奥之城，举世瞩目

2015 年 7 月 31 日，北京申办 2022 年冬奥会成功。从那一天起，北京再一次站到世界体育舞台的中央。与雄浑的钢结构"鸟巢"、灵动的膜结构"水立方"相得益彰，国家速滑馆"冰丝带"将在奥林匹克公园飞舞，三者共同组成北京这座世界首个"双奥之城"的标志性建筑群。

2. 工匠精神，铸就经典

"冰丝带"堪称当今世界最具科技含量的场馆：超大跨度的索网计算分析和找形、曲面幕墙几何优化和工艺设计、先进的制冰工艺、大空间室内环境和节能、智慧场馆设计，在同一个场馆中集成这么多先进技术。

"天幕"编织用上了高钒密闭索，这种索体采用密封钢丝绳，内层采用圆钢丝、外层采用 2～3 层 Z 形钢丝，索内层圆钢丝及外层 Z 形钢丝全部采用锌-5％铝-混合稀土合金镀层，结构紧密表面平滑，密封性能好。密闭索外表平滑，与索夹节点的摩擦系数大，防腐性能强，承载能力强，索体的外层为 Z 形钢丝，需要由圆形盘条经过多次拉拔才成型。这种国产索首次在国内大型体育场馆中得到应用，索的索体承载能力强且密封性能好，打破了国际市场垄断。

3. 践行环保，大国担当

目前世界上的滑冰场多数采用的是氟类制冷剂，并不是最环保的制冷剂，难以满足国际环保组织对环保的严格要求，"冰丝带"如何选择制冷方案一直备受社会关注。"冰丝带"采用二氧化碳做制冷剂的世界最环保制冰技术，在世界体育场馆中还是第一次，对国内冰雪场馆起到示范引领作用。

4. 赛后利用，惠及民生

"冰丝带"打造世界一流水平的精品工程，赛后将成为承载国人冬季奥运梦想的最新奥运遗产。中国共产党十九大报告指出，广泛开展全民健身活动，加快推进体育强国建设，筹办好北京冬奥会、冬残奥会。这为北京 2022 年冬奥会新建场馆赛后利用指明了方向。事实上，很多新建场馆在设计之初就已考虑了赛后利用，汇聚各方资源，集各方之智，引进先进技术，在后奥运的运营过程中，实现奥运场馆的反复利用、综合利用，以更好地惠及群众。

"冰雪经济"北京携手张家口共同承办 2022 年冬奥会，将有力促进京津冀协同发展。以北京 2022 年冬奥会雪上项目赛事承办地张家口市崇礼区为例，近年来这里的"冰雪经济"大幕已经率先开启。数据显示，2016—2017 年雪季张家口市崇礼全区共接待游客 267.6 万人次、收入 18.9 亿元人民币，同比分别增长 22.5％和 22.7％。

案例 12："中国天眼"——FAST

500m口径球面射电望远镜（five hundred meters aperture spherical telescope, FAST），于 2016 年 9 月 25 日落成启用，它是具有我国自主知识产权、世界最大单口径、最灵敏的射电望远镜。FAST 工程是"十一五"国家重大科技基础设施建设项目，拥有 30 个足球场大的接收面积（图 1）。FAST 突破了射电望远镜的百米极限，与号称"地面最大的机器"的德国波恩 100m 望远镜相比，灵敏度提高约 10 倍。美国 350m 口径望远镜基本是把镜面固定在山坳上，能动的仅为吊着的用来接收镜面反射信号的馈源舱。作为世界最大的单口径望远镜，FAST 将在未来 20～30 年保持世界一流设备的地位。这就是"中国天眼"——世界上最大、最灵敏的单口射电望远镜，能接收到百亿光年外的电磁信号，是人类探索外太空进程的里程碑。

中科院国家天文台副台长郑晓年表示，FAST 将成为中国天文学研究的"利器"。它将可能搜寻到更多的奇异天体，用来观测脉冲星，探索宇宙起源和演化、星系与银河系的演化，等等，甚至可以搜索星际通信信号，开展对地外文明的探索。

图 1　FAST 空中俯瞰图

2020 年 1 月 11 日，FAST 顺利通过国家验收，正式开放运行。FAST 自试运行以来，设施运行稳定可靠，其灵敏度为全球第二大单口径射电望远镜的 2.5 倍以上。这是中国建造的射电望远镜第一次在主要性能指标上占据制高点。

截至目前，FAST 已经探测到 146 颗优质的脉冲星候选体，其中 102 颗已得到认证。未来 3～5 年，FAST 的高灵敏度将有可能在低频引力波探测、快速射电暴起源、星际分子等前沿方向催生突破［《人民日报》（2020 年 1 月 12 日 01 版）］。

1. "天眼之父"

说到 FAST，不能不提的就是我们的"天眼之父"——南仁东研究员（图 2）。南仁东少时爱绘画、天文和建筑，报考清华却被调剂到无线电专业，原因是当时国家更需要无线电人才。同样是国家需要，在恢复高考后，他考入了中国科学院研究生院攻读天文学。也是在祖国需要的时候，他毅然放弃比国内高 300 多倍的工资，回国服务。为了将尖端的科研引入到中国的天文及相关领域，在 1993 年南仁东就提出争取把国际大射电望远镜建到中国来。最终我国决定自己建设，并给项目取名为 FAST，蕴含着"追赶""跨越""领先"之义。

　　"天眼"选址，南仁东用了 12 年。对经过 3 道程序筛选出 100 多个大窝凼，一个一个用脚踏遍。在项目长达 12 年的预研过程中，没名分，没人，没经费，大家都叫他"丐帮帮主"。建设过程中，南仁东和团队成员一样过集体生活，住板房，吃食堂。他几次就医都是因为半路上肺痛难忍才去医院，开点药，缓解些就走。他拖着不去医院检查病情，生怕查出病情严重，会停止项目，所以他身患重疾仍亲临工程现场，以高龄之躯坚守在工程一线，直到临终之前，他心心念念的仍旧是"中国天眼"。

图 2　"中国天眼" FAST 之父南仁东

　　南仁东有强烈的事业心却没有功利心，临近退休，他都没有得过奖，连先进工作者之类的称号都没有，即便是"天眼"这样举世瞩目的工程，他获奖也很少，因为他总是把别人的名字放在前面。作为 FAST 的首席科学家，南仁东一生潜心研究，学术水平很高，完全可以做理论研究，但他为了重新振兴我国的天文学，舍弃舒适的城市生活，常年在大山深处钻，甘愿做一个盛世的"苦行僧"，一心扑在工作上，将得失抛在脑后，将功过交由后人评说。

　　72 载人生路，南仁东永远闭上了双眼，却给人类留下了看破星辰的"天眼"。

2. 结构体系

　　主动反射面是 FAST 主要创新点之一，其实质是跟随所观测天体的运动将照射范围内反射面实时调整到指定抛物面位置，使天体发出的平行电磁波经反射面反射后始终汇聚于一点（聚焦）。FAST 反射面支承结构是一个超大跨度的空间结构，相当于 30 个足球场地。反射面的主动性对其支承结构提出了可调控的要求，工作时，必须能够实时地将照射范围内反射面调整到指定抛物面位置，同时为了降低工作时反射面调整的难度，必须具有自重轻的特点，即反射面支承结构必须是一种轻型的可动而且可实时调控的结构。

2.1　整体索网结构

　　按照一定的网格划分方式编织成 500m 口径的球面主索网，将主索网的四周固定于周边支承结构，每个主索网节点设置下拉索作为稳定索和控制索（在下拉索的下端设置促动器），来实现反射面基准态成形和工作态变位，称这种由球面索网（主索网）、下拉索及周边支承结构共同构成的结构为整体索网结构（图 3）。

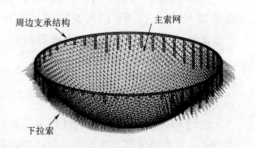

图 3　整体索网结构

2.2 背架结构

反射面板是望远镜直接接受天体辐射电磁波的部分，铺设在主索网上。反射面板一般采用厚1mm左右的开孔铝板或铝丝网，其面外刚度很弱，因此必须在索网网格范围内设置一层支承结构，并对其进行适当的网格划分，以方便反射面板的铺设，这一局部支承体系称为"背架结构"（图4）。每个索网网格设置一个背架结构，背架结构自身具有一定的刚度，仅通过其角点与主索网节点相连，并且通过构造措施保证其仅以荷载的形式作用于主索节点，即在反射面变位时，背架结构不参与索网结构的共同作用。

图4 背架结构与整体索网结构示意图

2.3 主索节点

主索节点是整体索网结构中较为关键的环节之一，起着连接主索、下拉索及背架结构的作用，拉索自身是连续的，这种连接方式在安装过程中很难精确控制索端各自的预应力。FAST索网结构采用在主索节点处将主索断开的连接方式，这种连接方式可以通过对每根主索的精确下料来保证结构的整体安装精度，同时也具有便于主索节点及背架角点的设计、避免夹具对拉索的损伤等优点。

2.4 周边支承结构

喀斯特洼地与理想球面相距甚远，同时山体地质条件存在不确定因素，考虑到反射面支承结构应该是一个均匀的整体结构，且有高精度要求，因此不宜将球面主索网的四周直接固定于山体。采取格构式钢圈梁与周边主索连接的方案，圈梁由格构式钢柱支承，钢柱的高度跟随喀斯特地貌作相应变化，圈梁和柱共同组成了索网结构的周边支承结构，这种支承方案简化了主索边界的连接固定，且易于主索网格的划分，同时闭合的圈梁也具有良好的平面内刚度。

3. 施工关键技术与设备

国家天文台500m口径球面射电望远镜（FAST）钢结构工程施工条件复杂、施工环境恶劣。施工现场位于贵州南部的喀斯特洼地，大部分格构柱位于山坡上，大型吊装机械无法行走。在洼地北侧小窝凼区域有唯一一块平整场地可作为现场的施工场地。施工采用了许多有别于传统钢结构的安装方法和技术，其中倒扣式滑移系统解决了高空无法满铺轨道的难题，多功能平板车及其圆周滑移系统的运用同时解决了高空运输、高空滑移和高空吊装的问题。

3.1 倒扣式曲线轨道滑移系统

由于钢结构体系直径达500m，无法在高空完整铺设轨道用于滑移，因此，采用倒扣式轨道滑移系统及其滑移方法可解决上述难题。该滑移系统利用结构格构柱为支承点，并在格构柱上设置滑移导向槽、滑块、顶推装置，将通过压板固定于滑移箱梁下方的钢轨设置于导向槽内，支撑起整个滑移箱梁。为支撑起整个滑移箱梁，在格构柱的两侧设置了滑移牛腿，在滑移牛腿上设置滑移基座。同时为防止滑移箱梁发生倾覆侧翻，在格构柱顶设置了防倾覆的钩轮，并与箱梁上的挡板配套使用。

3.2　箱梁板车和提升设备

滑移箱梁上设置了2个主要设备：箱梁板车和箱梁提升架。箱梁板车用于车载圈梁滑移分块至圈梁就位的位置，主要由钢结构箱体和底部的车轮骨架组成，其长、宽、高由圈梁滑移分块以及滑移体系综合确定。在箱梁板车顶部设置2条滑移轨道，其标高与轨距和圈梁平板车上的环向轨道相同，以便圈梁分块从圈梁平板车滑移至箱梁板车。在箱梁的固定设计位置设置了箱梁提升架，用于圈梁分块前端的提升和下放。

3.3　多功能平板车及圆周滑移系统

多功能圈梁平板车包括车体和车轮，车体上设有径向轨道、环向轨道和车载门式起重机。径向轨道固定于车体径向，环向轨道固定于车体纵向两端，车载门式起重机固定于车体前端，与箱梁提升架组成圈梁提升下放的吊装机构。该平板车具有运输功能、滑移功能和吊装功能，解决了无法通过吊装机械完成圆周结构的安装问题。

3.4　滑移卡板及顶推滑移技术

由于圈梁结构向外侧悬挑一个节间设置于格构柱上，圈梁分块下放后并未完全安装就位，需向外侧顶推滑移2.5m。为此，设计并采用了可拆卸重复利用的滑移顶推装置滑移夹板，在顶推滑移中利用该装置并借助油缸可将被滑移结构分多次滑移到位。

编者评：

FAST研究涉及了众多高科技领域，包括天线制造、高精度定位与测量、高品质无线电接收机、传感器网络及智能信息处理、超宽带信息传输、海量数据存储与处理，是我国科学家在20年科学研究工作基础上独立设计、建造的世界上最大口径的射电望远镜。未来20～30年，FAST将在世界保持领先地位。FAST的建成也将把我国深空测控及通讯能力由地球同步轨道延伸至外缘行星并强有力地支持我国载人航天、探月和未来的深空探测计划。习近平总书记在致FAST落成启用的贺信中说："天文学是孕育重大原创发现的前沿科学，也是推动科学进步和创新的战略高点。"

作为中国古代科技成就最辉煌的学科之一，天文学曾让每一个中国人骄傲。但是，这辉煌的时间属性是"曾经"，它滞留在中国古代。现代天文学领域，中国却落后于世界最先进水平。为了改变现状，为了扭转颓势，为了弯道超车，FAST拔地而起、横空出世。建设FAST绝非易事，堪称一场现代科研长征，从1994年持续到2016年，一走就是22载。突破同类设备的创新技术，除少数部分与国际合作外，FAST中国设计、中国制造的纯度达到 99％；与号称地面最大机器的德国波恩 100m 望远镜相比，FAST 灵敏度提高约 10 倍；与美国阿雷西博 305m 望远镜相比，FAST 综合性能提高约 10 倍等。

自此，中国将可以用自己的望远镜收听来自太空深处的无线电波，接收 137 亿光年以外的电磁信号；可以窥探星际之间互动的信息；可以观测暗物质；可以测量黑洞质量；可以搜寻可能存在的星外文明等。FAST 的建成，将亘古以来深埋于中国人基因的宇宙梦再次唤醒。终于，在探索宇宙极限的道路上，中国人也能喊出这句经典：我们的征途是星辰大海！

今后，FAST 的关键技术成果可应用于诸多相关领域，如大尺度结构工程、公里范围高精度动态测量、大型工业机器人研制及多波束雷达装置等。其建设经验也对我国制造技术向信息化、极限化和绿色化的方向发展产生重大影响。

老一辈科学家的科研精神与吃苦耐劳的品质值得我们去学习，他们艰苦奋斗的工作作风和严谨求实的科学态度，值得我们在测量行业中继续发扬光大。我们要从中体会到研究问题的科学方法和思维方法，并带入到我们自身的学习工作和科研工作中去。

案例 13：长江三峡水利枢纽

长江三峡水利枢纽，又称三峡水电站，简称三峡工程，是中国有史以来建设的最大型工程项目。三峡工程的功能有十多种，最主要的功能为防洪、发电、航运等，其中，防洪被认为是三峡工程最核心的效益。三峡工程于 1992 年获得中国全国人民代表大会批准建设，1994 年 12 月 14 日正式动工兴建，工程静态投资 1352.66 亿元人民币，动态投资 2485.37 亿元人民币。三峡工程采用"一级开发，一次建成，分期蓄水，连续移民"方案。大坝主体工程施工总工期自 1993 年到 2009 年共 17 年，分三个阶段进行，到 2009 年主体工程已全部完工。

三峡水电站是世界上规模最大的水电站，2003 年 6 月 1 日下午开始蓄水发电，于 2012 年全部完工。三峡水电站安装 32 台单机容量为 70 万 kW 的水电机组，其中坝后式厂房左岸电站安装 14 台，右岸电站安装 12 台，右岸地下电站安装 6 台，另外还有 2 台 5 万 kW 的电源机组，总装机容量为 2250 万 kW，远超位居世界第二的巴西伊泰普水电站。电站最后一台水电机组于 2012 年 7 月 4 日投产，这意味着三峡水电站已成为全世界最大的水力发电站和清洁能源生产基地。

三峡水电站的输变电系统由中国国家电网公司负责建设和管理，共 2 回 ±500kV 直流、11 回 500kV 交流高压输电线路连接至我国各区域电网。源源不断的电能通过三峡输变电工程搭建的电力"高速公路"，跨越千里输送到华中、华东、华南和川渝地区，惠及半数国民。

1. 枢纽布置及大坝工程

三峡大坝为混凝土重力坝，大坝长 2335m，底部宽 115m，顶部宽 40m，高程 185m，正常蓄水位 175m。大坝坝体可抵御万年一遇的特大洪水，最大下泄流量可达 10 万 m^3/s。整个工程的土石方挖填量约 1.34 亿 m^3，混凝土浇筑量约 2800 万 m^3，耗用钢材 59.3 万 t。水库全长 600 余 km，水面平均宽度 1.1km，总面积 1084m^2，总库容 393 亿 m^3，其中防洪库容 221.5 亿 m^3，调节能力为季调节型。

枢纽主要建筑物由大坝、水电站、通航建筑物等 3 大部分组成。主要建筑物的形式及总体布置，经对各种可行性方案的多年比较和研究，并通过水力学、结构材料和泥沙等模型试验研究验证确定。枢纽总体布置方案为：泄洪坝段位于河床中部，即原主河槽部位，长 483m，在泄洪坝段底部，均匀分布有 22 孔导流底孔弧形门，底坎高度为 56m，弧门宽 6m，高 8.5m，22 孔弧门分别由 22 台液压启闭机启闭，两侧为电站坝段和非溢流坝段。

水电站厂房位于两侧电站坝段后，另在右岸还有地下电站厂房。永久通航建筑物均布置于左岸。

2. 电站建筑物的布置

三峡水电站坝址河谷地形开阔，河床及漫滩部分满足泄洪坝段、厂房坝段及坝后式厂房布置需要，各建筑物基岩坚硬完整，自然条件十分优越。从枢纽建筑物布置的协调性、泄洪安全性、分期建设条件、厂房结构复杂程度、施工难度、运行条件、施工工期及工程投资等方面进行综合技术经济比较，采用两岸坝后厂房＋右岸地下厂房的布置方案。

左、右岸电站建筑物由坝式进水口、引水压力管道、主厂房、上下游副厂房、尾水渠及厂前区等组成。左岸电站安装 14 台机组，主厂房尺寸为 643.7m×68m（上部 39m）×94.3m（长×宽×高，下同），右岸电站安装 12 台机组，主厂房尺寸为 567.1m×68m（上部 39m）×94.3m，为世界上规模最大的电站厂房。引水压力管道为单机单管布置，直径 12.4m，并采用浅埋坝后背管布置形式。

三峡地下电站位于右岸白岩尖山体中，与右岸坝后电站相毗邻，共安装 6 台机组。三峡地下电站建筑物主要由引水渠及进水塔、引水隧洞、排沙洞、地下厂房、母线洞（井）、变顶高尾水洞、尾水平台及尾水渠、进厂交通洞、通风及管道洞、管线及交通廊道、地面 500kV 升压站和厂外排水系统等组成。引水隧洞直径为 13.5m，主厂房尺寸为 311.30m×32.60m（下部 31m）×87.3m，采用岩锚吊车梁，尾水隧洞尺寸为 15m×25m（宽×高），采用新型变顶高尾水洞形式，其厂房及尾水洞规模为国内外同期最大。

3. 电站水轮发电机组构成

三峡左岸电站有 14 台发电机组，4～6 号和 10～14 号机组一共 8 台由阿尔斯通（Alstom）负责水轮机，瑞士 ABB 负责发电机，另外 1～3 号和 7～9 号机组共 6 台由德国伏伊特（Voith）、通用电气（GE）与西门子（Siemens）组成的 VGS 联合体制造，这几家国际巨头在签订供货协议时，都已承诺将相关技术无偿转让给中国国内的电机制造企业。右岸电站有 12 台机组，哈电、东方电机和阿尔斯通各负责 4 台。右岸地下电站 6 台机组中，哈电、东方电机和阿尔斯通又各承建 2 台。机组功率均为 70 万 kW，其中水轮机额定出力 77 万 kW。

4. 通航建筑物

通航建筑物包括永久船闸和升船机，均位于左岸山体内。

永久船闸为双线五级连续梯级船闸。单级闸室有效尺寸为 280m×34m×5m（长×宽×坎上最小水深），可通过万吨级船队，是世界上最大的船闸。它全长 6.4km，其中船闸主体部分 1.6km，引航道 4.8km。船闸的水位落差之大，堪称世界之最。三峡大坝坝前正常蓄水位为海拔 175m 高程，而坝下通航最低水位 62m 高程，这就是说，船闸上下落差达 113m，船舶通过船闸要翻越 40 层楼房的高度。

升船机为单线一级垂直提升式，承船厢有效尺寸为 120m×18m×3.5m，一次可通过一艘 3000t 的客货轮。承船厢运行时总重量为 11800t，总提升力为 6000kN。

编者评：

三峡工程是迄今世界上综合效益最大的水利枢纽，是世界上最大的水力发电站和清洁能源生产基地，是我国"西电东送"和"南北互供"的骨干电源点。

三峡工程的核心效益是防洪。历史上，长江上游河段及其多条支流频繁发生洪水，每次特大洪水时，宜昌以下的长江荆州河段（荆江）都要采取分洪措施，淹没乡村和农田，以保障武汉的安全。在三峡工程建成后，其巨大库容所提供的调蓄能力将能使下游荆江地区抵御百年一遇的特大洪水，也有助于洞庭湖的治理和荆江堤防的全面修补。

三峡水电站在充分发挥防洪、航运、水资源保障作用的前提下，年发电量已突破 1 千亿 kWh，这相当于节约标准煤 0.319 亿 t，减排 CO_2 0.858 亿 t。如果按照每 kWh 电量产生 12 元 GDP 计算，1 千亿 kWh 电量可以支撑我国 1.2 万亿元 GDP。

三峡工程的建成是中国人民的百年梦想，是无数建设者勤劳与智慧的结晶，它的建成投产为国家"稳增长、调结构、惠民生"注入了强大动力，对缓解华中、华东及重庆地区的能源供应紧张状况、减轻煤炭供应和运输的压力、促进地区经济发展具有重要意义。

案例 14： 南水北调工程

南水北调工程，即从长江下游、中游和上游分三条线路（东、中、西）分别向北方调水的工程的总称。南水北调工程建成后，将与长江、黄河、淮江和海河构成相互连接的"四横三纵"大水网，形成南北调配、东西互济的水资源优化配置格局。

"南水北调"一词最早见之于中央正式文献是 1958 年 8 月，中共中央在北戴河召开的政治局扩大会议上，通过并发出了《关于水利工作的指示》，其中明确指出："除了各地区进行的规划工作外，全国范围的较长远的水利规划，首先是以南水（主要指长江水系）北调为主要目的，即将江、淮、黄、海各流域联系为统一的水利系统规划。"在党和政府的正确领导和关怀下，广大科技工作者持续做了 50 多年的南水北调科研工作，进行了大量的野外勘查和测量，在分析比较 50 多种方案的基础上，形成了南水北调东线、中线和西线调水的基本方案。工程在前后 50 年间分 3 个阶段实施，预计总投资将达 4860 亿元。

"南水北调工程"规划最终调水规模将达 448 亿 m^3，东、中、西线多年平均调水规模分别为 148 亿 m^3、130 亿 m^3 和 170 亿 m^3，东线于 2002 年 12 月 27 日正式开工，中线穿黄工程于 2005 年 9 月 27 日正式开工，其中河南段 2006 年 9 月 29 日正式开工。已建成的东、中线一期工程调水规模分别为 88 亿 m^3 和 95 亿 m^3，西线工程目前还处于规划论证阶段。

1. 东线工程

东线工程全长 1785km，利用江苏省已有的江水北调工程，逐步扩大调水规模并延长输水线路，目前已建成的东线工程一期，干线长 1467km。

东线工程从长江下游扬州抽引长江水，利用京杭大运河及与其平行的河道逐级提水北送，并且连接起调蓄作用的洪泽湖、骆马湖、南四湖和东平湖。出东平湖后分两路输水：一路向北，在位山附近经隧洞穿过普河；另一路向东，通过胶东地区输水干线，经济南输水到烟台、威海。东线工程可为苏、皖、鲁、冀、津 5 省（直辖市）净增供水量 148 亿 m^3。

工程调水起点到黄河南岸地面高程升高近 40m，这意味着想要南水北上，必须实现"水往高处流"，直至水流越过最大高程点。仅东线一期工程沿线，便建有 34 处泵站、160 台水泵，共计 13 级，这是世界上最大的泵站群。从扬州江都水利枢纽开始，将长江水逐级提升近 40m，一路送至黄河南岸。而为了降低泵站群的能耗，其中 1/3 的水泵均使用我国技术人员耗时 3 年自行研发的灯泡贯流泵，与传统的立式轴流泵相比，贯流泵的电能转化率可从 65％提高至 81％，大大提高了运行能效。

2. 中线工程

南水北调中线工程干线全长 1432km，其中至北京的总干渠 1276km，天津输水干线156km。工程从加坝扩容后的丹江口水库陶岔渠首闸引水，沿唐白河流域西侧过长江流域与淮河流域的分水岭方城垭口后，经黄淮海平原西部边缘，在郑州以西孤柏嘴处穿过黄河，继续沿京广铁路西侧北上，之后自流到北京、天津。中线工程可缓解京、津、华北地区水资源危机，为京、津及河南、河北沿线城市生活、工业、农业增加供水 130 亿 m³，大大改善供水区生态和投资环境，推动我国中部地区经济发展。

丹江口水库作为南水北调中线工程水源地，为满足向北方调水要求，大坝需加高14.6m，增加水压 40%，全程总水头差约 100m，相应增加库容 116 亿 m³。其规模大、难度高，在国内尚属首次，国外亦属少见，无专门的技术规程规定遵循，亦无成熟可供借鉴的经验。通过大量的分析、反复论证和科学试验，最终选择后帮贴坡整体重力式加高方案。提出了无论新老混凝土接合面脱开与否均能确保大坝正常工作的"新老坝体联合协同工作"新理念，形成了一整套在正常运行条件下进行大坝加高的关键技术和方法，成功实现了大坝安全加高。

南水北调中线工程明渠段渠坡或渠底涉及膨胀土（岩）累计长度约 387km，约占输水干线总长的 27%，膨胀土渠段最大挖深约 50m，最大开挖宽度达 420m，技术难度世界罕见。通过系统研究膨胀土渠道工程地质特性、渠坡破坏机理与稳定控制关键技术，成功解决了线路长、挖深大、膨胀性强、水文地质条件复杂的膨胀土边坡稳定问题，构建了膨胀土渠道设计、施工成套技术、理论、方法和标准体系，为类似工程提供了新的思路和途径。

南水北调中线一期工程全线共有大型渡槽 27 座，且工程规模巨大，如 U 形渡槽最大跨度 40m，单跨荷载 4800t，分别是国内外同期最高水平的 1.7 倍和 3.7 倍，设计及施工技术难度超出已有工程。因此，工程中开创性提出了 U 形、箱形等多种大跨度渡槽新型结构形式，建立了超大型渡槽设计理论和方法，研发出 40m 跨 1600t 超大 U 形渡槽造槽机、机械化施工成套技术和高效施工工法。

穿黄隧洞工程是南水北调中线总干渠与黄河的交叉建筑物，是总干渠上建设规模最大、技术最复杂的工程，也是控制工期的关键性工程。穿越黄河隧道工程地处黄河游荡性河段，荷载条件复杂，设计及运行条件复杂性史无前例。通过一系列自主创新研发，成功提出了"盾构隧洞预应力复合衬砌"新型输水隧洞，研发了"结构联合、功能独立"的输水隧洞复合结构设计理论与分析方法，攻克了薄壁内衬预应力设计、超深竖井深层地基加固与防水等关键技术难题。

3. 西线工程

西线工程目前尚处于规划论证阶段，规划在长江上游通天河、支流雅砻江和大渡河上游筑坝建库，开凿穿过长江与黄河的分水岭巴颜喀拉山的输水隧洞，调长江水入黄河上游。西线工程的供水目标主要是解决青、甘、宁、内蒙古、陕、晋 6 省（自治区）黄河上中游地区和渭河关中平原的缺水问题。结合兴建黄河干流上的骨干水利枢纽工程，还可以向邻近黄河流域的甘肃河西走廊地区供水，必要时也可向黄河下游补水。

西线工程 3 条河调水近 200 亿 m^3，可为青、甘、宁、内蒙古、陕、晋 6 省（自治区）发展灌溉面积 200 万 km^2，提供城镇生活和工业用水 90 亿 m^3。

编者评：

南水北调工程是优化水资源配置、促进区域协调发展的基础性工程，是新中国成立以来投资额最大、涉及面最广的战略性工程。

南水北调工程分东、中、西三条线路，规划区涉及人口 4.38 亿人，调水规模 448 亿 m^3。工程规划的东、中、西线干线总长度达 4350km。东、中线一期工程干线总长为 2899km，沿线六省市一级配套支渠约 2700km。南水北调中线工程、东线工程（一期）已经完工并向北方地区调水。西线工程目前尚处于规划阶段，工程上马后能促进西北内陆地区经济发展和改善西北黄土高原的生态环境。三条工程最终建成后，初步计划年调水总量约为 380 亿～480 亿 m^3，接近于在黄淮海平原和西北部地区增加一条黄河的水量，基本改变我国北方地区水资源严重短缺的状况。

南水北调工程是缓解我国北方水资源严重短缺的重大基础设施，是重要的民生工程、生态工程、战略工程，关系到经济社会可持续发展和子孙后代的长远利益。

案例 15：葛洲坝水利枢纽

葛洲坝水利枢纽位于中国湖北省宜昌市境内的长江三峡末端河段上，距离长江三峡出口南津关下游 2.3km，具有发电、改善航道等综合效益。葛洲坝工程水库总库容 15.8 亿 m^3，三峡工程建成后，可对三峡工程因调洪下泄不均匀流量起反调节作用，有反调节库容 8500 万 m^3。运行中若受航运限制，该工程将不承担调洪削峰作用。

葛洲坝水电站是长江上第一座大型水电站，也是世界上最大的低水头大流量、径流式水电站。1971 年 5 月开工兴建，1972 年 12 月停工，1974 年 10 月复工，1988 年全部竣工。电站装置 21 台水轮发电机组，总装机容量 271.5 万 kW，其中，二江水电站安装 2 台 17 万 kW 和 5 台 12.5 万 kW 机组，大江水电站安装 14 台 12.5 万 kW 机组，首台 17 万 kW 机组于 1981 年 7 月 30 日投入运行。

葛洲坝水电站单独运行时保证出力 76.8 万 kW，年发电量 157 亿 kWh（三峡工程建成以后保证出力可提高到 158 万～194 万 kW，年发电量可提高到 161 亿 kWh）。电站以 500kV 和 220kV 输电线路并入华中电网，并通过 500kV 直流输电线路向距离 1000km 的上海输电 120 万 kW。

1. 枢纽建筑物及电厂布置

葛洲坝水利枢纽工程由船闸、电站厂房、泄水闸、冲沙闸及挡水建筑物组成。枢纽建筑物自左岸至右岸为：左岸土石坝、3 号船闸、三江冲沙闸、混凝土非溢流坝、2 号船闸、混凝土挡水坝、二江电站、二江泄水闸、大江电站、1 号船闸、大江泄水冲沙闸、右岸混凝土拦水坝、右岸土石坝。大坝全长 2606.5m，最大坝高 47m。其中主要建筑物按Ⅰ级建筑物设计，电站最大水头 27m，设计水头 18.6m，最小水头 8.3m。

葛洲坝二江电站厂房为葛洲坝枢纽建设的第一期工程，位于二江左侧，紧邻黄草坝。电站左侧为非溢流坝段，右侧隔厂闸导墙与二江泄水闸相接。电站建筑物包括：主厂房，机组段总长 259m；安装场，在主厂房左端，总长 69.5m；厂外副厂房，包括操作管理楼（紧靠安装场）、空气压缩机房，厂外油库及机修厂等；上游进水渠，包括导沙坎等；下游尾水渠，包括左侧护岸等；220kV 开关站，位于主厂房左侧黄草坝上；330kV 联络变压器开关站，在大江电站投入运行前，作为临时过渡的变电站，它位于上游进水渠左侧的防淤堤上；排漂孔与浮式拦污栅，前者在右侧厂闸导墙内，后者在进水渠口；电站对外接铁路和公路，与联系坝顶的下坝铁路相连接；量测系统，包括内外部观测及水位观测等。

电站布置两台 17 万 kW 机组（转轮直径 11.3m，大机组）和 5 台 12.5 万 kW 机组（转轮直径 10.2m，小机组），机组编号从左至右岸为 1~7 号。机组段长度前者为 40.2m，后者为 35.3m。两者尺寸均较大，故采用一机一缝布置。尾水管采用整体式底板的结构形式，能够较好地适应软弱基岩。弯管段底板的厚度：大机组 6.8m，小机组 6.2m。

厂房顺流向分为进水口段、主机室段和尾水段三部分。进水口段平台布置有铁路、公路、人行道、电站外部观测廊道、闸门槽、门机等。结合整个枢纽的坝顶统一布置考虑，平台顶部宽度 43.3m，基础部分宽度 39.6m。尾水段平台上布置有母线出线室、主变压器、公路及尾水门机等。根据尾水管长度及闸门槽布置要求，基础部分宽度为 37.4m，平台宽度为 39.55m。主机室段根据机组设备及结构布置要求，宽度为 33m。整个机组段顺水流向基础部分总宽度为 110m。

葛洲坝大江电站位于南津关弯道下游凸岸，装机 14 台，单机容量 12.5 万 kW，总装机容量 175 万 kW，机组编号从左至右岸为 8~21 号。厂房形式采用有两个排沙底孔的河床式厂房，单机组段长度为 35.3m，挡水前缘总长 582.2m。

2. 泄洪排沙建筑物

二江泄洪闸是葛洲坝工程的主要泄洪排沙建筑物，共有 27 孔，最大泄洪量 83900m³/s，采用开敞式平底闸，闸室净宽 12m，高 24m，设上、下两扇闸门，尺寸均为 12m×12m，上扇为平板门，下扇为弧形门，闸下消能防冲设一级平底消力池，长 18m。大江冲沙闸为开敞式平底闸，共 9 孔，每孔净宽 12m，采用弧形钢闸门，尺寸为 12m×19m，最大排泄量 20000m³/s。三江冲沙闸共有 6 孔，采用弧形钢闸门，最大排泄量 10500m³/s。

3. 通航建筑

三座船闸中，大江 1 号船闸和三江 2 号船闸为亚洲之最。船闸长 280m、高 34m，闸室的两端有 2 扇闸门，下闸门两扇人字形闸高 34m，宽 9.7m，重 600t，逆水而上的船到达船闸时上闸门关闭，下闸门开启，上下游水位落差 20m，船驶入闸室内，下闸门关闭，设在闸室底部的输水阀打开，水进入闸室，约 15min 后，闸室里的水与上游水位相平时，上闸门打开，船只驶出船闸。下水船过闸的情况恰好相反。每次船只通过船闸大约需要 45min。

编者评：

葛洲坝水利枢纽工程是我国水电建设史上的里程碑，在万里长江上建设了第一座大坝，属于三峡工程的一个组成部分。

葛洲坝工程的兴建，解决了一些复杂的技术问题。例如，施工中采用"先在龙口段抛投钢架石笼和混凝土四面体形成拦石坎护底"的方法解决了大流量下的截流问题；采用设防渗板和抽排降低扬压力、齿墙切断软弱夹层等措施提高坝体抗滑稳定性；采用"静水通航、动水冲沙"的运行方式成功地解决了河势规划和航道淤积问题；中国自行设计、制造的单机容量 17 万 kW 的水轮机组，是 20 世纪世界上大型低水头转桨式水轮机之一。

　　葛洲坝工程的兴建在一定程度上缓解了长江水患，具有发电、改善峡江航道等功能，可发挥巨大的经济和社会效益。同时，它提高了我国水电建设的科学技术水平，培养和锻炼了一支高素质的水电建设队伍，为三峡水利枢纽工程建设积累了宝贵的经验。

案例 16：溪洛渡水利工程

溪洛渡水电站是国家"西电东送"骨干工程，位于四川和云南交界的金沙江上，是金沙江下游干流河段梯级开发的第三梯级（金沙江下游四个电站梯级分别为乌东德水电站、白鹤滩水电站、溪洛渡水电站和向家坝水电站）。工程以发电为主，兼有防洪、拦沙和改善上游航运条件等综合效益，并可为下游电站进行梯级补偿。电站主要供电华东、华中地区，兼顾川、滇两省用电需要，是金沙江"西电东送"距离最近的骨干电源之一。

溪洛渡水电站的左、右两岸各布置一座地下厂房，各安装 9 台单机容量 77 万 kW 的巨型水轮发电机组，总装机 1386 万 kW，截至 2019 年，是中国第二、世界第三大水电站，仅次于三峡水电站（2250 万 kW）和伊泰普水电站（1400 万 kW）。溪洛渡水电站 2005 年底开工，2007 年实现截流，2009 年 3 月大坝主体工程混凝土浇筑开工，2013 年首批机组发电。2014 年 6 月 30 日，溪洛渡左岸 1 号机组结束 72 小时试运行，进入投产运行状态，至此，溪洛渡水电站所有机组全部投产。

溪洛渡水电站建成后，多年平均发电量达 640 亿 kWh，通过国家电网和南方电网两大电网送出电力，为实现我国大范围的区域资源优化配置创造了有利条件。溪洛渡水电站电力除主送华东、华中电网外，尚留有 10%（约 120 万 kW）分送四川和云南两省，发挥了巨大的联网效益。溪洛渡水电站装机规模大，单机容量大，在全国能源平衡的总体格局中占有一定地位。

1. 电站建筑物总体布置

溪洛渡水电站主要由拦河大坝、引水发电建筑物、泄洪消能建筑物组成。拦河坝为混凝土双曲拱坝，最大坝高 285.5m，坝顶中心线弧长 698.09m，拱冠顶厚 14m，拱冠底厚 69m。坝身布置 7 个泄洪表孔、8 个深孔，左右岸各设 2 条泄洪洞，采取"分散泄洪、分区消能"的布置原则，坝后设水垫塘消能。大坝泄洪按千年一遇设计、万年一遇校核，总泄洪量为 49923m³/s，泄洪功率近 1 亿 kW，居世界高拱坝之冠。

发电厂房为首部地下式，分设在左、右两岸山体内，各装 9 台 77 万 kW 的水轮发电机组。地下厂房为左、右岸对称布置，引水、尾水建筑物主要由进水口、压力管道、尾水调压室、尾水洞及出口等组成。引水按"单机单管"、尾水采用"三机共用一个调压室及一条尾水洞"的布置格局。

溪洛渡水电站引水发电系统主体工程洞挖 720.8 万 m³，加上施工支洞，洞挖工程总量约 877 万 m³，远超 20 世纪世界最大人工隧道——英吉利海峡隧道（英吉利海峡隧道洞挖工程总量 750 万 m³），截至工程竣工，为资料可查的世界上规模最大的地下洞室群。

2. 地下引水发电系统布置

电站进水口布置在坝线上游 200～500m 的顺河两岸。该段地形在立面上陡缓相间，岩体完整、强度高、稳定性较好。结合地形、地质条件，采用岸塔式进水口。岸塔式进口能充分利用天然地形，布置紧凑，施工简单，运行方便，塔体建筑整体性及稳定性均较好。

采用单机单洞布置。引水洞由上水平段、上弯段、竖井段、下弯段及下水平段组成。单机引用流量 466m³/s。

首部式地下厂房的主厂房位于拱坝上游山体内，紧靠进水口。主厂房轴线及位置选择遵循主厂房纵轴线与主要结构面走向的夹角宜大、与最大地应力方向夹角宜小的原则，并照顾主厂房、导流洞、泄洪洞的协调布置，以及尾水洞与导流洞的结合利用等因素综合确定。

主厂房、主变室、尾水调压室是首部式地下厂房洞室群的三大洞室，三大洞室平行布置，尾水调压室顶拱中心线与厂房机组中心线间距为 149m，主变室顶拱中心线与厂房机组中心线间距为 76m。主、副厂房按"一"字形布置，安装间设在厂房的上游端，副厂房设在主厂房的下游端。主厂房最大跨度为 31.9m（仅次于向家坝水电站地下厂房的跨度，列世界第二位）、高度 75.1m，主副厂房、安装间、空调机房共计长约 440m。主变室跨度为 19.8m，高 32.8m，总长度为 349.29～352.89m。尾水调压室采用阻抗式，两岸均采用长条形布置，与主厂房纵轴线平行。调压室最大跨度 26.5m，高度约 95.0m（溪洛渡左右岸尾水调压室高度为世界最高），总长 300m，由隔墙分为 3 个室，三机尾水连接一条尾水洞。主变室底板与发电机层同高，每台机组各设一条母线洞。主变室长 309.0m，宽 17.0m，高 31.6m，分两层布置。

尾水系统由尾水连接洞、尾水支洞和尾水主洞组成。尾水连接洞连接尾水管和尾调室，垂直厂房纵轴线，中心间距 34.0m，洞长 90.0m，断面由 15.9m×12.0m 渐变为 12.0m×15.5m 的方圆洞；每条尾水主洞与对应机组的尾水连接洞和尾水支洞相连，尾水主洞断面尺寸 18.0m×20.0m，支洞断面尺寸 12.0m×12.0m。

左、右岸开关站均设在主变室顶部谷肩的宽缓台地上，开关站与主变室之间每岸各由 2 条电缆竖井相连，电缆竖井直径 8.6m。两岸厂房、主变室的进、排风竖井，分别设在厂房和主变室顶上，洞径 8.0m。

编者评：

溪洛渡水电站是国家"西电东送"战略的骨干电源，对实现我国能源合理配置、改善电源、改善生态环境等方面有重要作用。溪洛渡水电站大量的优质电能代替火电，每年可减少燃煤 4100 万 t，减少二氧化碳排放量 1.5 亿 t，减少二氧化氮排放量近 48 万 t，减少二氧化硫排放量近 85 万 t。而且，配合库区生态环境和水土保持措施的落实，将有助于提高区域整体环境水平。溪洛渡水电站输送电力电量容易被电网吸收，可全部输送给华中和华东地区。

从 2013 年 7 月开始，溪洛渡水电站一个月内投产 4 台，6 个月内投产 12 台，12 个月内投产 18 台，巨型机组的投产速度和强度在世界上遥遥领先，所有投产超过一百天的机组均实现了"首稳百日"，所有机组从投产至今均做到了"零非停"，巨型机组的投产质量达世界一流水平。18 台巨型机组在三峡机组的基础上传承创新，全部由国内厂家（东方电机、哈尔滨电机、上海福伊特）设计制造，国产化范围不断扩大，重大铸锻件、关键材料均实现了国产化，77 万 kW 巨型机组群的成功投产更为我国下一步制造过 100 万 kW 的更大机组进行了扎实的技术储备。

2016 年，溪洛渡水电站荣获"菲迪克工程项目杰出奖"，成为当年 21 个获奖项目中唯一的水电项目。

案例 17：白鹤滩水电站（在建）

白鹤滩水电站是金沙江下游干流河段梯级开发的四个电站中的第二梯级，是四个水电站中总装机规模最大的电站，也是全球首个单机容量达百万千瓦的水电站。白鹤滩水电站以发电为主，兼有防洪、拦沙、改善下游航运条件和发展库区通航等综合效益。

白鹤滩水电站是目前世界在建的最大水电站。2013 年电站主体工程正式开工，计划 2021 年首批机组发电，2022 年工程完工。电站装机总容量 1600 万 kW，年平均发电量 624.43 亿 kWh，建成后将成为仅次于三峡水电站的中国第二大水电站。

白鹤滩水电站首批机组将于 2021 年投产发电，建成后将送电至华东、华中和华南等地区，成为中国"西电东送"的重要电源点。

1. 电站建筑物总体布置

白鹤滩水电站枢纽工程主要由混凝土双曲拱坝、二道坝及水垫塘、泄洪洞、引水发电系统等建筑物组成。混凝土双曲拱坝坝顶高程 834.0m，最大坝高 289.0m，水库正常蓄水位高程 825.0m，相应库容 206 亿 m³，坝身布置有 6 孔泄洪表孔和 7 孔泄洪深孔，泄洪洞共 3 条，均布置在左岸。

白鹤滩水电站地下厂房采用首部开发方案布置，左右岸呈基本对称布置。引水发电系统由发电进水口、压力管道、主副厂房洞、主变洞、尾水调压室及尾水管检修闸门室、尾水隧洞、尾水隧洞检修闸门室、尾水出口等建筑物组成。引水建筑物和尾水建筑物分别采用"单机单洞"和"两机一洞"的布置形式，左岸 3 条尾水隧洞结合导流洞布置，右岸 2 条尾水隧洞结合导流洞布置。

白鹤滩水电站的地下工程规模惊人，与大多数建设在地面上的电厂不同，白鹤滩水电站的机组厂房建在地下，厂房、输水系统、泄洪系统、交通网络等工事在金沙江两岸的大山内部纵横交错，规模庞大。白鹤滩水电站地下洞室的开挖量达到 2500 万 m³，相当于 10000 个标准泳池的体积，地下工程里程数达到 217km，均为世界之最。

2. 地下引水发电系统布置

左、右岸电站进水口均采用岸塔式。两岸各设 8 个进水口，各自在平面上呈"一"字形分布。进水口按分层取水设计，拦污栅和闸门井集中布置。进水口前缘总宽度为 265.6m，单个塔体宽度 33.2m，顺水流向方向长 33.6m，依次布置拦污栅段、通仓段、喇叭口段及闸门井段。进水口塔体最大高度 105.0m。

压力管道按单机单管竖井式布置，两岸各 8 条。由进口渐变段、上平段、渐缩段、上弯段、竖井段、下弯段、下平段组成，其中上平段采用钢筋混凝土衬砌，其余采用钢衬。钢筋混凝土衬砌段衬后洞径为 11.0m，钢衬段衬后洞径为 10.2m。压力管道长度为 394.77～406.89m，其中钢衬段长 228.74m。

主副厂房洞长 438.0m，高 88.7m，岩梁以下宽为 31.0m，以上宽为 34.0m。地下厂房采用"一"字形布置，从南到北依次布置副厂房、辅助安装场、机组段和安装场。机组间距 38.0m，机组段长 304.0m，安装场长 79.5m，辅助安装场长 22.5m，副厂房长 32.0m。

主变洞平行布置在主副厂房洞下游侧，主变洞长 368.0m，宽 21.0m，高 39.5m。主变洞与主副厂房洞净间距 60.65m。

尾水检修闸门室布置于主变洞与尾水调压室之间，闸门室跨度 12.1～15.0m，长 374.5m，直墙高 30.5～31.5m。尾水调压室两机共用一室，采用圆筒阻抗式。

尾水隧洞采用"两机一洞"的布置格局，4 条尾水隧洞平面上呈近平行布置，中心线间距 60m。尾水隧洞为城门洞型，采用钢筋混凝土衬砌，衬砌厚度 1.1～2.0m。尾水隧洞总长左岸 1105.5～1695.8m，右岸 997.6～1744.9m。

尾水出口采用地下竖井式，检修闸门室通长布置。

3. 百万千瓦级水轮发电机组

电站总装机容量 1600 万 kW，左、右岸地下厂房各布置 8 台单机容量 100 万 kW 的水轮发电机组，全部为国产机组。其中，电站左岸 8 台由东方电气集团东方电机有限公司负责研制，右岸 8 台由哈尔滨电机厂有限责任公司负责研制。

百万千瓦巨型水轮发电机组是世界水电行业的"珠穆朗玛峰"，可谓世界水电的巅峰之作。其中，单台百万机组有 50 多米高、8000 多吨重，相当于法国埃菲尔铁塔的重量。而转轮作为水电机组的"心脏"，是整个机组中研发难度最大，制造难题最多的部件，也是整个机组中最核心的部件，整个转轮由 15 块叶片组成，每片重达 11t，如图 1 所示。白鹤滩百万千瓦巨型水轮发电机组是世界上单机容量最大、电压最高的全空冷水轮发电机组，属于超巨型混流式水轮机组，其研制难度远大于世界上在建和投运的任何机组，是世界水电机组"新标杆"。

图 1　白鹤滩水电站巨型水轮
发电机组转轮

编者评：

白鹤滩水电站的建设、开发将给库区社会经济发展带来良好的契机，库区交通、基础设施建设等都将得到极大的改善，并带动相关产业的发展，对地区社会经济发展必将起到积极的带动作用。同时，工程的建设对促进西部开发，实现"西电东送"，促进西部资源和东部、中部经济的优势互补和西部地区经济发展都具有深远的意义。

白鹤滩水电站开创了水电站建设的多个世界第一：地下洞室群规模世界第一，单机容量100万 kW 世界第一，300m 级高坝抗震参数世界第一，全坝使用低热水泥混凝土世界第一，圆筒式尾水调压井规模世界第一，无压泄洪洞规模世界第一，以及世界第一大在建水电站。

2019 年 1 月 12 日，全球首台白鹤滩百万机组精品转轮正式完工，实现了由"中国制造"向"中国创造"的转变，大幅度提升了我国水力发电设备在国际发电设备市场的竞争实力和市场开拓能力，俨然成为中国水电"新名片"。这个高 3.92m、直径 8.62m、重达350t 世界水电"巨无霸"的诞生，标志着我国发电设备企业率先掌握了百万千瓦等级巨型水轮发电机组的核心技术。

案例 18： 上海洋山深水港

　　洋山深水港区位于杭州湾口外的浙江省嵊泗崎岖列岛，由大洋山、小洋山等数十个岛屿组成，是中国首个在微小岛上建设的港口。也是中国发展上海自贸区，建设海洋强国的依仗。2005 年 12 月 10 日洋山深水港区（一期工程）顺利开港，成为中国最大的集装箱深水港。国际港口协会会长皮特·斯特鲁伊斯先后三次来洋山港参观，感叹道："我走过世界上所有大港，也见过一些建在海岛的港口，但像依托洋山这样的孤岛，在离大陆如此远的地方，建设规模如此大的现代化港口，殊为罕见。"由于洋山深水港的加入，2010 年，上海港完成集装箱吞吐量 2907 万标准箱，首次超越新加坡成为全球最繁忙的集装箱港口。2014 年 12 月 23 日，上海国际航运中心洋山深水港区四期工程正式开工建设，是国内首个全自动化集装箱码头，工程总投资约 139 亿元，于 2017 年建成。

1. 工程建设背景

　　要竞争国际航运枢纽港，首先必须满足许多天然条件的硬指标。进入 21 世纪，国际航运中的大型船舶发展非常快。对世界上排名前 15 名的船舶公司近 20 年来下水的船型进行分析后预测，到 2010 年，每船 5600 箱以上，吃水 14m 的船型将达到 55%～60%，而到 2020 年这个数字将达到 65%～70%。这就意味着，如果港区航道的水深不足 15m 的话，就无法停靠洲际航线的第五代集装箱船。以航道水深为 12.5m 的纽约港为例，由于不能满足第五代集装箱船满载进出，其业务纷纷向加拿大哈利法克斯港分流。也就是说，要适应国际航运市场的激烈竞争，作为枢纽港的港区与航道必须要有超过 15m 的水深要求。

　　按照目前情况来看，我国有条件成为东北亚经济中心的城市当属上海，而由于长江口航道的水深只能达到 12.5m，显然制约了上海港未来的建设与发展。相比起来，近期东北亚地区的一些大港口纷纷斥巨资兴建 15m 以上的深水泊位。如果中国不能尽快拥有位置合理的深水良港，就会彻底错失竞争国际航运枢纽港的机会。洋山深水港区的建设就是在这样一种无比激烈的竞争中拉开帷幕的。

2. 配套设施——东海大桥

　　要在茫茫大海上建起一座大型深水良港，这是前无古人的大胆设想，工程难度可想而知。为此，从 1995 年到 2002 年，洋山港项目仅仅是工程的前期决策论证工作，就整整花费了 7 年时间。项目的决策咨询斥资 7000 万元，参与人数 3000 多人，涉及 150 多个具体项目。2002 年 6 月 22 日，洋山港工程终于在东海大桥打下了第一根桥桩。

东海大桥是我国第一座真正意义上的跨海大桥，全长 32.5km，其中陆上段约 3.7km，芦潮港新大堤至大乌龟岛之间的海上段约 25.3km，大乌龟岛至小洋山岛之间的港桥连接段约 3.5km。大桥按双向六车道加紧急停车带的高速公路标准设计，桥宽 31.5m，设计车速 80km/h，设计荷载按集装箱重车密排进行校验，可抗 12 级台风、7 度烈度地震，设计使用年限为 100 年。

3. 攻坚克难——洋山一期建设纪实

小洋山岛这片水域原先是一个巨大的"串沟"，水深流急，流速高达 3m/s。一个砂袋抛下去，很可能还没有落到 20 多米深的海底，就被水流卷走了。加上洋山港地处外海，无风也有三尺浪，经常有 8 级大风刮过，浪高可达 3m，一般的施工船无法作业，常年的有效施工天数只占一年天数的一半。要在这样的水文条件下建成大堤，其难度是"国内之最，国际鲜见"，为了达到围海筑堤，吹填成陆的目的，需要在码头所建位置的陆地边缘先建造一个承台，这个承台实际上是码头的陆地建筑部分与填海建筑部分的接头，其具有连接以防沉降的作用。在解决了一系列问题之后，来自全国各地的专家和建设者终于一起用创造性的"斜顶桩板桩承台结构"成功地筑起一道密排的桩墙，以此为洋山港形成了坚不可摧的驳岸，填海造陆的工程随即全面展开。

在填海造码头的工程之初，需要先做一条像围堤的巨大结构把填海区域围起来，以便于后期在结构内填土，这种结构平均挡土高度 20m，最高的地方达到 39m。在深达二三十米的海底，海流急、风浪大，筑堤材料投入大海瞬间就会被卷走。面对难关，深海建设者创造性地采用深水软体铺排术、袋装砂堤心施工和勾粘块体施工等独特的施工工艺，把那些会被海水卷走的小型建筑材料集合成能抵抗海流的整体，终于使深海筑堤成为可能。

洋山港的建设者们用 2500 万 m³ 的海沙，在浩瀚东海中凭空吹填出了 1.5km² 的陆域，这片相当于 200 个足球场的面积就是洋山港一期工程的港口用地。要知道，可不是随便什么"砂"都可用来造陆的。为了满足建造集装箱堆场，安装大型集装箱桥吊等需求，要求码头地基必须能够承重。因此按照技术要求，填海建造洋山港码头所用的"砂"，粒径必须达到 0.075mm 以上，且砂粒含量不低于 85%。

在茫茫大海中寻找这样要求的砂源，绝不比在山里找金矿更容易。从 2001 年起，建设者们投入了大量人力物力寻找砂源，以小洋山岛为圆心，在半径 50km 的海域内"大海捞砂"。勘察设计部门还专门投资 9 万美元，从国外引进最先进的海底勘探设备"参量阵地质浅剖仪"，在海上勘探了一年，终于在离小洋山 20 多千米外的大海中找到了合适的砂源。

尽管砂源的问题顺利解决了，可是这样"海量"的工程量，没有先进的技术装备是很难保证工程进度的。面对这种情况，承担相关工作的部门迅速做出了投巨资建造和引进世界上最先进的"大海蛟龙"的决定。他们投入 1 亿美元，在荷兰建造了当今世界上最为先进的大型耙吸挖泥船"新海龙"轮。该轮有 GPS 全球定位系统，可以运用电脑自动定位，在大海上准确抛砂成陆。另外，投入2亿多元人民币，基于自主知识产权改建的"新海鲸"和"新海象"两艘船，舱容量为1.3万m³。这两艘船每艘每月可完成作业量50万m³。考虑到洋山港工程砂源埋藏较深且含泥量较大，又耗资1.8亿元购置了斗轮式绞吸挖泥船——"新海豹"轮。"新海龙""新海鲸""新海象""新海豹"这大海上的"四大蛟龙"，使工程建设队伍的实力大增，洋山港建设工期随即得到有力保障。

4. 洋山深水港建设历程

2002年6月，洋山深水港开工建设。2005年12月，一期工程竣工开港，上海港进入"跨江入海"新阶段。2008年12月，三期工程第二阶段竣工投产，洋山深水港有了16个集装箱深水泊位。

2009年4月，国务院颁布《关于推进上海加快发展现代服务业和先进制造业建设国际金融中心和国际航运中心的意见》，明确要求上海在2020年基本建成国际航运中心。上海开足马力，向"世界强港"目标进发。

2010年，上海港集装箱年吞吐量2907万标准箱，领跑全球，此后连创新高，稳居世界第一。原有码头的泊位与设备资源无法满足逐年增高的货量，洋山四期工程应运而生，于2014年12月23日开工建设，2017年12月开港试生产。

编者评：

洋山深水港是世界最大的海岛型人工深水港，也是上海国际航运中心建设的战略和枢纽型工程。依托长三角和长江流域经济腹地，洋山深水港区的国际枢纽地位已经形成。

案例 19：科伦坡港口城

科伦坡港口城位于斯里兰卡首都滨海区域，是一项大型填海造地新城综合开发项目，由世界 500 强中国交建与斯里兰卡政府联手打造。作为中斯两国"一带一路"建设的重点合作项目，该项目不仅是中资企业在斯里兰卡最大投资项目，也是斯里兰卡单体最大的外商投资项目，项目一级投资约 14 亿美元，将带动二级投资超过 130 亿美元，规划建筑面积超过 570 万 m^2，为当地创造 8.3 万个稳定就业机会。

科伦坡港口城项目填海造地 269hm²，总建筑面积 565 万 m^2，是一座集商业、居住、休闲娱乐等多功能于一体的现代化都市。作为斯里兰卡首都科伦坡的新 CBD，斯里兰卡政府正致力于在港口城内打造国际金融中心。以独立成熟的英制司法体系为基础，外加优惠的税收、海关、移民等政策，吸引顶级跨国公司和全球精英进驻，可举办国际大型商务活动的会展中心，将助力港口城成为南亚商业商务新枢纽。港口城将为斯里兰卡率先引入"智慧城市"概念，通过物联网、云计算等先进信息技术，实现智能生活办公、智能市政管理等，打造数字化、无缝移动连接的智慧城市生活体验。基于可持续发展的设计开发理念，从城市、区域到建筑各层次，始终强调以人为本、环境优先，以完善的城市生态链，和以公共交通为导向的 TOD 发展模式，实现港口城的可持续发展。港口城还致力于成为令人向往的居住和旅游胜地，绵延 2km 的优质海滩，贯穿城区的景观水道，生态绿意结合蜿蜒水系组成的中央公园，加上顶级国际学校和国际医疗中心的配套，都将让港口城成为理想的宜居生活的代名词。国际一流的游艇码头、五星级海景度假酒店、主题公园都将使港口城成为令人向往的旅游度假胜地。

1. 填海造陆

2019 年 1 月 16 日，科伦坡港口城 269hm² 吹填土地全部形成。两年前的一片汪洋大海，如今变成 269hm² 的陆地。科伦坡港口城项目填海造地过程中，中企旗下的"浚洋 1""万顷沙""新海凤""新海龙" 4 艘超大型耙吸挖泥船，不分昼夜来往于取砂区和吹填施工现场，日吹填工程量高达 25 万 m^3，一天内可将一个标准足球场堆高 35m。该项目累计完成 7400 余吹填船次，完成回填工程量达 7100 万 m^3。在多艘超大型高科技耙吸挖泥船三班倒、24 小时连续作业的努力下，填海工程得以提前两个月完工，为后续二级开发打下坚实基础。

科伦坡港口城发展项目吹填区设计标高由 +4.2m 变化至 +7.4m，陆域标高变化大，整平每平方公里范围允许误差为 -0.05～+0.20m。通过大型耙吸船虹喷工艺进行陆域吹填，虹喷施工质量控制难度较大，回填标高超高会加大后期整平机械设备推填量，标高不足需补量回填。鉴于船舶虹喷施工质量对项目成本和施工进度的影响，必须对大型耙吸挖泥船虹喷施工成陆特征进行研究，以探索大型耙吸挖泥船虹喷施工成陆规律，满足陆域吹填对虹喷施工质量的要求，并为后续大型耙吸船虹喷施工提供真实有效的基本参考依据。中粗砂流动性差，因此吹填区需要采取初平和后整平相结合的整平方案。陆域整平的整体次序为：吹填岸线高处削量至低凹处存砂，方量平衡后进行精确整平。施工程序为：沿岸放标定高→挖土削坡凹谷存砂→标定整平范围→机械整平→复测移交。设备选用考虑挖填运土方量，作业面的面积及运距，土质及场地情况，工程成本、工期安排、施工质量等因素，选用推土机及挖掘机。

在国际上缺少可借鉴的开敞式人工岛建设研究和工程实践的情况下，中国企业开展了印度洋季风期环境下的人工岛开敞式建设关键技术研究和工程应用课题，对设计技术和生产技术进行系统性融合和创新，包括引进扭王块 200t 大型机械臂可视化安装施工工艺、可视化埋坡系统施工技术等。填海工程完工不仅标志着整体项目工程取得重大进展，也是中国技术在世界舞台上的一次完美展现。来自中国的耙吸吹沙船不仅为科伦坡港口城的美好明天奠定了基础，还证明了中国近年来填海造地技术的发展实力。中国交建如今作为全球最大的疏浚公司，有能力承担全国乃至全世界港口、航道的疏浚业务。

2. 防波堤建造

防波堤是用于防御波浪入侵，形成一个掩蔽水域所需要的水工建筑物。其位于港口水域的外围，兼防漂沙和冰凌的入侵，赖以保证港内具有足够的水深和平稳的水面，使船舶在港内停泊、装卸作业和出入航行的要求得以满足。科伦坡港口城外围防波堤全长3245m，采用斜坡式堤身、扭王块护面设计。斯里兰卡位于印度洋海域，每年有半年的时间受西南季风影响，外围防波堤按照抵抗 200 年一遇的极限风浪条件设计，确保陆域在风浪情况下不受到任何影响，保证整个港口城的安全。摆放在防波堤最外面一层的扭王字块通过相互咬合起到削弱海浪冲击力、加固堤坝的作用。每个扭王字块重达 10~22t，要将它们摆放到恰当的位置，靠的是中国企业自主研发的"国之重器"——亚洲首台全自动液压长臂挖机，这台挖机配备了先进的声呐系统和水下高清摄像头，实现了施工过程的可视化，极大地提高了施工效率和准确性。

港口城内防波堤全长473m，采用越浪式设计，具有设计断面宽度窄、堤顶标高低、工序紧密等特点。港口城项目部创新采用"陆装＋船装"同步推进，陆路采用自卸车及120t 吊机安装，水路采用 2000t 自航驳搭载 120t 吊机安装，最大化保证了运输和安装整链条的高效率运转。

2.1 水下块石可视化埋坡施工

埋坡系统由 GNSS 接收机、电台、控制箱、机身倾斜传感器和角度传感器组成。通过采用 GPS 实时动态定位控制技术，及时、准确获知挖掘机三维位置；经过读取安装在挖掘机上的各种坡度传感器，计算校准过的主要枢轴尺寸，获得挖掘机铲斗实时、精确的三维位置信息。系统通过比较数字化三维设计基准模型与当前铲斗所处位置信息，以机器模拟图形、数值和声音信号等多种方式指示实际铲斗与目标工作面的相对位置，引导操作手精确施工。施工过程和质量随时显示在驾驶室内控制箱屏幕上，并将竣工图记录在内存中，实时检查已完成的工作面情况，实现施工和验收一体化。

2.2 扭王块机械臂可视化安装施工

采用机械臂可视化安装技术，以 200t 级大型长臂挖掘机配备 Echoscope 3D 声呐可视化安装系统和水下摄像头，在挖掘机臂的前端安装刚性支架，支架上布设水下摄像头和声呐装置，声呐扫测数据后通过数据线将数据传输至操作室的电脑实时显示水下块体图像，指导操作手安装扭王块；传统吊机安装扭王块时会因钢丝绳在水流、波浪力等作用下摆动而导致定位不精准，刚性钩机臂可完美解决该问题，且系统的定位精度在 5cm 以内；同时，设备配备的机械转盘可水平 360°调整块体姿势，达到块体的理想勾连咬合效果。

该系统不受水质浑浊度和光线的影响，可 24 小时作业，给操作人员提供可视化的水下施工环境，记录每一件扭王块的位置和形态；同时具有块体安装过程回放功能，随时对已安装的扭王块进行安放过程和安装质量的检查，并可保存影像资料用于竣工验收。

3. 绿色设计

根据项目特点，统筹规划施工全过程，在项目全阶段实施绿色设计。以环评分析得到的关键影响因素为绿色设计的输入条件，有计划、有步骤地开展研究和设计，实现施工过程中降耗、增效和环保的设计方案。

规划/初步设计阶段：根据初步环评分析得到的影响因素，选定初步设计方案。根据填海造地项目的特点完成了环评工作的基础研究，识别相关影响因素和利益相关方，确定环境评估的基本条件和相关立法标准，得出初步的环境评估报告，同时开展必要的环境监测，收集泥沙、水文等资料，选定初步设计方案。

详细设计阶段：根据选定初步设计方案，进行详尽的环评分析，得出本工程的重要环境制约因素，然后形成本项目的绿色设计要点。设计根据环评的绿色设计要求提出对应的工程对策。

工程实施阶段：在工程实施阶段，根据现场施工的实际情况，进一步改进施工工法等环保措施，达到水生态环境环保和节能减排的目的。

编者评：

中国的发展离不开世界，世界的发展也需要中国。当今世界，经济增长缺乏动力、局部地区动荡不安、地区发展很不平衡。一些主要大国囿于自身利益，动辄转嫁矛盾、以强凌弱，逆全球化趋势突显。而"一带一路"倡议的提出正逢其时，中国声音成为对全球化最强有力的支持。"一带一路"倡议旗帜鲜明地支持全球化，支持进一步做大全球经济的蛋糕以带动各国实现自身发展目标，顺应了和平、发展、合作、共赢的 21 世纪时代潮流，为世界各国提供了一个包容性巨大的发展平台。历史上，海上丝绸之路自秦汉时期开通以来，一直是沟通东西方经济文化交流的重要桥梁，而东南亚地区自古就是海上丝绸之路的重要枢纽和组成部分。如今，以"一带一路"倡议为契机，21世纪海上丝绸之路将重新发挥桥梁作用，充分惠及沿线国家。其中，有着"印度洋明珠"之称的斯里兰卡是重要一环。随着中国特色社会主义进入新时代，中国改革的步伐会越走越实，开放的大门会越开越大，"一带一路"建设也会越拓越宽。中国拥有全球最多的人口，是全球第二大经济体、第二大进口国和消费国。当前中国发展正如一辆快速行驶的列车，目标明确、前途光明。中国人民张开双手、敞开大门欢迎包括斯里兰卡在内的各国人民搭乘中国发展的快车，实现共同发展。我们期待斯里兰卡各界能够与中方携手同行，共同建设"一带一路"宏伟蓝图，共同构建中斯命运共同体，共同创造中斯美好的明天。

参 考 文 献

［1］ CHEC Port City Colombo（PVT）LTD. 官网（http：//www.portcitycolombo.lk/）.

［2］ 斯里兰卡科伦坡港口城，2018，中国交建网站（http：//www.ccccltd.cn/zt/qzggkfsszn/ssxzdgc/201812/t20181214＿95403.html）.

［3］ 新华网，"五年我们为斯里兰卡造出一片新土地"——科伦坡港口城人的自豪与希冀，2019，http：//www.xinhuanet.com/world/2019－12/08/c＿1125321959.html.

案例 20：斯里兰卡汉班托塔港工程

斯里兰卡位于南亚中部，紧邻亚欧航线，战略地位极其重要。斯里兰卡优越的地理位置为贸易、运输和转运的发展提供了巨大的潜力，有望成为印度洋区域的重要枢纽。汉班托塔市是斯里兰卡南部区域首府，占地面积约 2622km²，为满足斯里兰卡经济和社会发展的需要，拟在汉班托塔市兴建一个现代化国际港口，我国于 2006 年开始全面承担该港口的开发和建设工作。

汉班托塔港定位为斯里兰卡南部门户，规划发展成为印度洋区域重要枢纽港和临港产业基地，涵盖集装箱、散杂货、油气、滚装运输及大型临港产业的综合性现代化港口。

1. 项目规划

斯里兰卡汉班托塔港规划泊位数约 35 个，岸线总长约 9km，至 2018 年底已完成一期、二期建设。其中一期工程位于汉班托塔港规划十字形港池的南侧，2007 年开工，2011 年底完工；建设内容包括两个总长 600m 的 10 万 t 级多用途泊位、一个长 105m 的工作船泊位、一个油泊位、长 311m 的东防波堤和 988m 的西防波堤。

二期工程位于规划港区西侧的 U 型港池，建设内容包括两个总长 838.5m 的 10 万 t 级（结构按 15 万 t 级设计）集装箱干线泊位，两个总长 838.5m 的 10 万 t 级多用途泊位和两个总长 460m 的 1 万 t 级集装箱支线泊位，面积约 40hm² 的人工岛（与西防波堤结合，利用弃土形成，远期可用于旅游开发），150m 长公共服务码头和两条长度分别为 373.4m 和 135m 的拦沙坝，并将一期航道浚深至 −17.0m。集装箱干线泊位及多用途泊位码头及港池底高程为 −17.0m，集装箱支线泊位码头底高程为 −12.0m。

2. 自然环境

汉班托塔港受印度洋季风影响明显。全年平均气温约 27.1℃，最高约 36℃。每年 5—9 月为西南季风期，11 月到次年 3 月为东北季风期，10 月和 4 月为季风转换。全年风向以 SW—W 和 N—NE 为主，全年大于 8m/s 以上的风速约占 4.5%。海域受印度洋季风及涌浪影响显著。工程位置附近开敞海域强浪向为 SSW 向，常浪向为 SSW 向，全年出现频率约 49%。风浪周期一般介于 4~7s，涌浪周期一般介于 8~20s。工程海域潮流性质为不规则日潮。海域近岸为沙质海岸，由于波浪动力的作用，在不同季节口门东西两侧的海岸泥沙均会产生东西双向的输移。结合实测波浪和泥沙资料计算，口门两侧全年东向和西向的输沙量均为 40 万 m³ 左右，净输沙方向为东向，约 2～3 万 m³。

3. 地形与地质

汉班托塔地区分布较多潟湖，港址选择在其中的一个潟湖内，潟湖与印度洋之间有沙坝分隔。潟湖周边内陆域较为平缓。潟湖西侧约 500m 外存在两处 +17.0m 高地，分别位于集装箱和多用途码头陆域范围，港区建设需大量开挖。潟湖内码头区地层自上而下分布主要为：淤泥（质黏土）、细砂、中砂、中粗砂、粗砂、残积土及风化岩。岩面埋深较浅，二期工程区域风化岩面较高。较高的岩面对码头结构选型及干地施工止水措施等起到了关键作用，也对陆域及港池施工带来大量岩石开挖和爆破工作。工程区地下水类型以孔隙水为主，其次为基岩风化裂隙水。

4. 关键及创新技术

4.1 利用潟湖建设深水港

汉班托塔港是国际上首次利用潟湖新建总岸线超过 9km 的大型深水港。项目利用天然潟湖采用挖入式港池布置，大大缩短了常规沿岸建港所需的深水防波堤长度，且可获得更好的掩护与泊稳效果，减少了一期工程投资，并为远期发展预留了空间。此项目是利用潟湖建设港口并实现干地施工的典型成功案例。二期工程通过建设人工岛，成功解决了陆域开挖弃土处置问题，是提高资源利用率、充分利用资源的典型成功案例。

4.2 干地施工建港技术

项目首次提出"干地施工建港"理念，解决了土石方水上开挖问题（一期1300 万 m³、二期 2000 万 m³）。利用围堰及防渗墙形成干地施工围护结构，隔断港池区域与外海及潟湖的水力联系，将围闭范围内的潟湖水抽干，创造干地施工环境，陆上开挖港池土石方，码头沉箱就地现浇，解决了水下炸礁造价高、工期长等问题。

项目分为一期、二期实施，在围堰布置时统筹考虑一期、二期围堰的衔接利用。一期建设时，待港池陆上开挖完成后，即在一期北围堰南侧新建用于二期的南围堰，将一期北围堰所需进行的水上开挖（炸礁）变为了与港池相同的陆上开挖（炸礁）工作，降低了施工难度与造价。项目港址虽占用部分潟湖，但通过宽顶堰设计，经施工期及运营期多年验证并未影响任何排洪效果。

4.3 新型重力码头结构

4.3.1 新型箱肋式重力码头结构

利用干地施工环境可就地现浇水工建筑物以及基础为岩石的有利条件，提出了一种新型箱肋式重力码头结构，即沉箱前仓格加扶壁后肋板的新型组合结构。该结构兼具了重力式沉箱码头结构与扶壁码头结构的优点，既保证了结构的整体性，又充分利用了各构件的受力特点，使得各结构构件性能都能够得到充分发挥，受力更为合理。新型箱肋式结构在工程量方面相比常规结构而言，具有很大的优势，相比常规沉箱结构钢筋和混凝土的用量减少 20％以上。并且其受力形式明确，施工过程相对普通沉箱没有明显区别。

4.3.2　台阶式沉箱码头结构

针对集装箱支线泊位，以充分发挥沉箱各构件的受力性能为目标，提出了台阶式沉箱码头结构方案。沉箱内部隔墙一般仅受仓储压力，通常按照构造配筋，剩余的承载能力发挥程度有限。后墙由于直接受后方土压力作用，底部配筋较大，其上部一般存在富余。优化的首选是降低后隔舱的标高，前后仓格采用台阶式形式，使中间隔墙充分发挥其能力。同时，后仓格得到降低，受仓顶压力增大的影响，后墙实际的控制压力得到有效减小，其工程量降低而可靠性也会得到提高。台阶式沉箱结构较常规沉箱结构混凝土用量大幅减少。

4.3.3　新型宽肩台外海人工岛护岸

项目人工岛建设位于外海，设计波浪很大，港池开挖将产生大量块石，设计充分考虑工程特点，创新性地采用了新型的宽肩台护岸结构型式。我国宽肩台防波堤的工程案例非常少，在断面设计、模型试验、施工方法以及控制参数等方面缺乏系统研究。该项目采用块石作为护面代替了常规的预制人工块体，通过对石料来源、断面设计及参数采用、试验优化等方面的研究，形成了宽肩台防波堤整套设计关键技术，填补了国内类似结构研究的空白。

项目先后获得国家优质工程奖、鲁班奖、詹天佑奖等多个工程建设奖项，并获得多项发明和实用新型专利，是"一带一路"海外工程建设的典型成功案例。

参 考 文 献

[1]　HAMBANTOTA INTERNATIONAL PORT，斯里兰卡港务局网站（https：//www. slpa. lk/port - colombo/hip）.

[2]　HIPG 官网（http：//www. hipg. lk/）.

[3]　中交第四航务工程勘察设计院有限公司，斯里兰卡汉班托塔港发展项目一期工程，2016，中交第四航务工程勘察设计院有限公司网站（https：//www. fhdigz. com/project _ detail. php？ id＝191）.

案例 21：新型防波堤结构型式——大圆桶基础结构

1. 技术背景

目前在港口、水利和海岸工程中，软土地基上的工程结构，多采用桩基或者采用地基处理方法对软土进行处理，改善其承载能力。然而一些特殊环境和地基条件下的结构，传统的基础形式往往无法满足结构安全上的要求，或者投资成本过高。例如在外海的风电工程基础，因为外海施工条件恶劣，可作业时间短，采用常见基础往往成本较高，需要新型结构来解决这个问题。此外，淤泥层较厚的海岸工程和港口工程，都需要对淤泥进行处理，发明新型基础省去除淤过程则可以减少投资和缩短工期，特别是软土地基上的防波堤结构，多以抛石斜坡堤和砂被堤为主，以及爆破挤淤堤、抛石基床组合结构。在深水区的软土地基上建造抛石斜坡堤、砂被堤或抛石基床组合堤时，结构断面大，施工进度慢，考虑到国家对环境保护的要求，一些地区限制开采砂石料，如果从外地运砂石料必然会增加工程成本，使该类结构的总造价提高很多。此外，某些临时工程结构的基础，工程需求比较急，并且要求能够重复使用。以上多种工程背景促进新型倒扣薄壁桶形基础结构，也称作大圆桶基础结构应运而生。

2. 结构描述

大圆桶基础结构外轮廓呈桶形，由桶壁、隔板和桶底板组成，其特征在于：桶壁和桶底板所组成的桶体被隔板划分为多个倒扣桶隔舱，在隔舱底板上设置可开关的通气孔。桶形的水平截面为两端是半圆形、中段是矩形的图形，外立面为柱形。隔舱的个数一般取九个，但可根据工程需求调整个数。在每个倒扣桶隔舱底板上可根据施工需求设置可开关的通气孔，通气孔的个数根据工程需求设置。基础结构使用的材料可以是钢材，也可以是钢筋混凝土或其他复合材料。

大圆桶基础结构的优越性在于：这种结构型式可以增加结构内土体的排水路径，提高结构承载力。该新型基础结构方便在陆地上整体制作或预制拼装，结构整体性能好，受力合理，制造条件优良，在水上可以采用气浮、浮箱或内置气囊帮助浮运，现场安装方便，并开设多个工作面，建造速度快，工程造价相对较低，适用于海床和软土地基。

3. 具体实施方式

大圆桶基础结构在陆地上预制好后，通过气囊和滑道托运到半潜驳船上，同时给结构套上不充气的助浮气囊，利用半潜驳托运到施工现场，在施工现场通过给桶体充气将结构浮运出半潜驳船，同时给助浮气囊充气帮助浮运，将结构气浮漂运到安装现场，定位后打开桶体底板上的通气孔，排除桶内气体，使结构在自重作用下下沉，如果出现偏移，关闭下沉较快一侧的通气阀，给该侧气囊充气对结构进行纠偏，偏移纠正以后，对气囊放气，同时打开关闭的通气阀，再同时抽气或抽水下沉，直至沉到设计标高。如果抽真空后还不能到达设计标高，可以通过压载，使其到达设计标高（图1）。

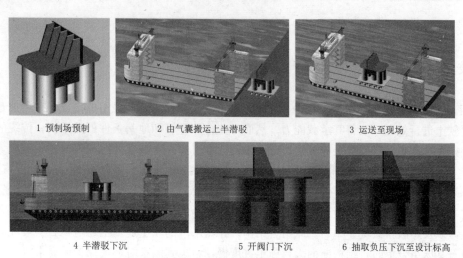

图1　大圆桶结构施工示意图（该图由中交第三航务工程勘察设计院有限公司提供）

4. 工程应用

4.1　上海金山滨海旅游度假区龙泉港西侧滩涂圈围工程

在工程设计阶段，共提出了斜坡式结构和大圆桶结构两种围堤结构型式，最终采用了大圆桶结构。在本工程中，大圆桶结构的优势有如下几点：①效益明显：可节省30％的造价。②节约资源：相比斜坡式结构，直立式结构占用海域面积大幅减少。符合国家产业政策，优化资源的配置，实现供给侧改革，满足创新、协调、绿色、开放、共享的发展理念。用海面积少，保证了后方港池面积。减少了砂石料用量。改变了大挖大填的传统建设模式。③保护环境：与斜坡堤相比吹填量、开挖量大幅减少，符合环境友好型的发展理念。④施工便利：工期快。工厂化装配式生产，施工质量易控制。结构用料量少，供应充足。⑤综合利用：利于城市滨水岸线景观营造。直立式结构远期可应用于邮轮产业。

4.2　上海横沙东滩圈围造地工程

在本工程中，与斜坡式结构相比，大圆桶结构的优势有如下几点：①技术可行性。使用期满足防洪需求、施工期满足施工围堰要求。技术先进、经久耐用。在设计年限内主体部分基本无须维修。②施工可行性。结构用料量少，供应充足。浮运结合负压下沉，工艺成熟。施工质量易控制。后续工程不影响工程使用功能，可与后续码头接岸结构共用。

③施工速度快。

4.3 连云港徐圩港区直立式结构东防波堤、西防波堤工程

本工程采用了大圆桶直立式结构，具备抵挡设计波浪和潮流的作用，创造良好的港内泊稳环境，又能减轻港内水域的回淤，具有防浪减淤的双重功能。在耐久性方面，为对徐圩港区形成有效长期掩护，直立式结构满足 100 年使用要求。

编者评：

防波堤为水运交通工程的重要建筑物之一，新型防波堤结构型式——大圆桶基础结构的提出符合以下理念：①新时代水运工程建设新要求。②优化资源配置、供给侧改革要求；③满足创新、协调、绿色、开放、共享的发展理念要求。大圆桶基础结构在实现规划功能、经济造价、节约资源、保护环境、便利施工、景观协调性及综合开发利用方面均有较大优势。圆桶基础结构的应用，在填海造地、水利、海洋工程、城市景观岸线方面具有标杆式的重大意义。

"追求卓越的创新精神"也是新时代"工匠精神"的内涵之一，甚至是新时代"工匠精神"的灵魂。传统的"工匠精神"强调的是继承，祖传父、父传子、子传孙，是传统工匠传承的一种主要方式，而新时代的"工匠精神"强调的则是在继承基础上的创新。因为只有在继承基础上的创新，才能跟上时代前进的步伐，推动产品的升级换代，以满足社会发展和人们日益增长的对美好生活的需要。大圆桶基础结构是新一代工程师对老一辈"工匠"的继承与创新改进，是新时代"工匠精神"很好的体现。

参 考 文 献

[1] 陈浩群，陈明阳，陈甦，顾宽海，2016. 浮式负压基础组合结构（ZL201620242336. 3），实用新型专利证书.

[2] 李武、陈浩群、韩兴，2012. 倒扣薄壁桶形基础结构（ZL201120104097. 2），实用新型专利证书.

[3] 中交第三航务工程勘察设计院有限公司，2015. 连云港港徐圩港区直立式结构东防波堤、西防波堤工程初步设计汇报.

[4] 中交第三航务工程勘察设计院有限公司、中交第三航务工程局有限公司，2017. 上海金山滨海旅游度假区龙泉港西侧滩涂圈围工程围堤专项方案设计.

[5] 中交第三航务工程勘察设计院有限公司，2019. 横沙东滩圈围造地工程围堤结构方案设计.

案例 22：中国北斗卫星导航系统

美国 GPS、俄罗斯格洛纳斯、欧盟伽利略、中国北斗，并称世界四大卫星导航系统。

GPS 是英文 Global Positioning System（全球定位系统）的简称。GPS 起始 1958 年美国军方的一个项目，1964 年投入使用。20 世纪 70 年代，美国陆海空三军联合研制了新一代卫星定位系统 GPS。主要目的是为陆海空三大领域提供实时、全天候和全球性的导航服务，并用于情报搜集、核爆监测和应急通信等一些军事目的，经过 20 余年的研究实验，耗资 300 亿美元。到 1994 年，全球覆盖率高达 98% 的 24 颗 GPS 卫星星座已布设完成。

格洛纳斯（Glonass），是"全球卫星导航系统 Global Navigation Satellite System"的缩写。格洛纳斯卫星导航系统作用类似于美国的 GPS、欧洲的伽利略卫星定位系统和中国的北斗卫星导航系统。该系统最早开发于苏联时期，后由俄罗斯继续该计划。俄罗斯 1993 年开始独自建立本国的全球卫星导航系统。该系统于 2007 年开始运营，当时只开放俄罗斯境内卫星定位及导航服务。到 2009 年，其服务范围已经拓展到全球。该系统主要服务内容包括确定陆地、海上及空中目标的坐标及运动速度信息等。

伽利略卫星导航系统（Galileo Satellite Navigation System），是由欧盟研制和建立的全球卫星导航定位系统，该计划于 1999 年 2 月由欧洲委员会公布，欧洲委员会和欧空局共同负责。系统由轨道高度为 23616 km 的 30 颗卫星组成，其中 27 颗工作星，3 颗备份星。卫星轨道高度约 2.4 万 km，位于 3 个倾角为 56 度的轨道平面内。2014 年 8 月，伽利略全球卫星导航系统第二批一颗卫星成功发射升空，太空中已有的 6 颗正式的伽利略系统卫星，可以组成网络，初步发挥地面精确定位的功能。该项目总共将发射 32 颗卫星，总投入达 34 亿欧元。因各成员国存在分歧，计划已多次推迟。

中国北斗卫星导航系统（BeiDou Navigation Satellite System，BDS）是中国自行研制的全球卫星导航系统。是继美国全球定位系统（GPS）、俄罗斯格洛纳斯卫星导航系统（GLONASS）之后第三个成熟的卫星导航系统。北斗卫星导航系统（BDS）和美国 GPS、俄罗斯 GLONASS、欧盟 GALILEO，是联合国卫星导航委员会已认定的供应商。北斗卫星导航系统由空间段、地面段和用户段三部分组成，可在全球范围内全天候、全天时为各类用户提供高精度、高可靠定位、导航、授时服务，并具短报文通信能力，已经初步具备区域导航、定位和授时能力，定位精度 10m，测速精度 0.2m/s，授时精度 10ns。

我国从 20 世纪 70 年代就开始布局卫星导航计划，七五规划中提出了"新四星"。80 年代初期，以成芳允院士为首的专家团体提出了双星定位方案，这是当时公认的最优方案，但因经济条件等种种原因又搁置了十年。1991 年，海湾战争中美国 GPS 在作战中的应用非常成功，也就是从这一刻开始，中国的决策层开始深刻意识到卫星导航系统在未来战争中的重要作用，被搁置十年的双星定位方案又开始启动。

2020 年 6 月，北斗三号全球系统星座部署完成后，联合国外空司专门发来视频，祝贺北斗系统完成全球组网部署，肯定北斗系统正在推动全球经济社会发展，赞赏北斗系统在和平利用外太空、参与联合国空间活动国际合作方面做出的巨大贡献。2020 年 7 月 31 日，北斗三号全球卫星导航系统建成暨开通仪式在北京人民大会堂隆重举行。中国向全世界郑重宣告，中国自主建设、独立运行的全球卫星导航系统已全面建成，中国北斗自此开启了高质量服务全球、造福人类的崭新篇章。从此，中国北斗正式走出国门，成为服务全球的卫星导航系统，它将以更加开放包容的姿态拥抱世界，同世界一起书写时空服务新篇章。GPS 和北斗的中轨道运动卫星都是 30 颗，它们各在太空上织就了一张网，GPS 网眼最密处是在美国上空，北斗二代网眼最密处在中国上空。因此，加拿大和墨西哥自然会选择 GPS，而对于亚太国家来说北斗却更有优势。

自北斗卫星导航系统提供服务以来，我国卫星导航应用在理论研究、应用技术研发、接收机制造及应用与服务等方面取得了长足进步。随着北斗卫星导航系统建设和服务能力的发展，已形成了基础产品、应用终端、系统应用和运营服务比较完整的应用产业体系。国产北斗核心芯片、模块等关键技术全面突破，性能指标与国际同类产品相当。相关产品已逐步使用推广到交通运输、海洋渔业、水文监测、气象预报、森林防火、通信时统、电力调度、救灾减灾等诸多领域，正在产生广泛的社会和经济效益。特别是在南方冰冻灾害，四川汶川、芦山和青海玉树抗震救灾，北京奥运会以及上海世博会期间发挥了重要作用。

在交通运输方面，北斗系统广泛应用于重点运输过程监控管理、公路基础设施安全监控、港口高精度实时定位调度监控等领域；在海洋渔业方面，基于北斗系统，为渔业管理部门提供船位监控、紧急救援、信息发布、渔船出入港管理等服务；在水文监测方面，成功应用于多山地域水文测报信息的实时传输，提高灾情预报的准确性，为制订防洪抗旱调度方案提供重要支持；在气象预报方面，成功研制一系列气象测报型北斗终端设备，启动"大气海洋和空间监测预警示范应用"，形成实用可行的系统应用解决方案，实现气象站之间的数字报文自动传输；在森林防火方面，成功应用于森林防火，定位与短报文通信功能在实际应用中发挥了较大作用；在通信时统方面，成功开展北斗双向授时应用示范，突破光纤拉远等关键技术，研制出一体化卫星授时系统；在电力调度方面，成功开展基于北斗的电力时间同步应用示范，为电力事故分析、电力预警系统、保护系统等高精度时间应用创造了条件；在救灾减灾方面，基于北斗系统的导航定位、短报文通信以及位置报告功能，提供全国范围的实时救灾指挥调度、应急通信、灾情信息快速上报与共享等服务，显著提高了灾害应急救援的快速反应能力和决策能力。

编者评：

北斗导航系统的第一颗卫星从 2010 年 10 月正式送入轨道，随着时间的流逝，大批北斗人的努力，2015 年我国首颗新一代北斗导航卫星顺利入轨，标志着北斗系统由区域运行向全球拓展的正式启动实施。卫星导航系统不仅仅在战争中起到重要的作用，在社会发展的各行各业中均有举足轻重的地位，自身发展强大了才可以进一步建设更强大的国家。

　　从北斗一号工程立项开始，二十六载风雨兼程，为了实现共同的梦想，几代北斗人接续奋斗、数十万建设者聚力托举，在强国复兴的伟大征程中，一次又一次刷新"中国速度"，展现"中国精度"，彰显"中国气度"。

案例 23：辽宁红沿河核电站

2016 年 9 月 20 日，辽宁红沿河核电有限公司召开新闻发布会宣布：我国东北第一座核电站及最大的能源投资项目——红沿河核电一期工程全面建成。

辽宁红沿河核电站位于瓦房店市红沿河镇，是国家"十一五"期间首个批准建设的核电项目，是中国首次一次同时装机 4 台百万千瓦级核电机组标准化、规模化建设的核电项目，也是东北地区第一个核电站和最大的能源建设项目。

辽宁红沿河核电站一期工程投资 500 亿元，建设 4 台百万千瓦级核电机组。二期工程，再增加 2 台百万千瓦级核电机组，投资 280 亿元，从而成为全球在建机组最多的核电项目。核电站全部建成后，年发电量为 450 亿 kWh。红沿河核电一期工程于 2007 年 8 月 18 日开工建设，其中 1 号机组于 2013 年 6 月 6 日投产发电，后续机组以每年一台的节奏陆续投入商业运行。二期工程两台机组已于 2015 年开工建设，目前工程进展良好，计划在 2021 年全面建成发电。

辽宁红沿河核电有限公司由中国广核集团有限公司、中电投核电有限公司、大连市建设投资公司，按照 45%、45% 和 10% 的股比投资组建，负责辽宁红沿河核电站的建设和运营。其中，项目建设和前五年运营由中国广核集团有限公司为主负责，中国电力投资集团公司全面参与。工程建设由项目公司通过委托协议委托中广核工程公司管理，中电投电力工程公司全面参与。

1. 建设历史

辽宁红沿河核电站原称辽宁温坨子核电站，1978 年开始厂址筛选等工作，1995 年国家计委批复了项目建议书，其间经过十几年的前期工作。2007 年 1 月，国家发展改革委办公厅发出"关于调整辽宁红沿河核电工程建设规模开展前期工作的通知"，同意调整红沿河核电项目一项工程的建设规模，按建设 4 台百万千瓦机组开展前期工作。

2013 年 2 月 17 日，辽宁红沿河核电站 1 号机组于 15 时 09 分并网发电。1 号机组首次并网成功，标志着该机组正式进入并网调试阶段，具备发电能力。辽宁红沿河核电站于 2013 年 6 月 7 日召开媒体会对外宣布，该核电站一期 1 号机组于 6 日完成 168 小时的试运行试验，正式投入商业运行。至此，辽宁红沿河核电站成为中国第五个、东北首个投入商运的核电基地。

辽宁红沿河核电站并网发电后，将优化辽宁地区电力供应结构，实现节能减排，改善空气和水质量。据介绍，与同等规模的火电项目相比，辽宁红沿河核电站一期工程 4 台机组全部投入运行后，每年减少标煤消耗约 1000 万 t，减排二氧化碳 2400 万 t、二氧化硫 23 万 t、氮氧化物 15 万 t，相当于造林 6.6 万 hm²。据介绍，辽宁红沿河核电站是中国自主创新最多、国产化率最高的核电站。例如它的海水淡化系统，开辟了中国内地核电站利用海水淡化技术提供淡水资源的先河。

2016 年，红沿河核电实现上网电量 176.9 亿 kWh，为大连经济社会发展提供了充足、稳定、绿色电力，有力促进了节能减排。与同等规模火电厂相比，红沿河核电 2016 年实现的减排效益等效于 3.89 万 hm² 森林的吸收量，相当于大连的森林面积增加 8%。

2016 年，红沿河核电持续加强运营管理，安全生产水平不断提升，全年未发生影响反应堆安全以及辐射防护等领域的异常事件。世界核电营运者协会（WANO）对每台压水堆核电机组有 12 项关键评价指标，红沿河 4 台机组总计 48 项关键指标中，2016 年有 37 项达到世界先进水平，四分之三的关键指标进入世界先进行列。

2. 设计和施工技术创新

2.1 基础与结构设计

辽宁红沿河核电站地处渤海辽东湾东侧，场址三面环海，位于二级海蚀阶地之上，地势高差起伏较小，大部分地段平坦开阔。场址东侧与陆地接壤，靠近磨盘山，属瓦房店市红沿河镇管辖，距复州城约 22km，距瓦房店火车站约 50km，距大连市区约 150km，场区基岩主要为中风化和微风化花岗岩。根据设计要求，需对基岩进行爆破开挖。由于爆破开挖过程中引起的爆炸震动可能破坏建基面基岩完整性，考虑到红沿河核电站厂址岩石较为破碎，在核岛负挖保护层爆破开挖前，对爆破震动进行监测和相关分析，提出了适合本工程的基岩安全控制参数。

辽宁红沿河核电站一期 1 号、2 号机组工程安装 2×100MW 级压水堆核能发电机组，每台机组中常规岛主厂房（MX）采用独立厂房，纵向布置在核岛北侧。常规岛主厂房结构形式为钢筋混凝土框排架结构，屋面为钢结构，外墙为压型钢板。厂房主框架高度为 45m。平面尺寸 112m×59m，总建筑占地面积 8210.3m²，总建筑面积 25437.4m²。主要由 AB 跨 MA 汽轮发电机厂房、BC 跨 MB 辅助间组成。MA 汽机发电厂房布置有汽轮发电机基座、循环水泵坑、凝结水泵坑等，其中汽轮发电机基础为筏板基础，所用钢筋量为 620t，混凝土量 4500m³，运转层台板标高为 16.17m，所用钢筋量 450t，混凝土量 2000m³。MB 辅助间由 0m 层、16.17m 层、20.17m 层、28.17m 层组成。MX 厂房基础以下为循环水进出水廊道。

联合泵房（PX）包括循环水泵房、安全用水及消防水泵房，为核岛凝汽机提供冷却水，为全厂提供消防用水。泵房结构为地下 2 层，地上 1 层，平面尺寸为 97m×45m，建筑总高度 17.174m；基坑底标高为 -23.8m，单体总建筑面积 12727.6m²，地下室建筑面积 7938.6m²，地下部分采用钢筋混凝土结构形式，地面以上采用钢结构形式。前池取水房，底标高为 23.8m，顶标高为 0.2m，平面尺寸为 96.5m×14.7m，北侧由取水隧道入口接进水隧道，为泵房引水。

2.2　二期常规岛联合泵房

二期联合泵房由 5PX 和 6PX 组成，其中 1～7 轴/A～C 为 5PX，8～14 轴/A～C 为 6PX，各设两个蜗壳。蜗壳位于进水道颈口之上，是进水流道与 GD 循环水廊道之间的连接段。之所以称为蜗壳，是因为它的形状与蜗牛相似，均为螺旋状旋转的渐变截面，截面逐渐张开，到出水口流道又逐渐变圆，如图 1 所示。

图 1　施工中的蜗壳

PX 泵房结构设计使用年限为 60 年。根据《混凝土结构耐久性设计规范》（GB/T 50476），PX 泵房处于海水氯化物环境和冻融环境，采取现浇钢筋混凝土结构。PX 泵房绝对标高为 $-8.4 \sim -4.50\mathrm{m}$ 的区域属于水下区，采用 C50W8F350 内掺阻锈剂纤维混凝土，28 天氯离子扩散系数 $D_{\mathrm{RCM}} \leqslant 7 \times 10^{-12}\,\mathrm{m^2/s}$。

该区域模板与内部支撑体系均为定型模板，现浇结构，共计 2 套木质定型模板，每套模板周转使用一次，故在运输、安装、使用、拆除过程中必须加强保护和修复工作，确保进水道成型尺寸准确、外观顺滑。蜗壳模板是由表面夹板、木龙骨、内部木质斜撑、内部钢管支撑组成的体系，模板分为 26 段，每段之间使用螺栓连接。

单个分区（蜗壳区）混凝土工程量达 $1900\mathrm{m^3}$，是典型的大体积混凝土。因此，须投入大量的人力、物力，配合合理的施工工艺和足够的机具设备，以确保核电站二期联合泵房工程的顺利进行，保证工程质量。该工程专门制定大体积混凝土专项施工方案，通过升温控制对比，优化大体积混凝土基础工程温控措施，即通过优选施工材料（选用低热混凝土、添加外加剂和矿物掺和物、调整骨料颗粒级配等）尽量减少水泥的用量；合理控制入模温度、最高温度和养护温度，从而减少混凝土内外温差；重视养护过程，进一步巩固施工效果，有效控制了温度裂缝产生，实现了工程质量目标预期效果，并为同类型工程提供了实践经验。

3. "核、火之争"

2015 年新电改 9 号文（《关于进一步深化电力体制改革的若干意见》）要求，坚持清洁、高效、安全、可持续发展，提高能源利用效率和安全可靠性，促进公平竞争和节能环保。

截至 2019 年 5 月底，红沿河累计上网电量相当于减少标煤消耗 3100 万 t、减排二氧化碳 8000 万 t、增加森林 30 万 $\mathrm{hm^2}$。核电由于发电的稳定性、经济性、清洁环保等优势将成为替代煤电的最理想电源。未来 5～10 年中国有望迎来核电投资的黄金期。

火电与核电都是中国电力供给的重要来源，5 年来，中国核电量占全国总电量比例翻了一倍，现在已升至 4.2% 左右。推进电力结构优化调整，电力市场化改革，是一场传统能源和新能源之间的市场博弈，亦即核电与火电之争。

国家能源局数据显示，2018 年在全口径发电设备容量上，水电、火电、核电、并网风电、并网太阳能发电装机容量分别增长 2.5％、3％、24.7％、12.4％、33.9％。核电设备容量增长仅次于并网太阳能发电。2018 年，全国水电发电量同比增长 3.2％，风电发电量同比增长 20％。

根据《中国核能发展报告 2019》，2018 年中国核电发电量为 2865.11 亿 kWh，比2017 年上升了 15.78％，在非化石能源发电量中的占比达 15.83％，约占全国总发电量的4.22％。中国现有运行和在建核电机组 56 台，机组数量已达到世界第三位。中国将在确保安全前提下，继续发展核电。

4. 红沿河海水淡化工程

红沿河一期工程海水淡化系统于 2010 年投产，这是我国核电站中的首个海水淡化系统，开辟了核电站利用海水淡化技术提供淡水资源的先河，产出的水质优于国家饮用水标准，可直接饮用。二期工程海水淡化系统全部投产后，红沿河现场将每天生产超过 2 万 t淡水。

二期工程海水淡化系统 2019 年正式产水，采取与一期相同的技术，并在建设过程中落实了 100 余条一期工程海水淡化的经验反馈。实现红沿河一、二期淡水、除盐水、生活水互通。在充分满足 6 台机组生产用水的同时，还可为红沿河员工提供生活用水，提高了红沿河现场供水的稳定性和用水经济性。

案例点评：

1. 大潮辽东起，此端尽蓬勃

2019 秋，红沿河 3 号、4 号机组获国家优质工程奖。3 号、4 号机组分别于 2008 年、2009 年开工建设，并分别于 2015 年、2016 年建成投产。工程建设过程中，坚持"高端起点、及时反馈、精细施工、保证优质"的原则，科学组织，把 3 号、4 号机组建成为了我国CPR1000 核电品牌工程收官经典之作。2019 年夏天，基于 2017 年对红沿河的同行评估，世界核运营者协会（WANO）组织专家对红沿河进行了回访。国际专家重点对应急准备、备件、维修等领域工作进行了评估。评审队长 Pierre－Marie Plet 说，在欧洲或许全世界，可能都找不到像红沿河这样一个拥有如此强烈改进意愿并取得如此大进步的核电站。

2. 勇立潮头，大国担当

2019 年 9 月 3 日国务院新闻办发表《中国的核安全》白皮书。这是中国发表的首部核安全白皮书。指出，中国始终把保障核安全作为重要的国家责任，融入核能开发利用全过程，始终以安全为前提发展核事业，按照最严格标准实施监督管理，始终积极适应核事业发展的新要求，不断推动核安全与时俱进、创新发展，保持了良好的安全记录，走出一条中国特色核安全之路。在核安全观引领下，中国逐步构建起法律规范、行政监管、行业自律、技术保障、人才支撑、文化引领、社会参与、国际合作等为主体的核安全治理体系，核安全防线更加牢固。作为构建公平、合作、共赢的国际核安全体系的重要倡导者、推动者和参与者，为全球核安全治理贡献了中国智慧、中国力量。

3. 邂逅伟大时代，书写赤子情怀

20 世纪 80 年代末期，中国内地的核电事业刚起步，中广核选派 100 多名技术人员前往法国，学习当时最先进、最成熟的核电站运行技术。有人曾计算过，当时每个人的培训费用就相当于常人体重的黄金的价值，因此，他们也被称为"黄金人"。30 多年来，经过核电人的不懈努力，攻克了一系列"瓶颈技术"，红沿河核电站二期主设备已实现国产化程度 85％以上。

作为核电站运行的核心人员，核反应堆操纵员是一个要求极高的岗位，培养一名操纵员一般要历时 5 年，他们要通过 100 多次考试，最后获得国家核安全局颁发的运行执照，而培养一名高级操纵员的过程则需更长时间，一般在 7 年左右。目前，培养一名操纵员的成本和严格程度与飞行员相当。这些为数不多的"熊猫"级核反应堆操纵员，就有大连理工大学的毕业生。

核电工人刘瑛璞，来自安全质保部，高级工程师。2005 年从大连理工大学毕业后，加入红沿河核电队伍。在与红沿河核电站一起成长的 14 年里，经历了大亚湾操纵员培训、运行生产准备、模拟机教员、安全技术顾问、运行序列等各个岗位，对核安全有了更深刻的理解，也为红沿河核电厂的安全运营做出了自己的贡献。

第二篇

中国古代
重大工程篇

本篇导读

　　中华五千年的悠久历史，孕育了底蕴深厚的华夏民族文化。我们的先人创造了光辉灿烂的建筑文化。中国建筑在世界的东方独树一帜，它和欧洲建筑、伊斯兰建筑并称世界三大建筑体系。中国的古典建筑是显形的史书，它以独特的艺术造型和沧桑经历，向人们诉说昔日的历史！它不仅记载了中国古代社会的政治、经济与文化，而且在许多方面仍可为现代及未来的建筑创作提供有益的参考借鉴。

　　在漫长的历史发展进程中，我国古代勤劳智慧的劳动人民巧夺天工，不屈不挠，以不向大自然妥协，相信人定胜天的坚毅精神，创造出了许多人间奇迹。从陕西半坡遗址发掘的方形或圆形浅穴式房屋发展到现在，已有六、七千年的历史。修建在崇山峻岭之上、蜿蜒万里的长城，是人类建筑史上的奇迹，也是中华民族的象征和骄傲；建于隋代河北赵县的赵州桥，在科学技术同艺术的完美结合上，早已走在世界桥梁科学的前列；现存的高达 67.1m 的山西应县佛宫寺木塔，是世界现存最高的木结构建筑；北京明、清两代的故宫，则是世界上现存规模最大、建筑精美、保存完整的大规模建筑群；坐落在成都平原西部岷江之上的都江堰，开创了中国古代水利史的新纪元，以不破坏自然资源，充分利用自然资源为人类服务为前提，变害为利，使人、地、水三者高度和谐统一，是全世界迄今为止仅存的一项伟大的"生态工程"，在世界水利史上写下了光辉的一章。这一系列现存的技术高超、艺术精湛、风格独特的建筑、水利工程，在世界建筑史上自成系统，独树一帜，是我国古代灿烂文化的重要组成部分，凝聚着中国历代各族人民的血汗和智慧，直到今天仍备受世界人民推崇。它们像一部部石刻的史书，让我们重温着祖国的历史文化，激发起我们的爱国热情和民族自信心，万里长城、都江堰、北京故宫、京杭大运河，无不向世人展示着中国劳动人民卓越的创造力和中国古建筑悠久的历史和辉煌成就。

　　民族的复兴离不开文化的繁荣，文化的繁荣离不开对既有文化传统的继承和普及。习近平总书记指出，坚定文化自信，是事关国运兴衰、事关文化安全、事关民族精神独立性的大问题。在"四个自信"中，文化自信是更基础、更广泛、更深厚的自信，是更基本、更深沉、更持久的力量。文化是一个国家、一个民族的灵魂。古往今来，世界各民族都无一例外受到其在各个历史发展阶段上产生的精神文化的深刻影响。今天，我们要进行伟大斗争、建设伟大工程、推进伟大事业、实现伟大梦想，都离不开文化所激发的精神力量。而要继承好、发展好自身文化，首先就要保持对自身文化理想、文化价值的高度信心，保持对自身文化生命力、创造力的高度信心。习近平指出，要加强对中华优秀传统文化的挖掘和阐发，使中华民族最基本的文化基因与当代文化相适应、与现代社会相协调，把跨越时空、超越国界、富有永恒魅力、具有当代价值的文化精神弘扬起来。

案例 1： 中华民族的脊梁和象征——长城

长城，又称万里长城，是中国也是世界上修建时间最长、工程量最大的一项古代军事防御工程。自西周时期开始，延续不断修筑了 2000 多年。春秋战国时期列国争霸，互相攻防，长城修筑进入第一个高潮，但此时修筑的长度都比较短。秦灭六国统一天下后，秦始皇连接和修缮战国长城，始有万里长城之称。明朝是最后一个大修长城的朝代，今天人们所看到的长城多是那时修筑的。把各个时代修筑的长城加起来，有 10 万里以上，其中秦、汉、明三个朝代所修长城的长度都超过了 1 万里。

长城主要分布在河北、北京、天津、山西、陕西、甘肃、内蒙古、黑龙江、吉林、辽宁、山东、河南、青海、宁夏、新疆等 15 个省（自治区、直辖市）。1961 年 3 月 4 日，长城被国务院公布为第一批全国重点文物保护单位。1987 年 12 月，长城被列入世界文化遗产。

1. 建筑方法

在布局上，遵循"因地形，用险制塞"的原则。关城隘口选择建在峡谷之间、河流转折处或平川往来必经之地，既控制险要，又节约人力和材料，以达到"一夫当关，万夫莫开"的效果。城堡或烽火台也选择建在险要之处，充分利用地形优势修筑城墙，如居庸关、八达岭的长城都是沿着山岭的脊背修筑，有的地段从城墙外侧看去非常险峻，内侧则甚是平缓，有"易守难攻"的效果。

2. 选材

在建筑材料上，遵循"就地取材、因材施用"的原则。使用夯土、砖石等材料，在沙漠中还利用了红柳枝条和芦苇等。随着制砖技术的迅速发展，明长城内外檐墙都采用巨砖砌筑，使用尺寸均匀的砖砌筑城墙，极大地提高了施工效率和砌筑质量。

3. 建筑结构

长城并不只是一道单独的城墙，而是由城墙、敌楼、关城、墩堡、营城、卫所、镇城烽火台等多种防御工事所组成的一个完整的防御工程体系（图 1）。

（1）城墙。城墙是长城这一防御工程中的主体部分，墙身则是城墙的主要部分，平均高 7.8m，有些地段可高达 14m，用来防御敌人。墙身在山势陡峭的地方构筑得比较低，平坦的地方构筑得比较高；在重要的地方构筑得比较高，其他地方构筑得比较低。墙身基础宽度可达 6.5m，墙上地坪宽度也有 5.8m，可保证两辆辎重马车并行。墙身由外檐墙和内檐墙构成，内填泥土碎石。外檐墙有明显的收分，通过增加墙体下部的宽度，使墙身更加稳固，可提升墙身的防御性能，也更显外墙雄伟壮观。内檐墙一般没有明显的收分，可构筑成垂直的墙体。

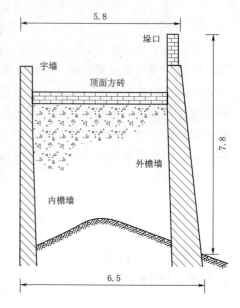

图 1　长城结构构成图（单位：m）

　　垛口是在城墙顶外侧的迎敌方向，约 2m 高，呈凹凸形的短墙。垛口上部砌有一个小方洞即瞭望洞，瞭望洞的左右侧面砖呈内外八字形，便于瞭望敌人，又不易被敌箭射中；下部砌有一个小方洞，是张弓发箭的射孔，射孔底面向下倾，便于向城下射击敌人。

　　（2）敌楼。各类敌楼的形制相仿又各具特色，有巡逻放哨用的墙台，也有上、下两层的敌台，上层周围设垛口和射洞，下层为士兵住宿和存放物资的房舍。

　　（3）烽燧。长城中设置有大量烽燧，又称烽火台，用来传递情报，白天放烟叫"烽"，夜间举火叫"燧"，台台相连，传递讯息。

　　（4）关城。关城是万里长城防线上最为集中的防御据点，均选择建在有利防守之处，以收到用极少兵力抵御强敌入侵的效果。长城沿线的关城有大有小，达近千处之多。有些大关城附近还带有若干小关城，如山海关附近就有十多处小关城，它们共同组成了万里长城的防御工程系统。

　　（5）城堡。城堡按等级分为卫城、守御或千户所城和堡城，按防御体系和兵制要求配置在长城内侧，偶尔也有设在城墙外面的。卫、所城与长城的距离或近或远，常建在长城内位置适中、地势平缓、便于屯垦的地方。卫、所城之间相距百余里，卫城周长 6～9 里，千户所城周长 4～5 里，砖砌城墙，外设马面、角楼，城门建瓮城，有的城门外还筑月城或正对瓮城门的翼城，以加强城门的控守。城内有衙署、营房、民居和寺庙。堡城也称边堡，间距 10 里左右，城周 1～3 里，砖包城垣，开 1～2 门，建瓮城门。城内有驻军营房、校场、寺庙，边堡同长城的间距一般不超过 10 里，遇警时可迅速登城。

编者评：

　　长城是中华民族的建筑瑰宝，也是世界建筑史上的奇迹，更是中华民族辉煌历史、灿烂文化的象征。它虽然历经千年历史的风雨侵蚀，但仍以苍苍莽莽的气势，威武雄浑地矗立在中国大地上。

　　长城是中华民族共同构筑的，是各族人民智慧和血汗的结晶，它的丰碑铭刻了中华民族大融合的历史事实。如今，长城不再用来抵御外敌入侵，但它所展示的现实意义更加深邃而丰富。长城是中华民族伟大力量的象征，"起来，不愿做奴隶的人们，把我们的血肉筑成我们新的长城"，这是《义勇军进行曲》中雄伟庄严的嘹亮歌声，曾经在反击外来入侵，保卫中华民族的抗敌战争中响彻长城内外。中国人民把保卫国家安全、人民生活安定的子弟兵称之为"钢铁长城"，正是这一伟大坚强力量的体现。今天，在实现中华民族伟大复兴的中国梦，建设新时代中国特色社会主义道路上，长城精神仍将激励中华儿女攻坚克难，奋勇向前。

案例 2：木质结构古建筑群——故宫

北京故宫是中国明清两代的皇家宫殿，旧称故宫，位于北京中轴线的中心，是中国古代宫廷建筑之精华。北京故宫以三大殿为中心，占地面积 72 万 m^2，建筑面积约 15 万 m^2，有大小宫殿七十多座，房屋九千余间。是世界上现存规模最大、保存最为完整的木质结构古建筑群之一。

北京故宫于明成祖永乐四年（1406 年）开始建设，以南京故宫为蓝本营建，到永乐十八年（1420 年）建成。它是一座长方形城池，南北长 961m，东西宽 753m，四面围有高 10m 的城墙，城外有宽 52m 的护城河。故宫内的建筑分为外朝和内廷两部分。外朝的中心为太和殿、中和殿、保和殿，统称三大殿，是举行大典礼的地方。内廷的中心是乾清宫、交泰殿、坤宁宫，统称后三宫，是皇帝和皇后居住的正宫。

北京故宫被誉为世界五大宫之首（北京故宫、法国凡尔赛宫、英国白金汉宫、美国白宫、俄罗斯克里姆林宫），是国家 AAAAA 级旅游景区，1961 年被列为第一批全国重点文物保护单位，1987 年被列为世界文化遗产。

1. 斗拱的力学之美

中国是世界上最早将抗震理念应用到建筑中的国家，故宫建筑在设计建造中充分考虑了抗震的需求，采用了多项抗震技术。1976 年 7 月 28 日，河北唐山发生了 7.8 级地震，200km 外的北京受到剧烈的摇晃和震动，多处房屋倒塌，但那座建成已有 600 年的故宫，依旧屹立不倒。故宫古建筑群表现出的"强震不倒"靠的是什么？

故宫古建筑卓越的抗震性能得益于梁与柱采用榫卯节点形式连接，梁端做成榫头形式，插入柱顶预留的卯口中。地震作用下，榫头与卯口之间反复开合转动，并产生小量拔榫。拔榫即榫头从卯口拔出，但不是脱榫，榫头始终搭在卯口位置。这种相对转动也是摩擦减震、隔震机理的体现。

图 1　斗拱传力途径

斗拱，是我国特有的古建筑组成部分，是位于柱顶之上、屋檐之下的由斗形、弓形的木构件在纵横方向搭扣连接，而后在竖向又层层叠加起来的组合木构件，其外形犹如撑开的伞。我国古建筑学家梁思成先生曾说："斗拱在中国建筑上的地位，犹柱饰之于希腊罗马建筑；斗拱之变化，谓为中国建筑之变化，亦未尝不可，犹柱饰之影响欧洲建筑，至为重大。"

斗拱的力学智慧精华在于它的抗震性能，斗拱传力途径如图 1 所示。无论是水平向还是竖向的地震波，都不会造成斗拱破坏。发生地震时，斗拱的各个构件之间互相摩擦、挤压，并产生往复运动，犹如一个运动的机构体系。从能量守恒角度讲，地震波的能量传到斗拱位置时，主要分成了两部分能量：斗拱的内能及斗拱的动能，斗拱内能即自身产生开裂破坏的根本原因，内能越大，斗拱破坏越严重。然而斗拱能量的另一个组成部分即动能占的比例远大于自身的内能，原因是每个斗拱由上百个小构件组成，它们犹如机器的零件一样，在地震作用下不断产生各种运动，耗散了大量的地震能量，从而使得斗拱内能所占比例很小，因而斗拱在地震作用下几乎不会产生破坏。事实上，大量的古建筑震害勘查结果表明，斗拱在地震作用下一般保存完好。

不仅如此，地震作用下，斗拱还能产生自动恢复功能，犹如不倒翁一样，其原因在于斗拱特殊的构造特征。斗拱整体构造特点是上部体积大但构件单体截面尺寸小、下部体积小但构件单体截面尺寸大，其中截面尺寸最大的为方形的坐斗，位于斗拱的最底层。这种构造特征使得：一方面斗拱的重心位于斗拱下方，斗拱犹如一个矮胖的人，在水平地震力（推拉力）作用下尽管产生摇摆，但是不易倾覆；另一方面坐斗的截面尺寸宽大，这无疑增大了斗拱与其底部的接触面，斗拱在水平地震作用下产生摇摆时，分别绕着坐斗两侧的支点进行摇摆。而在斗拱摇摆过程中，其上部屋顶的重量迫使斗拱不断地复位，因而斗拱像不倒翁一样，不断地来回摆动。地震波结束后，斗拱又恢复到了初始位置，本身并未受到损害。

2. 斗拱的建筑之美

斗拱不仅在减震、隔震上发挥着重要作用，它的独特魅力还吸引着诸多国内外游客。故宫古建筑的斗拱类型很丰富，如位于两根立柱之间的斗拱称为平身科斗拱，位于柱顶之上的斗拱称为柱头科斗拱，位于建筑四个转角部位的斗拱称为角科斗拱等。斗拱的初始功能是支撑屋檐，并把屋顶的重量往下传递给柱子。其历史发展过程是由构造简单到复杂，功能由纯粹的支撑到集建筑力学、美学于一体（图 2）。

故宫古建筑的斗拱体现了造型之美。斗拱在屋檐之下，整体排列有序，富有节奏和韵律变化，不同类型的斗拱在同一高度范围排列规则有序，由下至上尺寸统一逐渐增大，各斗拱出踩尺寸相同，斗拱外形的曲线整齐划一、弧度优美，给人以极强的艺术感和节奏感。斗拱的造型之美还体现在均匀对称性，各个构件高度、宽度基本相同，仅在长度及外形上根据整体需要而有差别：一方面，斗拱的正立面，其左右两侧的构件种类

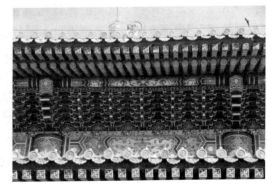

图 2　斗拱的建筑之美

和数量对称布置；另一方面，斗拱侧立面，以正心枋为中心，斗拱向内外出挑的踩数相同。上述均匀、对称的布置形式给人以舒适、愉悦的感觉。

不仅如此，斗拱在造型上还有统一协调之美。各构件截面形状统一，均为方形或者矩形；侧立面外形统一，均犹如倒立的三角形；斗拱位置统一，均位于柱顶之上、屋檐之下，这种统一性在视觉上给人以抽象的整体之美。斗拱整体与上部倾斜的屋檐、下部垂直的柱子形成完美过渡，既能反映屋架简洁明确的特征，又可体现斗拱自身优美的造型。

3. 品味斗拱文化符号

斗拱作为"连天接地"的重要构件，它的出现反映了当时技术水平的高超、社会的繁荣和人民生活质量的提高。斗拱的外形是对中国古代农耕文化积淀而形成的，代表了人们丰收的喜悦和对未来美好生活的向往。

斗拱所处位置十分重要，在连接处默默地奉献着，进行力的分解，从而使得上层建筑和柱子稳定地连接。斗拱是由上好的木头制成，制作过程繁巨，耗时漫长，工艺精湛且需求量大，凝聚了我国古代劳动人民的心血和汗水，体现了劳动人民艰苦奋斗的美德。

斗拱是只存在我国的一种建筑上的结构，经历了五千年文化的洗礼，其形式和功能都蕴含了中国丰富的传统文化。习近平总书记曾指出"中华民族有着深厚文化传统，形成了富有特色的思想体系，体现了中国人几千年来积累的知识智慧和理性思辨。这是我国的独特优势"。讲文化自信，我们有充分理由和充足底气。梁漱溟曾讲，"历史上与中国文化若先若后之古代文化，如埃及、巴比伦、印度、波斯、希腊等，或已夭折，或已转易，或失其独立自主之民族生命。唯中国能以其自创之文化，绵永其独立之民族生命，至于今日岿然独存。"

编者评：

今日的希腊人，仍以其2500年前的雅典卫城和帕提农神庙的石雕建筑为民族的骄傲！今日的法国人，仍以巴黎现存的卢浮宫和凡尔赛宫的巍峨建筑，引为他们古代历史的辉煌和民族自豪！同样，我们中国人，把北京故宫天安门绘在国徽之中，诉说着中华历史，它是中华民族今日的国标，是我们民族的国宝，代表着中华民族凝聚力的高潮！当今世界，"中国智慧""中国方案"越来越为世人瞩目。我们比历史上任何一个时期都更有信心、有能力实现中华民族伟大复兴的中国梦。而这种信心和能力，必然包含文化自信和文化实力，因为没有文明的继承和发展，没有文化的弘扬和繁荣，就没有中国梦的实现。

在"五位一体"总体布局和"四个全面"战略布局中，文化具有不可替代的重要基础作用，是经济发展的"助推器"、政治文明的"给养库"、社会和谐的"融合剂"、生态文明的"制导仪"，潜移默化地发挥着持久影响力。

我们应继承并发扬故宫斗拱的文化精华，坚定文化自信，探求如何与现代建筑风格有机的结合，才能共筑伟大复兴之"梦"，从而将中华民族文化传播到全世界。我们只有创造出具有民族性的建筑，才能将中国元素带到全世界。

案例3：无坝引水的宏大水利工程——都江堰

都江堰是中国古代建设并使用至今的大型水利工程，位于四川省成都市都江堰市城西，坐落在成都平原西部的岷江上，距成都市区约50km，距离青城山风景区20km。岷江是长江上游的一大支流，全长793km，流域面积133.5km²，平均坡度4.83‰，年均总水量150亿m³左右。全河落差3560m，水力资源1300多万千瓦。

成都平原的整个地势从岷江出山口玉垒山，向东南倾斜，坡度很大。岷江出岷山山脉，从成都平原西侧向南流去，对整个成都平原来说是地道的地上悬江，而且悬得十分厉害。岷江上游流经地势陡峻的万山丛中，一到成都平原，水速突然减慢，因而夹带的大量泥沙和岩石随即沉积下来，淤塞了河道。每年雨季到来时，岷江和其他支流水势骤涨，往往泛滥成灾；雨水不足时，又会造成干旱。岷江水患长期祸及西川，鲸吞良田，侵扰民生，成为古蜀国生存发展的一大障碍。

秦昭襄王末年（约公元前256—前251），李冰父子在前人开凿的基础上，依靠当地人民群众，组织修建都江堰。都江堰工程以引水灌溉为主，兼有防洪排沙、水运、城市供水等综合效用。整个都江堰枢纽可分为堰首和灌溉水网两大系统，其中堰首包括鱼嘴（分水工程）、飞沙堰（溢洪排沙工程）、宝瓶口（引水工程）三大主体工程，此外还有内外金刚堤、人字堤及其他附属建筑。

鱼嘴分水堤又称"鱼嘴"，是都江堰的分水工程，因其形如鱼嘴而得名（图1）。"鱼嘴"昂头于岷江江心，其主要作用是把汹涌的岷江分成内外二江，西边叫外江，俗称"金马河"，是岷江正流，主要用于排洪；东边沿山脚的叫内江，是人工引水渠道，主要用于灌溉，又称"灌江"。鱼嘴决定了内外江的分流比例，是整个都江堰工程的关键。

图1　鱼嘴分水工程

在古代，鱼嘴是以竹笼装卵石垒砌，建筑在岷江冲出山口呈弯道环流的江心。内江取水口宽150m，外江取水口宽130m，利用地形、地势使江水在鱼嘴处按比例分流。冬春季江水较枯，水流经鱼嘴上面的弯道绕行，主流直冲内江，内江进水量约6成，外江进水量约4成，保证了内江春耕用水；夏秋季水位升高，水势不再受弯道制约，主流直冲外江，内、外江江水的比例自动颠倒，内江进水量约4成，外江进水量约6成，使灌区免受水淹。这就利用地形，完美地解决了内江灌区冬春季枯水期农田用水以及人民生活用水的需要和夏秋季洪水期的防涝问题。

图 2　飞沙堰溢洪排沙工程

目前的鱼嘴平面为半月形，由浆砌条石和混凝土筑成，长 80m，最宽处 39.1m，高 6.6m。鱼嘴堤坝向下游延伸，形成金刚堤，内堤长 650m，外堤长 900m。金刚堤再往下，分别是飞沙堰和人字堤。在鱼嘴上游东岸还有百丈堤，全长 1950m，将洪水与泥沙逼向外江，并起到护岸的作用。鱼嘴、百丈堤、金刚堤，连同飞沙堰与宝瓶口协调作用，起着泄洪、排沙和调节水量的功能。

飞沙堰溢洪道又称"泄洪道"，具有泄洪、排沙和调节水量的显著功能，故叫它"飞沙堰"（图 2）。飞沙堰是都江堰三大件之一，是确保成都平原不受水灾的关键要害。飞沙堰的作用主要是当内江的水量超过宝瓶口流量上限时，多余的水便从飞沙堰自行溢出；如遇特大洪水的非常情况，它还会自行溃堤，让大量江水回归岷江正流。飞沙堰的另一作用是"飞沙"，岷江从万山丛中急驰而来，挟着大量泥沙、石块，如果让它们顺内江而下，就会淤塞宝瓶口和灌区。古时飞沙堰，是用竹笼卵石堆砌的临时工程，如今已改用混凝土浇筑。

飞沙堰将超过灌区需要的江水自行排到外江，使成都平原免受洪涝，又能将水中裹挟的大量砂石利用离心力从这里排到外江，避免淤塞内江、宝瓶口和灌区。飞沙堰遵循"低作堰"的原则，即堤顶低作与对岸标准台顶等高，使超过宝瓶口流量上限的内江水漫过堰顶流入外江。据当代实测，岷江内江流量超过 1000m³/s，便有 40% 的洪水和 98% 泥沙从飞沙堰排出。飞沙堰顶高的调节，加上宝瓶口的限流、虎头岩的导引，即可保证引水区既有足量清水，又无洪涝威胁。

宝瓶口起"节制闸"作用，能自动控制内江进水量，是湔山（今名灌口山、玉垒山）伸向岷江的长脊上凿开的一个口子，它是人工凿成控制内江进水的咽喉，因它形似瓶口而功能奇特，故名宝瓶口（图 3）。宝瓶口距飞沙堰下口 120m，位于古灌县城墙西门玉垒关下，开凿于都江堰创建时。宝瓶口上宽下窄，底宽 14.3m，顶宽 28.9m，平均宽度 20.4m，高 18.8m，峡口长 36m。口内即内江流入的进水口宽 70m，口外出水口宽 40～50m，形如"瓶颈"。

图 3　宝瓶口自然景观

宝瓶口同飞沙堰配合具有节制水流大小的功用，是控制内江进水量的关键。内江水流经过宝瓶口流入，灌溉成都平原的大片农田；在洪水期间，内江水位提升高过飞沙堰，洪水就进入外江流走，再加上宝瓶口对水流的约束，达到了防洪的作用。内江水流进宝瓶口后，顺应西北高、东南低的地势沿大小各支引水渠不断分流，形成自流灌溉渠系，灌溉成都平原上一千余万亩农田。由于宝瓶口自然景观瑰丽，有"离堆锁峡"之称，属历史上著名的"灌阳十景"之一。

编者评：

都江堰的建造，开创了中国古代水利史的新纪元。都江堰，以不破坏自然资源，充分利用自然资源为人类服务为前提，变害为利，使人、地、水三者高度和谐统一，是全世界迄今为止仅存的一项伟大的"生态工程"，标志着中国水利史进入了一个新阶段，在世界水利史上写下了光辉的一章。都江堰水利工程，是中国古代人民智慧的结晶，是中华文化划时代的杰作，更是古代水利工程沿用至今，"古为今用"、硕果仅存的奇观，至今还滋润着天府之国的万顷良田。

都江堰是一个科学、完整、极富发展潜力的宏大水利工程体系。都江堰水利工程针对岷江与成都平原的悬江特点与矛盾，充分发挥水体自调、避高就下、弯道环流特性，"乘势利导、因地制宜"。都江堰的三大部分，科学地解决了江水自动分流、自动排沙、控制进水流量等问题，消除了水患。两千多年来都江堰一直发挥着防洪灌溉的作用，使成都平原成为水旱从人、沃野千里的"天府之国"，至今灌区已达 30 余县市、面积近千万亩，是全世界迄今为止，年代最久、唯一留存、仍在一直使用、以无坝引水为特征的宏大水利工程，凝聚着中国古代劳动人民勤劳、勇敢、智慧的结晶。

纵贯南北大动脉——京杭大运河

京杭大运河，位于中国东部，为"大运河"的一条干线。2014 年，京杭大运河作为大运河的一部分，被列入世界遗产名录。

1. 现状

京杭大运河北起北京，南至杭州，流经北京、天津、河北、山东、江苏和浙江四省二市，沟通海河、黄河、淮河、长江和钱塘江五大水系，全长 1794km。

2. 缘起

京杭大运河的基础为隋代统一南北以后修建的隋唐大运河。隋朝将以前开凿的运河水道以及自然水道加上运河组成了以隋朝京都洛阳为中心，向北到涿郡，向西到大兴，向南到余杭的水路网。元世祖忽必烈希望将经济中心江南与政治中心元大都相连接，决定在隋唐大运河基础上对其进行改建。改建保留了古邗沟、江南运河等河段，中间裁弯取直，不经洛阳而在山东开凿了新的运河，使得两点距离缩短。

古代陆上运输只能依靠人力和畜力，速度缓慢，运量又小，费用和消耗却巨大。因此，大宗货物都尽量采用水路运输。中国天然形成的大江大河大都是从西往东横向流动。在黄河流域历经战乱破坏，而长江流域得到开发以后，中国逐渐形成了经济文化中心在南方，而政治军事中心在北方的局面。为保证南北两大中心的联系，保证南方的赋税和物资能够源源不断地运往京城，开辟并维持一条纵贯南北的水路运输干线，对于历代朝廷变得极其重要。明清两代更在淮安府城（今淮安市淮安区）中心专门设立漕运总督和下属庞大的机构，负责漕运事宜。在海运和现代陆路交通兴起以前，京杭大运河的货物运输量一度占到全国的 3/4。

3. 历史发展

3.1 邗沟

春秋末年，位于太湖流域的吴王夫差为了与中原的晋国争霸，于公元前 486 年修筑邗城（今扬州附近），作为北上据点，并在城下开凿运河到末口（今江苏淮安市淮安区城北北辰坊），沟通长江与淮河，以运输军队和辎重。此运河于公元前484年完工，后世称为"邗沟"，是大运河中最早有确切纪年的一段河道。在开凿过程中，吴人尽量利用长江、淮河间的天然河道和湖泊，巧妙地以人工渠道连接两岸，故只凿渠长约150km。

但是同为吴国所开凿的胥溪、胥浦才是大运河最早成形的一段，以伍子胥而命名。胥溪从宜兴开始，在芜湖入长江，使太湖水系第一次和长江联系起来。胥浦是在胥溪完工后不久开凿的，它以太湖为起点，经淀山湖和泖湖，流入东海，为太湖开拓了出海口。胥溪、胥浦的开凿，把整个东南水系连成一体。

3.2 隋朝的大运河

隋朝统一南北以后，陆续开挖了以洛阳为航运中心，首尾相接的几段运河。分别是：

(1) 广通渠。从京城长安至潼关，东通黄河，长达300余里，可以通航"方舟巨舫"。广通渠以渭水为主要水源。

(2) 通济渠。从洛阳沟通黄、淮两大河流的水运。在黄河南岸，分为东西两段。西段在东汉阳渠的基础上扩展而成，西起洛阳西面，以洛水及其支流谷水为水源，穿过洛阳城南，到偃师东南，再循洛水入黄河。东段西起荥阳西北黄河边上的板渚，引黄河水进入淮河的支流汴水，经今开封市及杞县、睢县、宁陵、商丘、夏邑、永城等县，再向东南，穿过今安徽宿县、灵璧、泗县，以及江苏的泗洪县，至盱眙县注入淮水。两段全长近2000里。施工时虽然也充分利用了旧有的渠道和自然河道，但因为有统一的宽度和深度，因此主要还是依靠人工开凿，工程浩大而艰巨。

(3) 山阳渎。北起淮水南岸的山阳（今江苏淮安市淮安区），径直向南，到江都（今扬州市）西南接长江。大体在邗沟的基础上拓宽、裁直。

(4) 永济渠。在黄河以北。从洛阳对岸的沁河口向北，利用卫河和芦沟（永定河）等自然河道开挖加深，直通涿郡（今北京市境），全长1900多里。

广通渠、通济渠、山阳渎（隋炀帝把后两者合称御河）、永济渠和江南河等渠道，虽然不是同时开凿而成，但是由于这些渠道都以政治中心长安、洛阳为枢纽，向东南和东北辐射，形成完整的体系。这条从长安、洛阳向东南通到余杭、向东北通到涿郡的大运河，是古今中外最长的运河。由于它贯穿了钱塘江、长江、淮河、黄河、海河五大水系，对加强国家的统一，促进南北经济文化的交流，发挥了重要作用。

在以上这些渠道中，通济渠和永济渠是这条南北大运河中最长最重要的两段，它们以洛阳为起点，成扇形向东南和东北张开。洛阳位于中原大平原的西缘，海拔较高，运河工程充分利用这一东低西高、自然河道自西向东流向的特点，开凿时既可以节省人力和物力，航行时又便于船只顺利通过。特别是这两段运河都能够充分利用丰富的黄河之水，使水源有了保证。这两条如此之长的渠道，能这样好地利用自然条件，证明当时水利科学技术已有很高的水平。开凿这两条最长的渠道，前后用了六年的时间。隋朝的大运河，史称南北大运河。它贯穿河北、河南、江苏和浙江等省。运河水面宽30～70m，长约2700多km，是世界上最伟大的工程之一。

3.3 元朝的大运河

元朝定都大都（今北京）后，为了避免绕道洛阳，裁弯取直，修建了济州、会通、通惠等运河。

（1）济州河和会通河。从元朝都城大都到东南产粮区，大部分地方都有水道可通，只有大都和通州之间、临清和济州之间没有便捷的水道相通，或者原有的河道被堵塞了，或者原来根本没有河道。因此，南北水道贯通的关键就是在这两个区间修建新的人工河道。在临清和济州之间的运河，元朝分两期修建，先开济州河，再开会通河。济州河南起济州（今济宁）南面的鲁桥镇，北到须城（在今东平县）的安山，全长150余里。人们利用了有利的自然条件，以汶水和泗水为水源，修建闸坝，开凿渠道，以通漕运。会通河南起须城的安山，接济州河，凿渠向北，经聊城，到临清接卫河，全长250余里。会通河同济州河一样，在河上也建立了许多闸坝。

图1　京杭大运河一景

（2）坝河和通惠河。由于旧有的河道通航能力很小，元朝很需要在大都与通州之间修建一条运输能力较大的运河，以便把由海运、河运集中到通州的粮食，转运到大都。于是相继开凿了坝河和通惠河。首先兴建的坝河，西起大都光熙门（今北京东直门北面，当年这里是主要粮仓所在地），向东到通州城北，接温榆河。这条水道长40余里，开凿完成后作为运粮河使用。地势西高东低，差距20m左右，河道的比降较大。为了便于保存河水，利于粮船通航，河道上建有七座闸坝，因而这条运河被称为坝河。后来因坝河水源不足，水道不畅，元朝又开凿了通惠河。从昌平化庄村东龙山的白浮泉引水源到积水潭集蓄起来，然后经皇城东侧南流，东南去文明门（今北京崇文门北），东至通州接白河。全长164里。

元朝开凿运河的几项重大工程完成后，便形成了今天的京杭大运河（图1），全长1700多km。

编者评：

作为中国古代三大水利工程之一，京杭大运河加强南北之间的交通和交流，促进了南北方文化的交融，方便了南粮北运，促进了沿岸城市的迅速发展，并且为沿岸地区提供灌溉用水的同时，也减少了特大水灾的发生。此外，还加强了对江南地区的经济建设，巩固了中央政府对全国的统治。京杭大运河为形成一个统一的中国经济做出了重要贡献，更促进了中国以一个强国的身份在世界的崛起。京杭大运河为我们留下了丰富的历史文化遗存，孕育了一座座璀璨明珠般的名城古镇，积淀了深厚悠久的文化底蕴，它代表着中国古代劳动人民的文化和精神，是祖先留给我们的珍贵物质和精神财富，是活着的、流动的重要人类遗产。

参 考 文 献

[1] 大运河翰林文化藏书编委会. 图说大运河·古运回望 [M]. 北京：中国书店，2008 年 6 月. ISBN 978 - 7 - 80663 - 530 - 8.

[2] 大运河申遗官网互联网档案馆的存档，存档日期 2016 - 03 - 04.

[3] 中国大运河获准列入世界遗产名录 互联网档案馆的存档，存档日期 2016 - 03 - 04.

[4] 蔡蕃. 京杭大运河水利工程 [M]. 北京：电子工业出版社，2014.

案例5：历经千年沧桑的世界最高木塔 ——应县木塔

1. 初识应县木塔

（1）历史发展。应县木塔（图1）全称为"佛宫寺释迦塔"，位于山西省朔州市应县城西北佛宫寺内。建于辽清宁二年（公元1056年），金明昌六年（公元1195年）增修完毕，是中国现存最高最古老的且为唯一一座木构塔式建筑。1961年，释迦塔成为首批全国重点文物保护单位；2012年，被列入世界文化遗产预备名录；2016年，获吉尼斯世界纪录认定，为世界最高的木塔。

图1　应县木塔外观

（2）建筑布局。木塔位于佛宫寺南北中轴线上的山门与大殿之间，属于"前塔后殿"的布局。塔建造在四米高的台基上，塔高67.31m，底层直径30.27m，呈平面八角形。整座塔全部用木头建造，没用一个铁钉子，堪称世界木结构建筑典范。

应县木塔第一层立面重檐，以上各层均为单檐，共五层六檐，各层间夹设有暗层，实为九层。因底层为重檐并有回廊，故塔的外观为六层屋檐。其各层均用内、外两圈木柱支撑，每层外有24根柱子，内有八根，木柱之间使用了许多斜撑、梁、枋和短柱，组成不同方向的复梁式木架。整个木塔共用红松木料3000m³，约2600多吨重。

塔身底层南北各开一门，二层以上周设平座栏杆，每层装有木质楼梯，游人逐级攀登，可达顶端。二至五层每层有四门，均设木隔扇。塔内各层均塑佛像。一层为释迦牟尼，高11m。内槽墙壁上画有六幅如来佛像，门洞两侧壁上也绘有金刚、天王、弟子等。二层坛座方形，上塑一佛二菩萨和二胁侍。塔顶作八角攒尖式，上立铁刹。塔每层檐下装有风铃。

（3）艺术水平。应县佛宫寺释迦塔无论是从建筑、雕塑、绘画还是书法、石刻等方面，无不体现出其独特而精湛的艺术魅力，是一座举世无双的艺术宝库。塔内彩塑艺术风格，与大同华严寺薄迦教藏殿内彩塑艺术风格极为相像，为我国现存为数不多的辽代彩塑精品。

2. 结构特点

（1）抗震性能。据考证，在近千年的岁月中，应县木塔曾遭受多次强地震袭击，仅烈度在V度以上的地震就高达十几次之多，但应县木塔经历了诸如地震、大风、雷击、炮轰等各种灾害袭击却依然矗立不倒。木塔的结构非常科学合理，卯榫结合，刚柔相济，这种刚柔结合的特点有着巨大的耗能作用。耗能减震作用的设计，甚至超过现代建筑的科技水平。

从结构上看，一般古建筑都采取矩形、单层六角或八角形平面。而应县木塔则是采用两个内外相套的八角形，将木塔平面分为内外槽两部分。内槽供奉佛像，外槽供人员活动。内外槽之间又分别有地栿、栏额、普柏枋和梁、枋等纵向横向相连接，构成了一个刚性很强的双层套桶式结构，大大增强了木塔的抗倒伏性能。

木塔每两层之间都设有一个暗层。暗层从外看是装饰性很强的斗拱平座结构，从内看却是坚固刚强的结构层，建筑处理极为巧妙。在历代的加固过程中，又在暗层内非常科学地增加了许多弦向和转角处的径向斜撑，组成了类似于现代的框架构层。这个结构层具有较好的力学性能。

斗拱是中国古代建筑所特有的结构形式，靠它将梁、枋、柱连接成一体（图2）。由于斗拱之间不是刚性连接，所以在受到大风、地震等水平力作用时，木材之间产生一定的位移和摩擦，从而可吸收和消耗部分能量，起到调整变形的作用。

应县木塔设计有近六十种形态各异、功能有别的斗拱，是中国古建筑中使用斗拱种类最多，造型设计最精妙的建筑，堪称一座斗拱博物馆。

（2）避雷因素。应县木塔不易遭受雷击，千年不倒。一些学者提出了"绝缘避雷"说，认为塔身外形近似于支柱绝缘子，且建筑材料及塔基处于干燥状态，使其具有较好的绝缘性能，加之地下无低电阻层，因而存在"绝缘避雷"的机制。只要保持整个建筑结构的这种绝缘性能不被破坏，木塔就不致遭雷击。

图2 斗拱结构示意图

还有学者认为许多古塔的塔刹在雷电场中可产生较强的电晕电流，从而起到消雷作用，其原理类似于现代消雷器原理，塔体电阻相当于在消雷器装置中串入一个大电阻。再者，古塔的塔刹电阻较高，有一定的消雷作用，并且在雷雨天气的放电现象可降低受雷几率。

编者评：

应县木塔是中国古代木结构建筑的优秀代表，其独特的结构，悠久的历史一直为人所称道。作为世界文化遗产，也为世界古建筑之林书写了精彩。应县木塔经历千年岁月，数

次战火袭击，仍能屹立不倒，其独特的结构设计，优秀的地理环境造就了人类建筑史上的一大奇迹。其暗层设计，斗拱的应用以及梁、枋、柱的合理搭配使得木塔具有良好的抗震性能，结构刚柔结合，大大增强了木塔的抗倒伏能力。千年以后的今天，我们仍然无不感叹古代工匠高超的技艺，将工艺和艺术结合得如此完美，造物之奇迹也不过如此。木结构在一千多年前就已经有如此成就，令人叹服，在现代化的今天我们更应该发扬木结构建筑技术，结合现代科技，建造出更为出色的木建筑，也不辜负应县木塔的示范和启迪。

近现代以来，应县木塔不仅给人们以美得享受和震撼，人们对于其科学研究也加深了对古建筑结构设计方面的认识，提供了很好的研究范例。此外，希望我们能够找到更好的修缮方案能让应县木塔获得更为持久的生机！

案例6："天下第一桥"——赵州桥

赵州桥（图1）始建于公元595—605年，又称安济桥，是中国河北省石家庄市赵县境内一座跨洨河的石拱桥，由隋朝匠师李春建造，是世界上现存年代最久远、跨度最大、保存最完整的单孔坦弧敞肩石拱桥。其桥长50.82m，宽9m。大桥洞上方左右各有两个小桥洞。大桥圆弧拱跨度37.45m，高度只有7.23m，扁平率为0.38。桥身的坡度小，桥面平直。由于圆弧拱的跨度大，水上船只来往通过非常方便。四个小桥洞也是独特的创举，既能节约石料二百多立方米，又能减轻了桥身五分之一的重量，发大水时还可以起到分洪作用，减轻了洪流对桥身的冲击力量。由于赵州桥在工程设计上的优点，所以经历了十次洪水、八场战争和多次地震，依然能保留到现在。

相比之下，欧洲到了1345年才建成跨度29.9m，扁平率为0.37的圆弧拱桥——佛罗伦萨的"老桥"（Ponte Vecchio）（图2）。李春能在1400多年前的隋代意识到拱桥并不是非半圆拱不可，从而建成这种跨度大、扁平率低的桥梁结构，是建筑史上一个可贵的创举。

图1 赵州桥

图2 佛罗伦萨老桥

1. 设计理念

（1）单孔技艺。中国古代的传统建筑方法，一般比较长的桥梁往往采用多孔形式，这样每孔的跨度小、坡度平缓，便于修建。但是多孔桥也有缺点，如桥墩多，既不利于舟船航行，也妨碍洪水宣泄；桥墩长期受水流冲击、侵蚀，天长日久容易塌毁。因此，李春在设计大桥的时候，采取了单孔长跨的形式，河心不立桥墩，使石拱跨径长达37m之多。这是中国桥梁史上的空前创举。

（2）拱形艺术。大跨度的桥梁常选用半圆形拱，但这会使拱顶很高，造成桥高坡陡、车马行人过桥非常不便。而且对施工不利，半圆形拱砌石用的脚手架很高，增加了施工的危险性。为此，李春和工匠们一起创造性地采用了圆弧拱形式，使石拱高度大大降低。赵州桥的主孔净跨度为 37.02m，而拱高只有 7.23m，拱高和跨度之比为 1∶5 左右，这样就实现了低桥面和大跨度的双重目的，桥面过渡平稳，车辆行人非常方便，而且还具有用料省、施工方便等优点（图 3）。当然圆弧形拱对两端桥基的推力相应增大，需要对桥基的施工提出更高的要求。

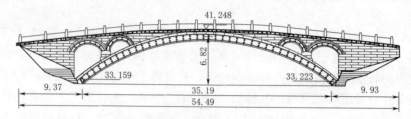

图 3　赵州桥东立面图（单位：m）

2. 结构特点

（1）伏拱敞肩。赵州桥首次在主拱的两肩上各建两个小拱——称伏拱。挖去部分填肩材料，称敞肩。敞肩有几大益处。

第一，减轻了桥身自重，节省材料，也减轻了桥身对桥台的垂直压力和水平推力。使桥身变轻巧，下部结构变简单。

第二，敞肩的四个小拱在洪灾时能起到很好的泄洪作用，据桥梁专家推算，大约可增加过水面积 16.5%。

第三，通过敞肩调整荷载分布，使恒载压力线和大拱的轴线极为接近。拱的构造经济合理。既美观又实用的赵州桥深刻表现了拱桥结构的卓越力学性能。

（2）坦拱。赵州桥采用了现代桥梁学上的所谓坦拱，桥身跨度大而弧形平。这样便于车马通过，也兼顾了航运。但拱平会使拱对桥台的水平推力变大，对桥台和地基的要求较高。李春一方面采用敞肩减轻桥自重，另一方面采用纵向并列砌筑的施工方法，使每道拱券自成一体，如果一道拱券损坏不会影响全桥。

（3）天然地基上的浅基础。按照常理推断，赵州桥的坦拱形式，对桥台和地基的要求较高。许多人猜测赵州桥的桥台肯定会采用长后座形式的基础，还可能有桩基。就连梁思成先生 1933 年考察时还认为这只是防水流冲刷而用的金刚墙，而不是承纳桥券全部荷载的基础。他在报告中写道："为要实测券基，我们在北面券脚下发掘，但在现在河床下约 70～80cm，即发现承在券下平置的石壁。石共五层，共高 1.58m，每层较上一层稍出台，下面并无坚实的基础，分明只是防水流冲刷而用的金刚墙，而非承纳桥券全部荷载的基础。因再下 30～40cm 便即见水，所以除非大规模的发掘，实无法进达我们据学理推测的大座桥基的位置"。然而，桥梁专家们在 1979 年 5 月对赵州桥进行人工坑探后发现，赵州桥的桥台是厚度仅 1.549m 的既浅又小的普通矩形，桥台直接安放在轻亚黏土与亚黏土组成的第四纪冲积层上，这种天然地基土质均匀稳定，完全能承受大桥的荷载。这充分体现了以李春为代表的中国古代匠师的全局设计思想。

编者评：

赵州桥在中国造桥史上占有重要的历史地位，对全世界后代桥梁建筑有着深远的影响。中外的著名学者给予这个土木工程史上的成就极高的评价。梁思成："河北赵县安济桥……可称为中国工程界一绝"。桥梁专家福格·迈耶（H. Fugl‑Meyer）："罗马拱桥属于巨大的砖石结构建筑……独特的中国拱桥是一种薄石壳体……中国拱桥建筑，最省材料，是理想的工程作品，满足了技术和工程双方面的要求"。1961年3月4日中国国务院公布为全国第一批重点文物保护单位；1991年美国土木工程师学会选定为世界第十二处"国际土木工程历史古迹"，并赠牌纪念；1999年被定为省级爱国主义教育基地。

赵州桥在建造时选址合理、根基牢固，结构设计独特使得它在经历了数次的自然灾害后依然近乎完整的保存了下来。它的建筑特点以及文化内涵非常值得我们深入研究。其合理的选址、独特的敞肩式拱形梁、新颖的砌筑方法，为我国古代桥梁建筑做出典范，推动了我国建筑技术的发展。古代工匠精湛的技艺，激励着现代土木工程师不断前进，建造出经久耐用的建筑，服务社会。

案例 7："地下运河"——坎儿井

坎儿井是与我国横贯东西的万里长城、纵贯南北大运河齐名的我国古代三大工程之一，是伟大的地下水利灌溉工程，古称"井渠"。它早在 2000 年前的汉代就已经出现雏形，以后，随着丝绸之路的发展，逐渐向西传到中亚和波斯。

坎儿井的水来自天山上的积雪。雪水融化后一部分从地面上流走，被称为径流（图 1）；另一部分从地下流走，被称为潜流（图 2）。坎儿井就是将潜流引出地面，进行灌溉。新疆的坎儿井主要分布在吐鲁番盆地、哈密和禾垒地区，尤以吐鲁番地区最多，计有千余条，如果连接起来，长达 5000km，所以有人称之为"地下运河"。"坎儿"即井穴，是当地人民吸收内地"井渠法"创造的，它是把盆地丰富的地下潜流水，通过人工开凿的地下渠道，引上地面进行农田灌溉和人畜饮用。

　　　　图 1　坎儿井地上径流　　　　　　　　图 2　坎儿井地下潜流

在盆地边缘由高向低打若干口立井，再将立井逐次从地下挖通边界连成串，水便从地下引出地表。吐鲁番盆地北部的博格达山和西部的喀拉乌成山，春夏时节有大量积雪和雨水流下山谷，潜入戈壁滩下，人们在高山雪水暗流处找到水源。利用山的坡度，巧妙地创造了坎儿井。按一定间隔打一个深十几米乃至几十米的大竖井，汇集地下水，增大水势，再按地势高下，在井底修通暗渠，引水下流，一直连到遥远的绿洲，再将水引出地面，灌溉田地。一般长约三公里，最长的达二三十公里。这种灌水系统适用于土质松散、凿渠容易渗水的地区。

1. 坎儿井的起源

坎儿井起源很早，公元前 8 世纪，今伊朗境内已有类似坎儿井的卡斯（Karez）井。

公元前 6 世纪遍及全境，现在仍有 2 万多条，灌溉面积占伊朗总灌溉面积的一半。摩洛哥、阿尔及利亚、阿富汗等国都有分布。中国在公元前 2 世纪修建龙首渠（今陕西省澄城、大荔一带）通过商颜山一段时，改明渠为暗渠，用竖井出渣、出料、通风、采光，开挖暗渠 10 余里，是中国坎儿井的前身。清道光二十五年（1845 年）林则徐谪戍新疆时，大力提倡推广坎儿井，天山南、北麓，昆仑山北麓都有分布。20 世纪 50 年代末，新疆有坎儿井 1600 余条，吐鲁番占一半以上，灌溉着盆地内的大部分耕地。

坎儿井能在吐鲁番盆地大量兴建，是和当地的自然地理条件分不开的。吐鲁番是中国极端干旱地区之一，年降水量只有 16mm，而蒸发量可达到 3000mm，称得上是中国的"干极"。吐鲁番虽然酷热少雨，但盆地北有博格达山，西有喀拉乌成山，每当夏季大量融雪和雨水流向盆地，渗入戈壁，汇成潜流，为坎儿井提供了丰富的地下水源。盆地北部的博格达峰高达 5445m，而盆地中心的艾丁湖，却低于海平面 154m，从天山脚下到艾丁湖畔，水平距离仅 60km，高差竟有 1400 多 m，地面坡度平均约 1/40，地下水的坡降与地面坡度相差不大，这就为开挖坎儿井提供了有利的地形条件。吐鲁番土质为砂砾和黏土胶结，质地坚实，井壁及暗渠不易坍塌，这又为大量开挖坎儿井提供了良好的地质条件。由于坎儿井的水量稳定、水质好，自流引用，不需动力，地下引水蒸发损失、风沙危害少，施工工具简单，技术要求不高，管理费用低，便于个体农户分散经营，深受当地人民喜爱。

2. 坎儿井结构

坎儿井一般沿地面坡度布置（图 3），由两部分组成：①竖井：与地面垂直，施工时起到为暗渠定位的作用，是开挖暗渠时进人、出土和通风的通道，管理运行时，则是检查维修暗渠的通道；故又称工作井。竖井间距视地面坡度和潜水流向而定，一般为 15～30m。竖井深度与潜水位的埋深有关，坎儿井引水口处的竖井深度应大于潜水位的埋深。竖井断面多为矩形、方形或圆形，其边长或直径多为 1m 左右，以方便使用。②暗渠：起截引地下潜流和输水的作用。暗渠纵坡原则上应小于潜流水面纵坡。这样引来的潜水才能沿暗渠流出地面进入明渠或引入塘坝。确定暗渠纵坡还要注意防冲的要求。一般采用的纵坡坡度为 0.001～0.008。暗渠多为窄深式断面，且顶部拱起，以增强其稳定性，一般宽 0.5～0.8m，高 1.4～2.0m。

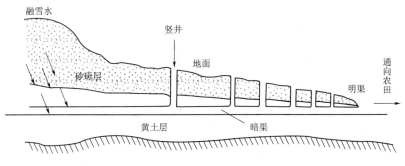

图 3　坎儿井示意图

据记载，古时人们从竖井下去，头顶油灯，用坎土曼向左右开挖，一节节地接通，再连接起来，成为地下暗渠。井深因地势和地下水位高低不同而有深有浅，一般是越靠近源头，竖井就越深，最深的井可达 90m 以上。竖井与竖井之间的距离，随坎儿井的长度而有所不同，一般是 20～70m，就有一口竖井。越是水源上头，间距越短，反之，间距则越长。一条坎儿井，竖井少则十多个，多则上百个。暗渠的出水口叫"龙口"，和地面的明渠相连接。坎儿井水注入涝坝，然后引入渠道灌溉农田。

图 4　坎儿井龙口　　　　　图 5　坎儿井注入涝坝，
　　　　　　　　　　　　　　　　　灌溉农田

3. 坎儿井之最

国内年龄最大的坎儿井叫作吐尔坎儿孜。吐尔，维吾尔语有烽火台之意。吐尔坎儿孜位于吐鲁番市恰特卡勒乡庄子村，全长 3.5km，日水量可灌溉农田 20 亩，于 1520 年挖成。最长的坎儿井是位于鄯善县的红土坎儿孜，全长 25km，日可灌溉 58 亩田地。最短的坎儿井是吐鲁番市艾丁湖乡阿其克村的阿山尼牙孜坎儿孜，全长仅 150m，日水量可灌溉 1 亩农田。竖井最深的坎儿井是鄯善吐峪沟乡苏贝希坎村东部的努尔买提主任坎儿孜，全长 20.7km，井深 98m，日灌溉农田 25 亩，开凿于 1900 年。水量最大的坎儿井是吐鲁番市艾丁湖乡吾力托尔坎村欧吐拉坎儿孜，水量日灌溉 70 亩。

编者评：

坎儿井的优点在于不用提水工具，不耗费能源，就可把地下潜水变成地面水，同时可避免在酷热的气候条件下，水的大量蒸发和风沙侵袭。其缺点是竖井较多，增大了工程量。有些地区，由于大量引用地面径流，减少了对地下潜流的补给，使坎儿井的出水量受到影响。

坎儿井至今仍在当地的生产和生活中发挥着重要作用。目前吐鲁番地区总灌溉面积的 30％左右仍靠坎儿井解决。特别是坎儿井作为具有重要文化内涵的工程，已成为 2000 多年来人类文明史上的里程碑，越来越成为一种不可多得的旅游文化资源。近几年，吐鲁番吸引了大批领略"火洲"滋味的游客，凡到吐鲁番的中外宾客，无不前来一瞻坎儿井的风采，无不为古代新疆人民的聪明智慧和工程的浩大而叹服。有专家认为，在高科技发达的今天，坎儿井的文化价值甚至要超过其经济价值。

参 考 文 献

［1］ 木杉. 坎儿井 中国古代三大工程之一［J］. 城乡建设，2006（3）：78 - 80.

［2］ 中国古代水利工程：坎儿井［N］. 绍兴日报，2015 - 06 - 13（B05）.

［3］ 高春莲. 本土知识与吐鲁番坎儿井保护［D］. 乌鲁木齐：新疆师范大学，2013.

［4］ 李久昌. 新疆坎儿井的来源与时间考述［J］. 新疆师范大学学报（哲学社会科学版），2005（3）：25 - 28.

案例 8： 古代水利建筑明珠——灵渠

灵渠，位于广西壮族自治区兴安县境内，于公元前 214 年凿成通航。古称秦凿渠、零渠、陡河、兴安运河、湘桂运河。主体工程由铧嘴、大天平、小天平、南渠、北渠、泄水天平、水涵、陡门、堰坝、秦堤、桥梁等部分组成，是中国古代劳动人民创造的一项伟大工程。灵渠流向由东向西，将兴安县东面的海洋河（湘江源头，流向由南向北）和兴安县西面的大溶江（漓江源头，流向由北向南）相连，是世界上最古老的运河之一，有着"世界古代水利建筑明珠"的美誉。

铧嘴位于海洋河分水塘（又称渼潭）拦河大坝的上游，由于前锐后钝，形如犁铧，故称"铧嘴"。是与大、小天平衔接的具有分水作用的砌石坝。从大、小天平的衔接处向上游砌筑，锐角所指的方向与海洋河主流方向相对，把海洋河水劈分为二，一由南渠而合于漓，一由北渠而归于湘。由于铧嘴被淤积的砂石所淹，位置和形状都有所改变。现今的形状不再是前锐后钝，而是一个一边长 40m，另一边长 38m，宽 22.8m，高 2.3m，四周用长约 1.7m，厚宽 60cm 至 1m 的大块石灰岩砌成的斜方形平台。

铧嘴下游是拦截海洋河的拦河坝，大天平即拦河坝的右部，小天平为拦河坝的左部，大天平与小天平衔接成人字形（夹角 108°），因二者原属湘江故道，稍有崩坏，则无滴水入渠。小天平左端设有南陡，即引水入南渠的进水口；大天平右端设有北陡，即引水入北渠的进水口。

南渠全长 33.15km。可分为 4 段：第一段从南陡起，经飞来石、泄水天平、马氏桥，穿过兴安县城，到大湾陡，长 3.15km。渠线沿湘江左岸西行，大部分为半开挖的渠道。左侧沿石山或地面开挖，右侧为砌石渠堤，即通常所说的秦堤，内外坡均用条石砌筑，中间填土。第二段自大湾陡，穿过湘江与漓江的分水岭太史庙山到漓江小支流始安水止，长 0.95km，全线均为开挖的渠道。第三段自始安水起，沿天然小河道，在霞云桥有砚石水汇入，流经灵山庙，至赵家堰村附近汇入清水河，以下即称灵河，长 6.25km，是利用天然小河扩宽而成的，同时增加了渠道的弯曲段，以减缓坡降。第四段从清水河汇合处起，经弯塘、车田、到灵河口汇入大溶江处止，通称灵河，长 22.8km，沿程有一些支流汇入，水势增大，河面宽阔。这一段黄龙堤附近曾开凿新渠，其余均为天然渠道。南渠 0.89km 处，建有宣泄洪水的泄水天平。渠内水深超过泄水天平堰顶时，渠水即排入湘江。

北渠全长 3.25km，开凿于湘江北岸宽阔的一级阶地上。自北陡向北，经打鱼村、花桥，至水泊村汇入湘江。为降低比降，中段开挖了连续的 2 个 S 形渠段。

水涵设于堤内，块石砌筑，用于放水灌溉。明洪武二十九年（1396 年），严震直修渠时，建有灌田水涵 24 处。新中国成立后，由于灌溉渠道陆续建成，除引水入灌溉渠道的进水闸外，其余水涵多已堵塞。迄今，南渠大湾陡以上尚有 7 处，北渠有 2 处。

陡门，或称斗门，是在南、北渠上用于壅高水位，蓄水通航，具有船闸作用的建筑物。据历史文献资料记载，陡门最早出现于唐宝历元年（825 年），到唐咸通九年（868 年）重修时，已有陡门 18 座。宋嘉祐三年（1058 年），达到 36 座，为有记载以来最多的，后经过历次增建及废弃，目前仅剩 14 座，其余仅残存有几块条石，或下部尚有基石，可判断该处原曾设有陡门，但多数已无遗迹。

堰坝是建筑在渠道里的一种拦河蓄水、引流入沟灌田、或积水推动筒车的设施。现今能见到堰坝有两种：一种是由石块砌成的半圆形堰坝，与石砌陡门相似，这种堰坝很少，南渠有 2 座；另一种堰坝，都用长木桩密排深钉，框架里堆砌鹅卵石，砌成高 3～4m 的斜面滚水堤坝，多建在河面较宽的渠道中，自赵家堰以下共有 32 座。

从南陡口到兴安城区上水门街口，灵渠和湘江故道之间约 2km 长的堤岸为秦堤。秦堤大体可分为 3 段。第一段由南陡口起至飞来石止，堤岸顶面较宽。第二段自飞来石至泄水天平一段，堤岸临近湘江的石堤高悬水际，危如累卵，渗漏特别多，最易崩塌，称为"险工"。现用水泥巨石砌筑，堵塞了渗漏之处，堤基已经稳固。第三段由泄水天平至上水门口，这段渠堤，原来只有巨石砌筑临河一面，现已不断修整加固，两面均用巨石砌筑，并以水泥铺路，在堤南对岸近几年来劈山筑成水泥公路。

编者评：

悠悠千年灵渠之水，助秦一统六国伟业。成东方两大水系融通之天合，造人类古代水利工程之奇迹。岁月轮回，时光更替，灵渠生因战事，绩在止戈，通南北水网，促文化融通，兴商旅贸易，养农田作物，渠水所到之处，福泽一方。郭沫若先生评说灵渠"两千年前有此，诚足与长城南北相呼应，同为世界之奇观"。

参 考 文 献

[1] 巫柳兰. 桂林山水 [J]. 科技进步与对策，2019，36（20）：164.
[2] 蒋官元. 灵渠 [N]. 中国文物报，2012-06-29（006）.
[3] 蓝颖春. "世界古代水利建筑明珠"：灵渠 [J]. 地球，2014（7）：88-91.

案例 9： 天下第一人工大塘——芍陂

芍陂（音 què bēi），是中国古代淮河流域的水利工程，又名期思陂，位处安徽省寿县城南约 35km 的安丰塘镇境内，东接堰口镇，南邻保义镇，西接板桥镇。芍陂相传由春秋战国时期楚国令尹孙叔敖于公元前 613—前 591 年组织修建，比都江堰还要早 300 多年，距今已有 2600 多年历史，是中国历史上最古老的大型蓄水灌溉工程，与都江堰、郑国渠、漳河渠并称为中国古代四大水利工程，有"天下第一人工大塘"之称。《水经注》记载："肥水流经白芍亭，积水成湖，故名芍陂。"后因隋朝在此地设置安丰县，故又称芍陂为安丰塘。其选址科学，布局合理，工程浩大，故有"芍陂归来不看塘"之誉。1988 年 1 月 13 日，安丰塘被国务院公布为全国重点文物保护单位。2015 年 10 月 13 日，在法国蒙彼利埃国际灌排委员会召开的第 66 届国际执行理事会全体会议上，安丰塘被认定列入"世界灌溉工程遗产"名录，成为安徽省首个世界灌溉工程遗产。

1. 芍陂的修建与兴衰历程

芍陂所在的淮南地区，在楚穆王统治时期（公元前 625—前 614 年）已被纳入楚国势力范围之内，这里与江苏南部和浙江北部的吴越两国相邻界，是楚国北上南下的军事要道，战略位置极其重要。楚国为巩固其在江淮地区的统治地位，首先必须大力发展农业生产。农业生产稳定发展的前提，要有大型灌溉工程作为基础支撑。公元前 602—前 593 年间，孙叔敖担任楚国令尹，他积极辅佐楚庄王发展生产，整顿内政，集中权力，改革军事，组织人民在楚国境内兴修水利，大大改善了当地的农业灌溉条件，显著提高了粮食生产能力，为楚庄王称雄列国提供了物质保障，芍陂是其主持修建的最重要水利工程。

2600 多年来，随着历史变迁、朝代更迭，芍陂屡有兴衰。据史料记载，东汉年间，因年久失修，陂废，东汉章帝建初年间，庐江太守王景主持修陂。东汉献帝建安年间，刘馥开始扩大屯田，兴修治理芍陂。三国魏曹芳正始年间，邓艾兴陂修渠，凿大香水门，开渠引水，直达寿春城壕，既用于屯田耕作之灌溉，也有利于漕运畅通。西晋武帝时期，刘颂任淮南相国时，为政清明，岁修芍堤，芍陂又兴。后西晋灭亡，连年征战，兵戈不断，芍陂又废。宋文帝元嘉年间，刘义为豫州刺史，镇寿阳，遣殷肃治陂，疏源通流，引淠入陂，芍陂又兴。梁陈年间南北纷争，芍陂又废。隋朝初年，赵轨任寿州总管长吏指挥治陂，开三十六门围堰，《隋书·赵轨传》记载："芍陂旧有五门堰，芜秽不修，轨于是劝课人史，更开三十六门，灌田五千顷，人赖其利。"北宋年间，整修斗门，筑堤防患，曾获得灌田数万顷的效益。然而，上游水源的变动、萎缩和泥沙淤积，加上官府的腐败，经营管理不善，安丰塘一半被圈占为田，灌排系统荒废。同时受黄河泛滥夺淮的影响，水库作用逐渐缩小。虽修治工程技术比以前进步，原 5 座闸门改为 36 座，芍陂却缩小到占地约 480km²，灌溉面积也仅有 120～330km²。明朝初年，明太祖朱元璋十分重视水利建设，开南北大运河，对黄河、淮河进行了治理。但是，由于黄河决口改道频繁，严重影响了河道走势，到嘉靖年以前，芍陂缩小到占地约 157km²。隆庆年间，芍陂一带经济逐渐衰败，以至把隋代因芍陂而设置的安丰县都撤销了，形成无人管理，官僚、豪强、地主任意强侵的局面。清康熙三十七年，颜伯殉主持重修工程，改 36 门为 28 门，并制订"先远后近，日车夜放"等灌溉用水制度，塘规民约日趋完善。乾隆年间，在今天的众兴集南 0.5km 处塘河左岸兴建了一座滚水坝，水大时可溢流，水少时可拦截入塘。至此，古塘的灌溉和防洪工程基本完备。

新中国成立后，各级人民政府高度重视安丰塘这份历史遗留下来水利工程的修建。1950 年，灌区成立了安丰塘水利委员会。1954 年大水后培堤修闸，将 28 座环塘斗门合并为 24 座，加固众兴滚水坝，并对通往安丰塘的淠水进行了疏通。1958 年，安丰塘纳入淠史杭工程总体规划，寿县县政府组织劳力 15 万人苦战四个冬春，开挖干渠和大型支渠 39 条，斗、农、毛渠达 7000 多条，相应建成大小建筑物 1 万多座。与此同时，还沟通了淠河总干渠，引来了大别山区佛子岭、磨子潭、响洪甸三大水库之水，使安丰塘成为淠史杭灌区一座中型反调节水库。1976 年，寿县县政府再次组织县直机关干部职工、街道居民及当地农民 11 万人，奋战两冬一春，从 30km 外的八公山运来石头，自力更生修筑加固周长 25km 的安丰塘大堤护坡及防浪墙，完成砌体工程 6.6 万 m³，使安丰塘蓄水量由 5000 万增至 1 亿 m³，安丰塘从而真正成为发展寿县商品粮基地的大动脉，受益达 13 个乡镇，灌溉面积达到 420km²。1988 年，国家再次对安丰塘进行除险加固，把水库内的蓄水全部放干，用推土机将塘底淤泥深推一层，借以扩大库容量。同时用块石和混凝土垒砌、加固护坡。2007 年，寿县人民政府针对古塘多年运行，一直没有得到彻底加固整修的实际情况，经多方筹资 1.01 亿元，对安丰塘涵闸护坡、防浪墙、堤顶道路等进行全面维修加固，灌区人民生产生活用水从此得到根本保证。

2. 芍陂灌溉工程体系

芍陂在历史上是一座引、蓄、灌、排较为完整的陂塘灌溉工程，反映出古代蓄水工程因地制宜的规划智慧，通过工程合理布局，在增加蓄水量的同时，为农业生产提供尽可能多的耕地，达成了区域人水关系的协调。在中国传统农业社会中具有重要影响，在区域发展史中具有里程碑意义，也是我国水利工程可持续利用的经典范例。目前的芍陂，是淠史杭灌区的一座中型反调节水库，塘面积为 34km²，蓄水可达 8400 万 m³，塘四周设有 22 座进放水闸口，灌区配套建有干渠 2 条、分干渠 3 条、支渠 54 条、斗渠 151 条、农渠 298 条，设计灌溉面积 67.3 万亩。主要由引水渠、陂堤、灌溉口门、滚水坝、灌溉渠道等组成，目前基本保留着 19 世纪的工程格局和运行方式。

（1）引水渠道。芍陂的引水渠道，全部是自然河道，主要引水渠道是山源河和淠源河。山源河古称洞水，源于江淮分水岭小华山以东，龙穴山以西的一线山坡地，由南向北，汇集细流于大桥畈，北至双桥集至两河口汇淠源河水，再北流经众兴集、双门铺至瓦店庙入芍陂。从源头至两河口名为山源河，全长36km。两河口以下旧称塘河，长32km。1958年，淠史杭灌区工程兴建后，改变了山源河旧有河道，现在山源河为淠东干渠上的一段河道，至两河口与淠东干渠相汇，仍至瓦庙店流入芍陂。

（2）陂堤。陂堤是芍陂的主体工程，芍陂初建时，利用南高北低的地形，筑堤蓄水成陂塘，因此元代以前南部无堤，只有西部、北部有堤。明朝中期为阻止垦占开有界沟。现有史籍仅有塘周长和塘径的考察，没有塘堤长度和断面的记载。1958年，淠史杭灌区兴建时，对原塘堤进行了修建和培修，并在塘南部筑有新堤，塘堤总长25km。

（3）灌溉口门。芍陂修建之初，只有5个灌溉口门，1955年，寿县对安丰塘工程进行修复和扩建，将18座口门翻修后合并为14座，对另10座口门填土夯实，对内部剥蚀用水泥砂浆抹缝，接长洞身，加设翼墙护坦。1958年，又调整为20座，现在口门为21座。

（4）滚水坝。滚水坝位于众兴集南0.5km处，距离贤姑墩五里，以削减上流南河骤来洪水，泄水西流至迎河集入淠河北流入淮河。1952年寿县人民政府对滚水坝进行整修。1954年滚水坝翼墙被洪水冲毁，汛后用混凝土及浆砌条石整修冲毁部位，结构型式未变。1958年12月，因在淠东干渠上建杨仙节制闸，由杨西分干渠分洪入淠河，众兴滚水坝废弃。

（5）灌溉渠道。隋代开三十六门，放水口门以下渠道总长为390km，最长的渠道多达30km。嘉靖年间，36门灌溉渠道累计总长为391.5km，其中最长者超过30km，最短者为3.5km；乾隆年间28门，灌溉渠道总长为142km，其中最长者仅7.5km，最短者为2km。新中国成立之后，芍陂灌区各级渠道总长达651.7km，在各级渠道兴建的配套建筑物共855座，形成了较为完整科学的灌溉和排水体系。

编者评：

芍陂选址科学、设计巧妙、布局合理，巧妙地利用南高北低的地形和当地水源条件布置陂塘，体现了尊重自然、顺应自然、融入自然的建造理念。芍陂选择淝水、淠水中间的一块凹地做陂址，科学而合理，它的建造对后世大型陂塘水利工程提供了宝贵的经验。千百年来，芍陂在灌溉、航运、屯田济军等方面起过重大作用。新中国成立后，政府多次投入资金对芍陂进行维修，充分发挥古塘效益，灌区农业生产有了很大发展，寿县也被列为中国商品粮生产基地县。芍陂修建2600年来，作为重要的灌溉工程类水利遗产，至今仍在发挥着重要的水利功效。当代著名古建筑史学家罗哲文考察时曾赋诗："楚相千秋业，芍陂富万家。丰功同大禹，伟业冠中华。"

参 考 文 献

[1] 芍陂：古代淮河流域最著名的蓄水灌溉工程 [J]. 河北水利，2019（3）：21.

[2] 徐家久. 安丰塘(芍陂)古代水利工程考古调研报告 [J]. 文物鉴定与鉴赏，2017（10）：86-87.

[3] 安徽省寿县芍陂(安丰塘)及灌区农业系统简介：世界灌溉工程遗产和中国重要农业文化遗产 [J]. 安徽农业大学学报(社会科学版)，2017，26（1）：2，141.

[4] 周波，谭徐明，李云鹏，万金红. 芍陂灌溉工程及其价值分析 [J]. 中国农村水利水电，2016（9）：57-61.

案例10：成就大秦帝国伟业的水利工程——郑国渠

郑国渠，建于秦王嬴政元年（公元前246年），当时韩国因惧秦，遂派水工郑国入秦，献策修渠，藉此消耗秦人力资财，削弱秦国军队。然而，此举适得其反，反而促进秦国更加强大。《史记·河渠书》记载："渠成，注填淤之水，溉泽卤之地四万余顷（折今110万亩），收皆亩一钟（折今100公斤），于是关中为沃野，无凶年，秦以富强，卒并诸侯，因命曰'郑国渠'。"郑国渠首位于陕西省泾阳县的"瓠口"（今王桥镇上然村西北）。渠线沿王桥、桥底镇东进，过寨子沟后东北折，经扫宋乡公里村、椿树吕村一线，于蒋路乡水磨村附近横绝冶峪河，至甘泽堡后东折，于龙泉乡铁李村入三原境。郑国渠的灌溉方式为引洪淤灌（大水漫灌）。

1. 郑国渠创建过程

郑国渠由战国时韩国水利专家郑国主持修建。郑国原本是西去秦国的细作，劝说秦王嬴政兴建水利工程，企图使秦国把经费与人力放在国内，无暇部署东征。后来秦王发觉郑的阴谋，怒欲杀之，郑国却说："臣起初确实是来当间谍的，但是渠道修建完成也对秦国有利。臣帮助韩国延长短短几年的国祚，却可以为秦国创建万世的大功。"秦王嬴政深以为然，工程得以继续进行，于公元前246年开始修建。

2. 郑国渠工程体系

郑国渠水利工程由拦河堰坝、引水渠、退水渠、灌溉干支渠、截流小型河流的横断工程各部分组成，相互配套成龙。渠首选择在仲山西麓的瓠口，就在今天泾阳县王桥乡船头村西北，泾河穿过彬县、永寿、淳化、礼泉，在这里流经崇山峻岭，进入渭北平原。郑国利用这里丰富的石料，因地制宜，就地取材，垒堤筑坝，提高水位，在修筑堰坝时，郑国还把坝身与泾河水流方向设计成由西北向东南的适当斜角，减小了洪水对堰坝的压力和冲力，还可多引水。将引水口设置在泾河弯道处内侧凹岸顶点稍偏下游的位置，使得进水量大，同时又能减少泥沙进入水渠，避免渠道淤积。这里面许多原理也广泛应用于现代水利工程中，充分体现了我国劳动人民的聪明和才智，就今天来看，仍然符合流体力学的原理。

郑国渠自西北向东南，宽15～20m，渠堤高3～5m。在泾河东岸的西断面上，还可以清楚地看到渠底的遗存，与岸上的渠堤紧密连接。渠底为锅底形，底深至地面7m，渠底至泾河水面20m。在今天船头村西北，汉代白渠流入郑国渠故道的交汇处，郑国渠总输水渠堤的南岸，有一北高南低倾斜坡度的退水渠遗存，与引水渠宽度基本相等。退水渠的设置，也是一种创新，它可以排泄山洪，也可以把引水渠里过多的水量退到泾河里。保证了渠道的安全，还起到排沙的作用。从引水渠到退水渠的结构布局，形成了一个比较完整的引水灌溉工程系统。郑国渠的渠线设计，充分利用了北山以南，东西数百里，西北略高，东南稍低的地形特点。它的主干线沿北山南麓自西向东展开，很自然地把主干线设计在灌溉区较高的地理位置上，最大限度地扩大了灌溉区的面积。正如史书上记载的："并北山东注洛三百余里，欲以溉田。"从瓠口至洛河，渠线实测距离为126.03km，它是都江堰灌溉干渠的两倍多，是魏国邺渠长的15倍，灌溉面积达4万顷（折合现在208万亩）。在生产工具比较简陋、科学技术还不发达的战国时期，能兴修如此巨大的水利灌溉工程，实在是我国古代水利史上的首创。渠线大致是在沿海拔450～370m高度的渭北平原二级阶地的最高线上，这是最合理的流经路线，正如史书所载的"修沟渎，屋引水"。在当时条件下，引泾入洛数百里，灌溉面积四万余顷，取得了最大的经济效益。这种设计思想至今还发挥着应有的作用。

郑国渠在向东穿越冶峪水、清峪水、浊峪水这些小河时，采取了"横绝"工程技术。所谓"横绝"，就是把小河的流水拦腰截断，让小河水注入郑国渠里。这种横绝工程技术，也同样运用了渠首拦河堰坝的设计方法。具体做法是，把南边的渠堤用堆石的方法加高加厚，小河水很自然地从北边注入郑国渠，而且在渠岸北边修一条灌溉支渠，在南堤一旁的横绝处稍东，修一条退水渠。北高南低的退水渠位于郑国渠总输水渠堤的南岸，宽度与引水渠同宽。与现代水利工程中的溢洪道类似，排泄山洪和多引渠水，保证干渠安全，还可以起到排除泥沙作用，防止渠道阻塞。横绝工程技术设计得非常巧妙，它可以把小河下游的河床腾出来变为耕地，扩大了耕地面积（这三条河横绝后，可变成耕地约十万亩），又增加了郑国渠的水源。

引水渠、退水渠和灌溉主干渠几部分的结合组成了水利系统的骨架。郑国渠的布置充分利用了地理的位置，它的主干渠沿北山脚下，自西向东伸展，自然把渠道设置在灌区内较高的地带上。整个灌区水流经今天的泾阳、三原、阎良、富平、临潼、渭南、蒲城，最后流入渭河。这种设计思想，为以后关中地区大规模兴修水利工程开创了先河，它是我国古代劳动人民在水利工程实践中的又一个创造。郑国渠的修凿距今已有两千多年了，从它的规划设计到施工，都表现出了较高的科学技术水平，为以后大规模兴修水利工程树立了典范。公元前236年，经过10年施工，这项庞大的水利工程终于完工，据史记记载，此项工程灌溉面积达到4万余公顷，相当于今天200多万亩，渭北原有的盐碱地得到改良，土地肥力增加，农作物产量大大提高，于是关中为沃野，无凶年。从此关中经济迅速发展起来，人称富饶甲天下，有天府之誉，秦国实力大增。

在秦国统一六国的战争中，关中地区除了供应京都的生活必需外，还源源不断地向前线提供大量的粮食和人力、物力，成为全国战场的后勤供应基地，秦国能够完成统一大业，与这项水利工程的修建是分不开的。人们为了纪念郑国，将这项水利工程命名为郑国渠。秦、汉、隋、唐各代帝王均定都长安，都与关中的经济条件有关。秦代以后，西汉又在郑国渠的基础上，修建了六辅渠和白渠，在关中形成了完整的水利灌溉网。两千多年来，郑国渠一直造福于地方，直到今天，它仍然发挥着重要作用，润泽后世。

编者评：

郑国渠堪称一项伟大的惠民工程，它的建设为干旱缺水的关中平原带来了源源流淌的水源，为当地老百姓赶走了粮食灾荒，带来了年年五谷丰收的好景象，为一代君王的统一大业奠定了基础并促成了千秋伟业的发展，深远地影响着历朝历代的政治经济和社会文化建设。中国是农业古国和农业大国，而灌溉是农业的基础，以先秦时期郑国渠等大型水利灌溉工程的修建为标志，中国以农业为基础的经济、文化均进入快速发展的阶段。中华文明近两千年来的发展进程中，农田水利一直处于基础支撑地位。在古代水利工程基础上发展起来的几大灌区，至今仍是国家粮食的重要产区。

郑国渠是秦代巨大水利工程之一，建设中体现出较高的测量水平，其干渠线充分合理地利用当地地形。它横穿数河，却能使不同流水各行其道，互不干扰。除通常的纵向水流外，还有横向环流。上层水流由凸岩流向凹岸，水流中最大流速接近凹岸稍偏下游的位置，正对渠口，故渠道进水量大。水流中的细沙进入渠内，形成田野淤灌。横行环流的下层水流却和上层相反，由凹岸向凸岸流，将河流底层移动的粗砂冲向凸岩，避免粗砂入渠堵塞灌溉渠道。这些水文学知识一直为后代水利工程所沿用。

参 考 文 献

[1] 司马迁等汉. 史记会注考证-陆-卷二十九河渠书第七～卷三十八宋微子世家第八 [M]. 北京：新世界出版社，2009.

[2] 李令福. 论秦郑国渠的引水方式 [J]. 中国历史地理论丛，2001 (2)：10 - 18.

[3] 北京师联教育科学研究所. 沟洫志第九 [M]. 北京：学苑音像出版社，2001.

[4] 梁安和. 中国古代科技史上的丰碑：郑国渠 [J]. 历史教学，2000 (10)：6 - 8.

[5] 李令福. 论秦郑国渠的引水方式 [J]. 中国历史地理论丛，2001 (2)：10 - 18.

案例 11：中国银行大楼限高之谜

在一个城市的成长过程中，必定会流传各种各样的传说，烘托着城市的记忆。这是城市历史的一部分，也是城市文化的符号，为这个城市增添无形魅力。上海外滩中国银行大楼楼高之谜，无疑是其中之一。

1934 年英商建筑设计事务所——公和洋行（Palmer & Turner Group，简称 P&T）为外滩中国银行设计新大楼时，堪称大手笔：一座双塔形的 ART DECO 高层建筑，最高处 300 余英尺，换算约 91m，34 层，远高于隔壁沙逊大厦（今和平饭店）77m 的 13 层楼（图 1）。设计效果图配发的文字令当时所有上海人异常振奋：第一幢摩天大楼俯瞰着上海外滩。

图 1 1934 年中国银行大楼设计效果图
（前后双塔形摩天大楼，
远高于相邻的沙逊大厦）
（图片来自文献 [2]）

图 2 沙逊大厦和即将竣工的
中国银行大楼
（图片来自文献 [2]）

中国银行委托中国著名建筑师陆谦受设计，由当时上海第一流的营造厂陶桂记承包。大家一听说要超过旁边的沙逊大厦，都异常兴奋。设计人员通宵达旦地进行工作，很快设计出了图纸。在建造大楼地基的时候，不少上海市民都来围观，他们扬眉吐气地说："太好了，阿拉中国人的房子终于超过英国人的高度了"。有的人还说："这样一来，跛脚沙逊只好屈居于中国银行的脚下了。"

不料，拆下脚手架，原本准备好好庆祝一番的上海人，只见落成后的大楼，莫名其妙比沙逊大厦矮了一头。种种传说由此而生。

维克多·沙逊，英籍犹太人，出身于沙逊家族，是戴维·沙逊的侄子，世袭准男爵。第一次世界大战期间曾参加英国皇家空军，作战中左脚负伤致残，人称"跷脚沙逊"或"跛脚沙逊"。20 世纪 20 年代，由于印度民族独立运动高涨，新沙逊洋行的经营重点转移至上海。1923 年，沙逊来上海主持业务，除贩卖鸦片、军火外，还扩大房地产投资，买下外滩 20 号美商琼记洋行的房地产，建造了沙逊大厦。沙逊大厦有十层，局部十三层，总高 77m，是当时外滩最高的大楼，造价超过 248 万两白银，在当时有"远东第一高楼"的美誉。沙逊大厦与中国银行大楼争高的故事让我们看到了老沙逊在当时上海滩的嚣张气焰。

中国银行大楼从 34 层降到 18 层，再降到 17 层，实际高度仅 70 余 m，比 13 层楼高的沙逊大厦还低 1m 左右，关于这一楼层"限高之谜"最为流行的说法，是隔壁那位跷脚沙逊从中作梗所致（图 2）。1979 年出版的《上海的故事》中，有一篇《跷脚沙逊》，作者谢夫，他采纳了沙逊大厦老员工的口述回忆。当荷重 34 层的地基打好，银行大厦动工向上建造，将要平地而起的时候，"跷脚"沙逊却蛮横地跳了出来，他带领着三辆卡车的无国籍流氓，蛮横地冲进工地进行捣乱，制止工程的进展，还蛮不讲理地说："这里是英租界，在这里建房子，不准高过我的沙逊大厦的金字塔尖"。作为沙逊的后台——公共租界工部局也诽谤说中国没能力造 34 层大楼而扣发施工执照。中国银行马上派出自己的代表与沙逊打官司，先是到南京，后来一直打到国际法庭——英国伦敦。英国伦敦最高法院根据丧权辱国的《中英天津条约》的规定："凡有英国侨民牵涉在内的讼事，中国官厅一概无权做主。"就是这么一段话，好端端的一座眼看就要建成的 34 层的远东最高楼被跛脚一踢，就踢掉了 17 层。

俗话说："你有关门计，我有跳墙法。"勤劳智慧、不甘凌辱的上海人民在造好 17 层楼后在大楼靠近沙逊大厦旁边的顶部竖起了一根旗杆，它的高度远远超出沙逊大厦那"金字塔"尖，气得沙逊"哇哇"大叫。据说，沙逊为此生了几天的病，他把卧室里的床，从北边搬到南边，他不想再看到那根被他视作眼中钉的旗杆。

编者评：

以上内容很多来源于上海当地人们口口相传的传说，往往缺乏第一手的直接证据，到今天甚至演变成了一段传奇。后来又有许多历史学家、文化学者从大量文献史料和当年的社会现实中试图寻找中国银行大厦建设高度的答案，也尝试从不同角度还原那段发生在上海外滩上的历史。然而，岁月如流，却洗不净历史的铅华，历史终归是历史，记录下每一个无法抹去的印记。走在新时代中国特色社会主义道路上的中华民族，在实现中华民伟大复兴中国梦的进程中，又如何能忘记 20 世纪 30 年代的旧上海，外国占领者肆无忌惮地践踏着我们的国土和我们的尊严，帝国主义殖民者对中国人民犯下的种种霸行劣迹。

这个在民间流传甚广的"中国银行大楼和沙逊大厦"竞争远东第一高楼的故事，可以很好地用于近现代中国建筑工程发展史的学习，既了解了 20 世纪 30 年代旧中国的工程结构应用发展状况，又可以将其与同时期的国际发展水平进行对比，比如美国纽约在几乎同一时期（1931 年）建成的帝国大厦，楼高 381m、共 103 层，是保持世界最高建筑地位最

久的摩天大楼（1931—1972 共 42 年）。这一对比是多么的刺眼，没有一位中国人不深刻地感受到，在那段屈辱的岁月中，主权丧失的旧中国，何谈发展、何谈自信，何谈民族尊严。黄浦江畔两栋比肩矗立的历史建筑，那段不到一米的楼层高差，无时无刻不提醒着现代的人们，勿忘我们曾经经受欺侮的那段"民族记忆"。

参 考 文 献

［1］　宋庆. 外滩历史老大楼研究：沙逊大厦的历史特征与再生策略［D］. 上海：同济大学，2007.

［2］　老当. 中国银行楼高之谜［J］. 档案春秋，2013（12）：48 - 52.

［3］　和平饭店（原沙逊大厦）［J］. 上海经济，2010（6）：29.

案例 12：中国力学发展史

在我国历史上，人们在日常生活和工程实践中积累了丰富的力学经验。我国劳动人民的智慧充分地体现在天文学以及大型水利和建筑工程的应用中，形成了朴素的力学基础。

《五星占》《汉书》对日食、太阳黑子、北极光均有详细记载。西周时，天文学家已开始使用漏壶计时。自秦汉以来，我国出现了张衡、祖冲之、一行师和郭守敬等一大批杰出的天文学家。春秋时期，我国就记载了哈雷彗星的出现。这是世界历史上最早关于哈雷彗星的记录。哈雷彗星的周期约为 76 年，从公元前 613 年到 1910 年，我国共有 31 次哈雷彗星的记录。这是世界上最完整最全面的记录。而天文学孕育了力学！

春秋战国时代的《考工记》记录了我国古代农具、水利、建筑等古代手工艺规范，其中"置而摇之，以视其蜎，横两墙间，以视其桡之均，横而摇之，以视其劲"，以及堤坝设计的经验尺寸等都反映了我国当时的生产技术水平和经验知识水平。公元前 400 年，由墨翟及其弟子所著的《墨经》给出了比较科学的力的定义："力，形之所以奋也。""力"指相互作用，"形"指物体，"奋"指由静而动、由慢而快，全句含义明确，即相互作用改变物体运动状态。这与牛顿第一定律"任何物体都保持静止或匀速直线运动的状态，直到受到其他物体的作用力迫使它改变这种状态为止"是一致的。《易经》中的"乾，其静也专，其动也直"，也相当于牛顿第一定律。两汉到五代时期利用力学知识制造的水运浑天仪和隋朝利用力的合成与分解知识建造的安济桥，都说明了我国当时实用力学的发展水平。

公元 31 年，杜诗创造了水排，表明人们已经很清楚地知道如何利用拉压杆、弯曲梁、扭转轴等构件设计出一个完整的工程结构。东汉经学家郑玄（127—200 年）的《考工记·弓人》中写到"量其力，有三均"，注释为"假令弓力胜三石，引之中三尺，弛其弦，以绳缓擐之，每加物一石，则张一尺。"即从测量弓箭的弹力中发现了作用力与弹性形变的定量规律，这就是胡克定律，但比胡克早了约 1500 年。近几年有些《材料力学》书上将广义胡克定律写作郑玄-胡克定律，目的是弘扬传统文化。此外，明代宋应星的《天工开物》也谈及弓拉力与拉长的线弹性关系，在其卷十五《佳兵篇》中记了测试弓弦弹力大小的方法："凡试弓力，以足踏弦就地，秤钩搭挂弓腰，弦满之时，推移秤锤所压，则知多少"。对于矩形截面梁的高宽比，我国北宋李诫在《营造法式》中推荐取值为 $3:2$，这一取值处在最佳强度设计（$\sqrt{2}:1$）和最佳刚度设计（$\sqrt{3}:1$）之间。近年来，我国学者对 8—12 世纪建筑中 121 根木梁截面的测量结果发现，53.7% 的高宽比在（$\sqrt{2}:1$）～（$\sqrt{3}:1$），由此表明我国古代建筑技术中力学知识的科学性和合理性。

我国对力学的贡献还集中表现在桥梁建筑等工程结构中。例如，公元 608 年工匠李春利用石料耐压不耐拉的特性，主持建造了跨长 37.37m、拱圈矢高 7.23m 的拱桥，跨越河北赵县的洨河上，即著名的赵州桥。其主拱上的小拱不仅便于排水，而且表明工匠李春对减重省材、优化结构的力学效应已有清楚的认识。在当时同类石拱桥中，赵州桥的设计与工艺之先进堪称世界之冠。世界上现存的木结构建筑——山西应县木塔距今已有近 1000 年的历史，在 1305 年曾经历过一次 6.5 级的大地震，附近民房全部倒塌，而木塔仍完整地屹立至今。布达拉宫始建于公元 7 世纪，也是典型的木制建筑结构。

编者评：

　　我国古代有丰富的有关力学的产生和工程实践，但所做出的卓越贡献，主要表现在工程建设的实践活动中，缺乏理论上的总结和传播。由于封建制度的长期延续存在，严重地束缚了生产力的发展，因而也限制了科学技术的成长，致使经典力学作为一个系统的学科没能在中国产生，而是在文艺复兴期间在欧洲建立并发展起来。进入 20 世纪尤其是近 50 年以来，由于航空、航天工业等工业技术的高度发展，我国科学家在力学（如在梁的大挠度理论、材料的强度理论）等研究领域都取得了具有国际影响的结果。所有这些结果不仅丰富和发展了力学的研究范畴，同时也促进了力学在工程技术领域的应用和发展。伴随新材料、新技术的涌现，力学仍然是一个具有广阔前景的领域，并将对现代工业技术的发展发挥更大的作用。

第三篇

大连理工大学
红色历史篇

　　大连理工大学建设工程学部是学校创建之初即成立的院系之一，时为土木工程系，后来不断发展壮大，经历了水利工程系、土木建筑学院、土木水利学院几个发展阶段，2009年组建为建设工程学部至今。七十年来，一代又一代建工人秉承"厚德和物、勤学创新"的优良传统，怀家国大任而致远，历时代沧桑而弥坚，不断追求卓越，接续团结奋斗。如今，建设工程学部已经成长为学科齐全、人才荟萃、实力雄厚的教学科研单位，培养了大批优秀人才，为国家发展和社会进步做出了重要贡献。本编将向读者重点介绍部分教师的先进事迹。这既是对先贤学人的铭感与纪念，更是对后学新进的鞭策与激励。

　　1949年，水利工程专家李士豪教授经地下党介绍来到大连工学院（大连理工大学前身），领导创建了土木工程学科，并任第一任系主任。1952年，力学泰斗钱令希（1954年入选中国科学院第一批学部委员）接受大连工学院院长屈伯川之邀来校任教，参加了土木工程系港口及航道工程专业的创建工作。以港口海岸和近海工程专家邱大洪院士为主要工程设计负责人完成的亚洲第一大渔港——大连渔港、第一座现代化油港——大连新港等项目，创造了新中国历史上的多项第一。工程抗震专家林皋院士是我国大坝抗震学科开拓者之一，为我国多项重点水利工程及核电站建设作出了重要贡献。汶川地震发生后，近80岁高龄的林皋院士亲赴灾区，为紫坪铺水库大坝的震害评估贡献力量。土木结构工程专家赵国藩院士是我国工程结构可靠度理论的开拓者之一，为我国工程结构可靠度设计统一标准的编制做了大量基础性工作。此外，陆文发教授抗日战争期间曾参与抢修建造滇缅公路功果桥，赴美国留学后毅然回国任教，被誉为爱国桥梁专家；陈守煜教授致力于水文水资源系统分析、工程模糊集理论与应用的研究60余载，成为我国"模糊水文水资源学""工程可变模糊集理论"的创始人；董毓新教授创建水电站建筑物结构振动、水轮发电机组振动两个新的研究方向；港口、海岸和近海工程专家李玉成教授被国际近海与极地工程协会授予NEPTUNE最高奖；李彦硕教授不懈奋斗，无私奉献了五十年的水利人生等。这些感人事迹，值得读者阅读、研究，相信定会受益匪浅。

案例1： 力学泰斗——钱令希

人物简介

钱令希（1916年7月16日—2009年4月20日），男，出生于江苏省无锡市，上海国立中法工学院毕业，著名力学家和教育家、中国科学院资深院士，工程力学专家，是我国计算力学工程结构优化设计的开拓者。钱令希院士毕生热爱科学技术，潜心研究，开拓创新，在学术和工程技术两方面都卓有建树，为我国社会主义现代化建设做出了不可磨灭的贡献，在国内外力学界建立了良好的声誉。

钱令希院士是著名力学家。1952年1月，钱令希院士接受大连工学院院长屈伯川博士之邀，来学校任教授，并先后任大连工学院第一任科学研究部主任、大连工学院副院长、

钱令希院士

大连工学院院长、大连理工大学顾问等职。50多年来，钱令希院士呕心沥血，为学校的成长发展做出了重大贡献。1954年钱令希院士入选中国科学院第一批学部委员。他参加了我校土木系港口及航道工程专业的创建工作，又创建了工程力学系和工程力学研究所，建立了一支老中青三结合、教学与科研并重的骨干梯队，使我校的工程力学成为国家的重点学科，并办起了博士点和博士后流动站。他爱校如家，领导全校师生员工，解放思想，大力改革，并着意促进与国外的学术交流。

钱令希院士是杰出的教育家。他"爱才如命"，有口皆碑，培养了胡海昌、潘家铮、钟万勰、程耿东等国内外著名的力学与水利工程大师。

我校2009年建成的新图书馆令希图书馆，即是以钱令希院士的名字命名。

大连鲶鱼湾栈桥设计

20世纪70年代初期，我国开发了大庆油田，中国开始北油南运，大连港成为重要的石油输出港。随着大庆原油出口量的不断增加，承担出口任务的大连港寺儿沟码头却因泊位不足、输油能力低下，经常造成压港压船现象，在大连建设大型深水油港刻不容缓。

1973 年 3 月开始为油港选址，最后确定在大连鲇鱼湾。同时大连工学院数理力学系等 6 个系与交通部多个单位协同作战。当时鲇鱼湾油港码头（1976 年 4 月 12 日定名大连新港）有三种建设方案。

（1）单点系泊码头。单点系泊方案是原油通过漂浮软管进入管道从海底走。这个方案虽然在国际流行，但成本高，输油量小，而且技术完全掌控在日本人手中。中日代表谈了数月也没谈出什么结果。

（2）移山填海造码头。这个方案要通过移山填海来造一个离岸码头。从岸上到达能够停泊 20 万 t 巨轮的深水处，不仅耗费的土石方数量惊人，资金和工期也都是极大的问题，很不现实。

（3）栈桥码头。从实际情况出发，为国家利益着想，钱令希认为唯一的选择就是自己修建栈桥。

1974 年，钱令希想到比利时工程师维仁第（Viereendi）用过的方案，提出了"百米跨度空腹桁架全焊接钢栈桥"的方案。钱令希研究过维仁第空腹桁架钢桥断裂是由于桥的荷载过重，结构设计不合理，再加上焊接出问题。当有人劝钱令希："这种桥型，国内无先例，国外也没有这么大的跨度，还出过不少事故，何必去冒这个风险！"因为鲇鱼湾栈桥载荷小，而且是以静载荷为主，全焊、百米、拱形、空腹桁架这四大特点可以使栈桥最优化。钱令希虽胸有成竹，但还是想征求同行专家的意见。李国豪是我国著名的桥梁工程专家，钱令希和他都是新中国成立前留学回来的，"文革"中，在本单位都是受批判的"权威"。李国豪当时还在"牛棚"里，如何能征求到他的意见呢？办法是力学系的林少培拿着大连工学院革委会介绍信去上海同济大学。林少培终于见到在牛棚里的李国豪。"百米跨度空腹桁架全焊接钢栈桥"的方案得到李国豪的肯定。李国豪最后不忘叮嘱林少培："告诉钱先生，施工要特别注意细节。"

钱令希得到李国豪的肯定，就马上与数理力学系工程力学专业的解明雨（设计组组长）、张允真、曹富新、邹洪地、邓洪根五位中青年师生设计全长近千米的钢栈桥。钱令希不仅亲自参加设计，而且具体到选钢材、选焊工、施工和吊装过程的各个环节。鲇鱼湾油港的建设者夜以继日地工作。设计人员和工人都住在极其简陋的板房里。开始，解明雨想钱令希这位大教授不会住工地板房的大通铺上，为大家领蚊帐时就没有为钱令希领。钱令希说我要在晚上和大家讨论，随时解决技术难题，当然我要和你们一起住板房。钱令希和大家同吃一个食堂的大锅饭，拒绝工人师傅给予的任何照顾。

吊装前的几个晚上，钱令希和设计小组成员都是在工棚里彻夜讨论吊装的细节。1975 年 8 月 5 日，第一跨钢桥吊装开始。这时海面刮起了大风，已经悬在吊装船上浮吊上的钢桥在大风中左右摇摆。一根承担吊装的辅助钢柱"喀嚓"一下，齐崭崭地切断了，吊装立刻暂停下来。好在那根钢柱与钢梁的受力无关，钱令希已经把海上整体吊装的架桥方案制订得很详尽了，但还是向工人求教这个问题。学问学问，有学有问，很多的时候，问比学还要重要。工人们想出了一个百试不爽的笨办法，在钢梁上拴很多根绳子，靠人力稳住钢梁，再让浮吊将钢梁落在桥墩之上。就这样，钢梁一点一点地移到了桥墩之上，在接近中午的时候，才稳稳地落实。钱令希忘记自己此时是站立在另一个桥墩上，只要稍不小心，就会坠入大海。很多年之后，钱令希风趣地："今天想起来还真有点后怕哩！"

至 1975 年 12 月 14 日，历时 145 天，全长 954m、焊缝总长 790 多公里的九跨钢桥全部组装完成，栈桥码头海上主体工程告捷。为新港提前投产创造了条件。经过各方面的艰苦努力，栈桥从设计到全部吊装完毕只用了一年多的时间。鲇鱼湾栈桥既节省大量钢筋和水泥、缩短工期，又符合受力合理、结构优化、持久耐用、美观大方的高标准。

钱令希把智慧和心血融入在鲇鱼湾油港栈桥建设上。栈桥建成后，钱令希一直关心着鲇鱼湾栈桥的工作状态，还经常亲自去鲇鱼湾察看。有一次，油港的负责人告诉钱令希一个好消息，那个问题解决了。事情是这样的，前些时候负责人向钱令希反映汽车开到桥面上会发生蹬蹬蹬的响声。栈桥主要是承载输油管运油的，桥面上铺木板便于工作人员行走和车辆通行。钱令希发现木板是横放的，木板之间有空隙，汽车轮子上去滚动就对钢结构产生冲击。减少横向的空隙可以减少冲击频率，进而减小桥梁疲劳程度。延长桥梁的使用寿命是设计者要考虑的目标之一。那么有什么办法解决这个问题呢？钱令希的办法就是把横放的木板竖放。果然，这样一改，蹬蹬蹬的响声没有了，问题迎刃而解。小方法，解决了大问题。

曹富新是鲶鱼湾栈桥设计组成员之一。在鲶鱼湾栈桥建成四十多年后，栈桥建设工作中的许多细节，他仍然能娓娓道来："在栈桥设计阶段，钱先生就用手算（借助计算尺）算出前 5 阶的频率和相应振型。后来，课题小组成员用计算机对栈桥计算模型进行了比较精确的计算。发现前 5 阶的频率和相应振型的计算结果与钱先生的手算结果高度一致，也和实验结果的前 2 阶频率和相应振型吻合。我们感叹钱先生的手算也太神了，手算结果居然可以和计算机相比。可惜的是当时钱先生的手算草稿没有保存下来。"

第一代核潜艇设备的研究

1958 年，我国开始弹道导弹核潜艇的研制工作。20 世纪 60 年代初，大连工学院分担的任务是"结合壳的稳定计算"。当时缺乏潜艇设计的标准和规范，特别是潜艇耐压壳体锥柱结合壳的稳定性设计计算也没有标准，也就无法判断所设计的耐压壳体在潜艇下潜到极限深度时是否能保证潜艇的安全。在没有可以用的资料和计算工具情况下，钱令希还是带领大连工学院力学团队勇敢地接受潜水耐压锥柱结合壳的强度和稳定性的研究任务。这项研究工作的目的是对耐压壳体在潜艇下潜到极限深度时是否安全提供理论根据。钱令希和钟万勰、裘春航等力学系教师是这个课题的主要研究人员。

就在该项研究课题有重大进展的时候，"文化大革命"开始了。钱令希被"造反派"当作校内头号资产阶级"反动学术权威"，关进大工西山学生宿舍区的"牛棚"。1967 年夏天，"造反派"突然"杀向社会"，大连工学院校内顿时安静下来。钱令希立即抓住这个"可乘之机"，马上来到办公室，带着钟万勰、裘春航等马上研究几年来积累起来的资料。在苦战一个盛暑后，8 月 23 日，他们终于写好了十几份研究报告，捆扎好。由于钱令希没有行动自由，就悄悄地交给组织部的一位姓姜的干事，寄了出去。他还把应该保留的资料，寄存在那位干事的家里。就在研究报告寄出的第二天，大连市发生了大武斗，那些造反派杀了回来，钱令希的办公室和实验室又被贴上了一道道大封条。钱令希后来跟担任核潜艇工程（即"09 工程"）办公室主任的陈右铭讲起此事时说："此乃天意！此乃天意呀！"

钱令希和他的助手们对于圆柱壳开圆孔、椭圆孔和多开孔等困难问题，取得一系列近似解析解，并解决了结合壳的稳定分析问题。钱令希指导下由邓可顺于 1976 年 3 月完成的《锥柱结合壳转折区塑性极限分析》研究成果，被纳入《潜艇结构设计计算规则》，供设计使用。

1978 年，钱令希在多项国家科学技术工作，包括核潜艇设备研究、大连新港栈桥设计等，做出重大贡献而获"全国科学大会奖"。

凝结着无数人的智慧和汗水，第一代弹道导弹核潜艇在 1981 年 4 月 30 日那天成功下水。中国成为继美、苏、英、法之后第五个拥有核潜艇的国家。

1982 年 7 月，核潜艇研究工作成果之一的《潜水耐压锥柱结合壳的强度和稳定性》荣获国家自然科学三等奖，也是大连工学院首批获国家自然科学奖的基础性研究成果。1985年，《潜艇结构设计计算规则》科研项目获 1985 年"国家技术进步三等奖"和 1996 年"国防科工委级军用标准化科技进步三等奖"。

计算力学的开拓者

钱令希对倡导和发展我国急需的计算力学起了很重要的作用。早在 20 世纪 60 年代初，钱令希就已敏锐地看到电子计算机的应用将会给科学技术带来一场深刻的革命，它会影响到各门学科的进程。他预感到计算机将给结构力学带来全新的面貌和前景，就带领自己的研究生，共同勤奋学习数学和电子计算机的有关知识，进行知识更新；同时，在力学界竭力倡导把古典的结构力学和现代化的电子计算机结合起来，努力在我国兴建计算力学这一新学科。在 1973 年中国科学院力学规划座谈会上，他作了题为《结构力学中最优化设计理论与方法的近代发展》的学术报告，引起了力学界和工程界的关注和响应。

当时，大连还没有先进的电子计算机。为了抢时间培养出一支队伍，钱令希克服种种困难，取得学校的支持，带领一支小分队到上海，结合实际任务掌握这门技术。刚去时，他领着中青年教师跑了 8 个设计院，在工程实际中做调查研究，找寻课题和服务对象。在他的指导下，一批中青年教师很快取得了一批科研成果。1977 年，他的主要助手钟万勰研制成功了通用性相当强的大型组合结构分析程序 JIGFEX。1981 年，教育部举办的技术鉴定会认为，这是我国计算力学和科技应用软件方面的一项重大科技成果。现在这项成果已被广泛地运用到土木建筑、桥梁、造船、航天、机械制造等各个领域。1980 年，钱令希领导开发出了多单元、多工况、多约束的结构优化设计——DDDU 系统。它把力学概念同数学规划方法相结合，成功地克服了一些传统难点，在为火车、汽车、特种车及雷达天线等进行优化设计时均取得良好效果，当时在实用性上处于国际领先地位。这项成果于1985 年获得了国家级科技进步奖。

由于钱令希倡导计算力学，在全国产生了良好的影响，更由于他在科技界崇高的道德风尚和治学精神，在 1982 年召开的中国力学学会大会上，经过原理事长钱学森的推荐，大家一致选举他担任第二届中国力学学会理事长。钱学森作推荐时说："钱令希教授紧跟时代的步伐，及时更新知识，走到了前面。我表示十分钦佩！"同年，他还当选为中国高等教育学会副会长。

1984 年 2 月，为推动力学与工程结合，并反映我国计算力学的最新成果，钱令希创办了《计算结构力学及其应用》杂志，他亲自担任主编。1985 年 8 月，他担任编委会主任的《中国大百科全书·力学》卷出版。

由于钱令希等的倡导，中国力学学会直属的计算力学学会已成为有重要国际影响的学术团体，它在国内多次举办重大国际学术会议。

20 世纪 80 年代，钱令希积极开展国际间的学术交流。1981 年，他率领代表团赴比利时和英国访问与讲学；1982 年，他又去美国考察、讲学。同年，他担任了国际著名的计算力学杂志《应用力学与工程中的计算机方法》的编委。1983 年 8 月，他在大连主持了中美工程计算力学学术讨论会。他还是国际计算力学协会（IACM）的发起人之一。该协会已于 1986 年 9 月正式成立。1985 年 6 月，在加拿大召开的第十一届国际应用力学大会上，钱令希介绍了我国应用力学的现状和展望，受到各国专家学者的重视和关注。1985 年 11 月，他又应日本东京大学前校长、大连工学院名誉教授向坊隆博士的邀请，去日本做学术访问和交流。钱令希为促进我国与国际间的学术交流，还多次出访比利时、法国、瑞士和美国等。

案例 2： 海岸和近海工程专家——邱大洪

邱大洪，男，祖籍浙江湖州，1930 年 4 月生
于上海。九三学社社员，我国著名海岸和近海工
程专家，大连理工大学教授，中国科学院院士，
现任大连理工大学土建勘察设计研究院总工程师，
大连理工大学海岸和近海工程国家重点实验室学
术委员会顾问，中国海洋工程学会名誉理事长，
英文版《中国海洋工程》编委会主任，大连理
工大学土建勘察设计研究院总工程师。历任大连理
工大学海岸和近海工程国家重点实验室主任、学
术委员会主任。第八届全国政协委员，第九届全
国政协常委，九三学社中央委员。国务院学位委员会第二、三、四届学科评议组成员，国
家教委科技委员会学科组成员。他在国内外学术界担任的职务有：中国海洋学会常务理
事，中国海洋湖沼学会常务理事，中国海洋工程学会副理事长，中国港口工程学会理事，
美国机械工程师会近海力学及极地工程分会水动力委员会委员等；《海洋学报》《水利学
报》《海洋工程》《港口工程》《海洋通报》等杂志编委。主持国家自然科学基金和其他项
目共计 20 多项，先后获国家级有突出贡献专家、辽宁省优秀教师、国家高校先进工作者、
省市优秀专家等称号。

邱大洪院士

一场疾病，与海结缘

1947 年，邱大洪考入清华大学土木工程系。1951 年，我国第一次实行大学毕业由国
家统筹分配制度，邱大洪响应新中国"到工业建设的第一线去，到东北去"的号召，来到
共产党亲手创建的新型大学——大连工学院（现大连理工大学前身），为四位教授助教
"工程画图""测量学""土力学""结构力学"四门课程。

刚工作不久，邱大洪突染黄疸性肝炎，不得不住进医院。恰逢此时，学校推荐到哈工
大师从苏联专家的研究生，本来最有希望的邱大洪，因病错过。出院后的邱大洪，赶上了
1952 年新中国第一个海港工程专业的创立，他跟从著名的教育家、科学家钱令希院士从
事新专业的创建工作。新专业的创建奠定了他一生的研究方向，也使他的人生逐渐走向成
功、走向辉煌。说起自己的这段经历，邱院士戏称自己是"因病与海结缘"。

在新专业创建后的第四个年头，邱大洪担任了专业室副主任。1958 年，又与侯穆堂

合作编著了中国高校第一部本专业教材《港及港工建筑物》，成为工程设计界的主要参考书。同年，28 岁的邱大洪承担了大连渔港海上工程的全部设计任务，并担任技术总负责人。这座年卸鱼量 12 万 t、可以同时停靠 300 艘渔轮，海域面积 5 万多平方米，防波堤总长 1327m，第一个由中国人自己设计建造的现代化渔港，在当时是亚洲最大的渔港。渔港规模大，而且完全敞开，在我国史无前例。担此重任，邱大洪如履薄冰，全力以赴。他与相关人员到烟台港、青岛港考察，汲取经验，跑遍市郊海区选择港址，主持总体设计和施工图设计，进行港口整体模型试验，并在施工中经常深入现场帮助解决技术上的疑难问题。1966 年，拥有现代化的卸鱼浮码头、上冰上箱码头、修船码头等设施的港口胜利建成。经国家验收，质量优良，完全达到国家标准。

1973 年，大连工学院又承担了我国第一座现代化的原油输出港——大连新港的设计任务。邱大洪作为主要技术总负责人之一，负责码头选型、总体和结构设计，并任施工现场的设计代表。在设计中，根据地质条件，邱大洪提出了 19 个码头墩和栈桥墩都采用重力式圆柱形沉箱结构方案。按设计，沉箱高 19.7m，直径 9m，自重 780t。这个庞然大物足足有 6 层楼那么高，在我国建港史上还是第一次出现。由于当时技术条件的限制，既造不出来，又难以运送到位。为了解决这双重的困难，邱大洪多次与施工单位研究，提出了两次浇注的方法，先浇注到 12m 高，然后拖运到码头边，坐底再接高到预定高度。十多海里的拖运路程水深不够，为了把这庞然大物运送到位，经过多次模型试验，邱大洪提出在低潮时把沉箱中的水抽空，并加以密封，然后利用涨潮时的浮力让它倾斜以减少吃水的方案。接着，他又提出了一个大胆的方案：在上部结构中采用数百吨重的大型空心方块，这在中国建港史上也从来没有先例。实践证明，他的方案是成功的。这座油港年通过能力为 1500 万 t 原油，具有同时停靠 10 万 t 级和 5 万 t 级油轮的离岸式码头，于 1976 年 "五一"建成，气势非凡，蔚为壮观。投产三年半，就收回了建港的全部投资，而且自建成以来安然无恙。这项工程的设计和研究，后来相继获得了全国科学大会奖和全国优秀设计金奖。

1983 年，为开发我国南海北部湾的石油资源，教育部接受国家经委 "六五"科技攻关任务，成立由清华大学、天津大学、同济大学、华南理工大学与大连理工大学 5 校教师组成的联合设计组，开展混凝土钻、采、储、运可重复使用的多用平台可行性研究。大连理工大学为组长单位，邱大洪为组长和技术总负责人。他成功地主持、组织了 139 名教师和工程技术人员进行了 14 项专题试验研究，编制了 17 项专用计算机程序，解决了一系列关键技术问题，组织完成了扩充设计，主编了 6 册可行性研究报告。他们提出的钢筋混凝土多用平台结构，经国家教委科技司组织的鉴定认为，属于国内首创。这项成果 1986 年获得国家教委科技进步一等奖。

1994 年，邱大洪教授又主持大连新港的技术改造设计，将 10 万 t 和 5 万 t 两个泊位分别改造成为 15 万 t 乃至 20 万 t 和 8 万 t 泊位，大连新港为我国出口创汇发挥了重大作用。

一路走来，邱大洪先后参与、参加了连云港集装箱码头、秦皇岛油港、海军浮码头、广东省珠江崖门出海航道工程、上海洋山深水港区、曹妃甸工业区造地工程、海南省洋浦港国家重点工程等项目的模型试验、设计、科技咨询和顾问工作。

一个信念，倾心育人

邱大洪的父亲是上海的一位实业家，与人合伙开办了一家玻璃厂，主要生产啤酒瓶。1950 年公私合营，工厂搬迁到了青岛。现在著名的青岛啤酒的酒瓶就是由这家厂生产的。父亲十分重视对子女的教育，希望子承父业，然而当幼年的邱大洪看到日本侵略者肆意烧杀抢掠时，科学救国成了他强烈的愿望，激励他刻苦努力。1949 年初，古老的北平获得解放，正读大二的邱大洪跟随解放军到城里去做宣传，发动群众忆苦思甜，邱大洪生平头一回接触真正生活在底层的工人，第一次了解到他们生活的真实状况，这对他触动很大，他坚定了人生的信念：到祖国最需要的地方去。1951 年，他来到大连工学院，从此执教杏坛半个多世纪，桃李满天下。

邱大洪主讲过港口及港工建筑物、工程水文学、波浪理论等多门专业基础课和专业课。以他为主要学术带头人的海岸工程学科（专业），1988 年首批被批准为国家重点学科（专业）。自 1981 年以来发表学术论文 130 篇，其中在国外学术会议上发表 30 篇，国内学术期刊 91 篇。

邱大洪对学生"严"源于"求真"的境界。读博士后的晁晓波，申请国家教委在站博士后的科技基金时，为了引起评委的重视，有意拔高项目目标。为此，邱大洪把晁晓波叫到家里，要求他对申请中提到的目标，科研能力、条件，都要实实在在地表述，并与他一起逐字逐句修改了一个半小时，改过的申请书平实了许多，不仅顺利获批，还是最高级别的双 A。

邱大洪对学生的"爱"源于"育人"的眼界。那些年许多大学派出的公费留学人员，出去的多，回来的少，让派出大学都心有余悸。但邱大洪从培养人才出发，三次支持安排现在已是海岸工程专家的王永学，去美国留学和进修，校方颇为担心，可邱大洪却非常坚持，每次都为他积极地申请，只要工作能离得开，什么时候走都可以。王永学没有辜负老师的信任和一片真情，每次都按时回来，成为学校留学生来去自由的典型。眼界不断开阔的王永学在恩师的指导下，快速成长起来。现已逾耳顺之年的他是国家杰出青年科学基金获得者，曾任海岸和近海工程国家重点实验室的主任。

邱院士 2001 主持
国际学术会议 APACE

一份责任，赤胆忠心

耄耋之年的邱大洪，不仅教学、科研双丰收，作为九三学社社员，始终牢记使命，认真履行职责，积极参政议政。在担任第八届全国政协委员、第九届全国政协常委，第九届、十届九三学社中央委员期间，已经 70 多岁的他在关注本领域课题的同时，以科学家的思维关注国计民生的问题，每年的政协会议他都有 3～4 件提案，多时达 6 件提案。

在全国政协九届五次会议上，他曾前瞻性地提出了"关于尽快建立个人信用制度的建议"，时隔 20 年，这个话题仍然在继续。"对西部开发战略的建议""关于完善股票发行上市制度的建议"等，均引起各界的广泛关注。

2019 年 6 月，90 岁的邱大洪不顾身体不适，坚持参加"2019 年东北河海物流通道研讨会"，为东北振兴奔走呼吁，并作题为《水、生态、港口航运和河流经济带及其相互关系》的报告，提出关于在东北地区发展河流经济带的建议，希望为加速东北振兴开辟一条新路。正如 70 年前，邱大洪放弃清华大学留校资格，毅然扎根东北，立志要为东北发展贡献力量。就这样，从风华正茂到双鬓染霜，他初心始终不改。

邱大洪院士于 2019 年荣获
"九三楷模"荣誉称号

多年来，邱大洪凭借着扎实的理论素养和丰富的实践经验，承担了国内多项重大工程的咨询和顾问工作。他也始终把东北振兴的责任扛在肩上、挂在心上，在国家全面振兴东北老工业基地的战略背景下，围绕大连东北亚国际航运中心发展需要，他全力投入到"大连湾综合开发利用"的研究中，提出隧—岛—桥的跨海交通建设方案和建设人工岛、深水港，整治大连湾的综合开发利用战略发展构想，对大连湾综合开发利用进行了全面的研究和论述，为大连市城市总体规划提供重要依据和参考。

几十年间，邱大洪为新中国的建设和发展立下赫赫战功。如今，他更关心还能为东北做些什么："现在年纪大了，很多工作力不从心，希望能通过我的呼吁，再为东北振兴做点事。"

前些年，看到东北地区多处河流干枯，周边生态环境进一步恶化，邱大洪感到痛心。他认为："辽宁地区缺水的问题始终没有从根本上得到解决，是地表水收集还没有做好。如今辽宁省已经开展大规模河流生态治理工作，解决水质污染问题，如能再进一步解决水资源问题，把地表水收集工作开展起来，将大有裨益。"

"河流是个宝，东北却没有好好加以利用，这是历史原因造成的。"提起东北地区水网经济落后的缘由，邱大洪难掩愤懑。1904 年日俄战争后，日本以南满铁路为轴线在东北实行半殖民统治，日本人以肃清所谓的河道"匪患"为由封河断航。加之铁路掠夺物资比航运便捷，因此，铁路成了经济发展的纽带，城市和社会经济也就集中在铁路沿线发展，从而使河流日益荒芜，大片土地生态恶化，一直延续至今。邱大洪不无遗憾地说："东北水系密度全国上数，然而在东北地区'铁路偏执经济'发展模式下，偌大的水网体系，始终没有得到有效利用。"

经过多次组织相关专家论证，邱大洪认为，如果能够在已有的"松辽运河"规划的基础上，加以适当调整，并把规划中原来的"调水"通航模式，改变为"蓄水"通航模式，把辽河水系每年洪水入海量约 50 亿～80 亿 m^3 中的一部分水量蓄于河道，便会令洪水资源化。"一旦建成松辽运河，全东北水网体系连成一片，可形成大约 7000km 的河流网和生态经济带。"邱大洪说。这是 2019 年 7 月 1 日邱大洪递给正在大连参加夏季达沃斯会议的国务院总理李克强手中的建议内容。

"想要制止和全面改善东北地区因历史造成的河流荒芜状况，需要大家共同努力，我希望能早日看到这一天。"邱大洪的话语里饱含着老一辈知识分子浓厚的家国情怀和强烈的责任担当。过往的实干与情怀、汗水与荣光，全都沉淀在他一头华发当中，而在他远眺的眼神里，仍写满了对未来的希冀与期盼。

"把大连港建成环渤海地区集装箱区域干线港的对策""关于尽早有规模的开发我国地热资源的建议""关于加强对资源型城市产业转型给予政策支持的建议""从当前我国沿海海域空间资源开发趋势想到的""关于长江口整治工程的工程设计和施工技术的几点看法""对湛江海岸经济发展的几点看法""发展海洋经济要科学用海和管海的建议"，等等。打开邱大洪的参政议政文件夹，可见上百条咨询建议及对策研究，其中对南海岛礁建设工程的建设性建议，荣获中共中央、国务院、中央军委联合颁发的南海岛礁建设纪念章。

邱大洪说："赶上了新一轮的腾飞发展，时不我待。我要只争朝夕，在有生之年竭尽所能，为大连多做些事情。"七十载风风雨雨，磨砺了一颗赤子之心，邱大洪院士虽已耄耋，但仍在他一生忠诚、热爱的教育和海洋事业中发光发热，砥砺前行。

参 考 文 献

[1] 邱大洪. 邱大洪文集［M］，北京：海洋出版社，2011.
[2] 九三学社辽宁省委，九三楷模｜邱大洪：与海结缘 躬耕不息，2019，九三学社中央委员会网站（http：//93.gov.cn/m/site/content.do？id＝191216129941810523）.

案例 3： 还要向更高峰迈进——九旬院士林皋

人物简介

林皋是我国著名水利工程与地震工程专家、大坝抗震学科开拓者之一，为我国多项重点水利工程及核电站建设作出重要贡献。1929 年 1 月 2 日出生于江西省南昌市。1951 年清华大学土木系结构工程与水利工程专业毕业。国家统一分配至大连工学院任教。并被派往哈尔滨工业大学与大连工学院水能利用研究班学习，1954 年毕业。1962 年任副教授，1980 年任教授。1981年经国务院学位委员会批准为我国首批博士生导师，1997 年当选中国科学院院士。

长期从事我国水工结构工程方面的教学和研究工作，是我国大坝抗震学科领域的主要开拓者之一，并在核电工程抗震方面也享有比较高的声誉。科研工作密切结合工程需要，从 20 世纪 50 年代起在解决流溪河、以礼河、丰满、白山、龙羊峡、龙滩、二滩、拉西瓦、小湾、大岗山等我国主要大坝的抗震安全以及江苏田湾、辽宁红沿河等核电工程地基抗震适应性方面发挥了重要作用。研究工作的主要创新表现在结构和复杂地基的动力相互作用以及结构和流体的动力相互作用方面，研究成果居于国际前列。首次提出各向同性与非各向同性介质层状半空间地基上基础动力刚度的计算模型。所提出的流体向无限域传播的边界条件具有最好的计算精度。在大坝和核电工程抗震安全方面的成果在国际、国内相关领域有较重要影响。在国内外主要学术刊物上发表研究论文 600 余篇。指导的研究生有 60 余名获得博士学位和 60 余名获得硕士学位，其中，院士 2 名、杰青 3 名、优青 1 名。获国家科技进步一等奖、二等奖及省部级科技进步一等奖、二等奖等 10 余项，国家级教学成果二等奖一项。获辽宁省劳动模范、全国高校先进科技工作者、国家级有突出贡献专家、全国优秀科技工作者、全国模范教师等荣誉称号。

林皋院士

主要事迹

1951 年，林皋以优异的成绩毕业于清华大学。拿出当年的毕业证书，他笑着说其实自己的入学成绩并不高，平均成绩从大一、大二 70 几分，到大三 80 几分，再到大四时 90

几分，直到班级最前列。他说："因为我从不放弃，只要有可能，就要去奋斗，我的人生哲学是追求卓越、后来居上。"在近 70 年的工作生涯中，他无时无刻不在这样践行着自己的初心。

新中国成立初期至 20 世纪 60 年代，我国兴起了坝工建设的第一个高潮。通过发扬自力更生、自主创新的精神，我国自行设计和建造了一批大坝，高度突破 100m，使我国跨入了世界近代坝工建设的行列。1956 年在广东流溪河上兴建了我国第一座双曲拱坝工程，以潘家铮总工程师为首的著名专家们提出了坝上挑流的泄洪方案，这一方案可节约大量工程投资并使下泄水流远离坝基，保障坝基安全，较当时国外的坝顶滚流方案技术更为先进。但挑流造成的水流脉动振动对大坝安全的影响则成为工程面临的巨大挑战。为了验证方案的可行性，上海设计院遍访国内高校和科研单位。由于此项试验在国内尚无先例，难度之大让科研人员望而却步。最后设计院辗转找到了大连工学院，在老院长屈伯川和著名力学专家钱令希的支持下，秉承着科研要为国家服务的理念，从研究生班毕业仅仅两年的林皋院士勇敢地承担了实验研究的任务。

当时试验条件非常差，可以说是一穷二白，就连能够参考的资料都极为有限，一切都是从零开始。但是，林皋不但没有灰心，一想到自己的工作可以为国家填补空白，为国家建设贡献力量，他就干劲儿十足。跑工厂、选材料、做模型、自主设计、制作测振仪器和激振设备，每前进一步都要克服很多困难，林皋院士和他领导的研究队伍充满了信心，通过不懈的努力，他们研制成了橡胶模型材料，建成了我国第一座机械式振动台，在国内首先研制成功了模型振动测量的传感器，提出了拱坝振动的模型相似律，开创了坝顶挑流水流脉动压力的测试和脉动规律的研究，设计了脉动振动引起的坝体振动响应的实验装置。只用不到两年的时间，最终完成了我国第一个拱坝模型振动试验，为坝顶挑流方案的实现提供了技术支持。苏联书刊的评价认为"进行了精细的模型研究，具有很高的科学水平，应用了先进的量测仪器"。

1958 年林皋院士又根据云南以礼河毛家村土坝工程的需要，领导开展了我国第一个土坝模型抗震试验，研究成果被水电部选为对外技术交流资料。林皋院士还开展了我国第一个支墩坝模型的纵向弯曲抗震稳定试验，并提出了拱坝与重力坝地震响应的计算模型。这些工作为我国大坝抗震研究打下了基础。

20 世纪 70 年代后期进入改革开放年代，我国坝工建设又进入了一个新的高潮。一批 100~200m 级的高坝大量兴建，坝工技术又达到了一个新的高度，我国的大坝抗震技术也逐渐走向成熟。

林皋院士领导的研究小组承担了当时我国最高的白山拱坝和丰满重力坝抗震安全评价的任务。在一无设备、二缺资金的条件下，提出了直接摄影法这一新的试验技术。研究人员自行设计、自行加工、制成了轻型的电磁式振动台，利用比较简单的设备，获得了直观性强、图像清晰的白山拱坝正反对称共 9 阶振动模态和振动频率、丰满重力坝 4 阶振动模态和振动频率。当时日本利用电磁激振法进行模型试验，英国利用有限元法进行拱坝动力分析，只能获得拱坝正反对称 3 至 4 阶振动模态和频率，重力坝 2 至 3 阶振动模态和频率。在此基础上，林皋院士小组又发展了仿真材料重力坝和拱坝动力模型破坏试验技术，对各种激励水平下的地震破坏形态进行模拟，在国际交流中获得好评。林皋院士等还提出了拱坝动静力分析的拱梁模态法，使计算的效率和计算精度得到进一步提高。

1978 年，林皋接受东北勘测设计院委托，开展"丰满大坝在水下岩塞爆破冲击波和地震波作用下的动力分析研究计算"项目的研究工作。丰满大坝当时属病险库，由于人防要求增建泄水隧洞，进口在深水以下，施工条件十分艰巨。为节省工程投资，需在坝头附近进行大洞径、大药量（最大 4t）的水下岩塞爆破。大坝的抗震安全直接关系到吉林、哈尔滨两市及第二松花江下游两岸人民生命财产的安全。东北勘测设计院自 1975 年起进行专题研究，也曾委托过几个单位进行多年的研究计算，均未得出满意的结论。林皋在没有任何报酬，而且要承担一定风险的情况下接受了任务。在这项课题研究中，林皋首次使用了子空间迭代法进行坝水耦联问题的计算，并首次提出应用有限点法计算坝体上游水体附加质量的计算方法，均获得了满意的结果。针对岩塞爆破引起的坝体振动问题，编制了动力分析程序，根据计算结果对大坝在上游满水情况下实施岩塞爆破的安全性进行了科学的评估，为工程决策提供了可靠的技术依据。他在丰满水下岩塞爆破中对爆破震动效应的合理解答使应用科学直接为工程实践服务树立了典范，为国家基本建设做出了重大的贡献。1985 年，该项目获国家科技进步一等奖。

新世纪前后，我国水电能源建设跨入腾飞阶段，一批接近和超过世界顶级高度 300m 的大坝已经和正在我国开工建设。世界建坝中心转向中国，无论从建坝数量、建坝高度、建坝规模与技术难度来说中国都居于世界的首位。这些大坝建于我国长江、黄河上游强地震活动区，大坝的设计地震加速度远远超过历史上的最高水平，大坝抗震安全成为设计中需要解决的关键技术问题之一。20 世纪 90 年代以前，我国建设的大坝，其设计地震加速度一般在 $(0.15 \sim 0.16)$ g。但到 2000 年前后建设 300m 级超高拱坝小湾拱坝（高 292m）和溪洛渡拱坝（高 282m）时，设计地震加速度已分别提高到 $0.308g$ 和 $0.312g$，而将建设的大岗山拱坝（高 210m），其设计地震加速度则达到创纪录的 $0.5575g$，翻了一番以上。作为对比可以指出，当时世界上已建的最高拱坝为苏联的英古里拱坝，高 271.5m，其设计地震加速度为 $0.23g$。在如此高烈度地震区修建世界级的超高拱坝，对我国的大坝抗震技术是一个严峻的挑战，国际上也缺乏相关的经验。在三次国家自然科学基金重点项目和国家重点科技攻关课题的支持下，林皋院士领导的科研小组为攻克一道道技术难关做出了不懈的努力。

首先需要进行的是对传统的计算模型、计算方法和评价体系的变革，其中包括地基的影响、库水的影响、横缝的影响等一系列复杂的技术问题都需要解决。地基方面现有设计中，一般采用无质量的地基模型来模拟地基对拱坝地震响应的影响，但这忽视了无限地基对振动能量的耗散作用，根据瑞士所进行的一些拱坝的实际地震观测的结果表明，无质量模型将给出过分保守的计算结果。国内外的一些研究者们尝试使用边界元方法、无穷元方法和透射边界等方法来处理这一复杂课题，但也相应地出现了计算工作量大和计算稳定性等许多问题，计算精度也不理想。而且由于计算复杂，只能将地基简化为均匀介质进行处理。但实际上的拱坝地基是复杂而不均匀的，这对拱坝抗震安全性所带来的影响是必须面对的问题。

林皋院士认为，我们不能停留在原有的框架内，必须采用新的思想、新的途径来解决问题。通过不断探索，林皋院士等发现了比例边界有限元法这一有效的计算方法。这种方法只需在计算域的边界上进行离散，问题的维数降低一维，计算工作量大量节约。特别是这种方法可以方便地处理地基介质各向不同性的问题，和地基介质模量沿深度按某一定规律发生变化等问题。林皋院士小组据此率先研究了地基中含软弱夹层、地基中存在不连续界面，以及地基模量沿深度增长等复杂不均质地基对拱坝地震响应的影响。通过研究显著加深了对拱坝—地基系统地震响应的认识。

拱坝—库水的动力相互作用也是一个复杂的技术领域。多年来大坝抗震设计中一直沿用着按韦斯特加德的简化公式进行地震动水压力的计算。但根据乔普拉等进行的研究，库水的可压缩性以及水库边界对动水压力波的吸收作用都是需要考虑的重要因素。乔普拉等采用有限元的方法进行求解，对于拱坝三维水库的离散工作量很大，而且他提出的计算模型和方法十分复杂而繁琐，难以在实际工程中得到推广和应用。为此，不少研究者做了改进，采用边界元法进行求解，以便使问题降阶一维。但边界元法花费在基本解数值计算方面的工作量，几乎足以抵消降维所省的工作量，而且最终所得到的计算矩阵是非对称的，并且是满阵，增加了求解的困难。因此，边界元法基本上只在二维重力坝的情况得到一定的推广。

林皋院士等所提出的比例边界有限元的求解方法，使这些问题可以迎刃而解。它不仅可以方便地处理库水压缩性和水库边界吸收问题，而且对于三维拱坝—库水动力相互作用问题，在棱柱形水库的条件下只需在坝面进行离散，使计算工作量得到很大程度的节约，极大地方便了工程上的推广应用。林皋院士小组应用这一计算模型率先研究了三维拱坝和二维重力坝水库几何形状对坝水耦合振动产生的效应，阐明了水库几何形状变化以及水库边界对动水压力波的吸收作用，对水坝地震动水压力频响函数以及动水压力沿坝面分布规律的影响等，将坝水耦合振动的研究水平提到了一个新的高度。

混凝土坝上游面裂缝浸水后水力劈裂对坝安全的影响是受到广泛关注的问题。林皋院士等应用比例边界有限元法建立的计算模型，可以方便而准确地计算裂缝内水压变化规律对裂缝应力强度因子及断裂特性的影响，从而可对地震作用下裂缝的稳定性进行合理而恰当的评价。

传统设计中将拱坝作为整体结构来计算地震响应，但实际上拱坝是分块进行建造的。经受强震作用的美国柏柯依玛拱坝的震害经验表明，强震时拱坝横缝将发生张合作用，拱坝拉应力得到释放，拱坝的地震应力随之发生重大调整。林皋院士等在非光滑方程组基础上开发的横缝计算模型，较国内外现有模型计算精度高，收敛性有保证。拱坝的横缝依靠键槽进行连接，但国内外现有的计算模型一般将横缝简化为平缝进行计算。林皋院士等对这种简化的合理性进行了研究，发现横缝键槽的结构形式对横缝开度变化规律和拱坝地震应力变化均产生影响。

地震作用下坝基和坝肩潜在滑动体的稳定，国内外规范标准一般采用拟静力的分析方法或纽马克的刚性滑块法进行分析，难以反映地震作用下滑动体变形瞬态、往复的特点。为此，林皋院士等改进了三维 DDA 模型的接触判断算法，实现了三维楔形滑动体的地震动态稳定分析。结果表明，动态稳定与拟静力稳定有本质差别，而且两者的偏离程度随着地震激励加速度的增大而加大。研究成果应邀在 2007 年葡萄牙里斯本召开的第 5 届世界坝工会议上作为主题报告发表。

林皋院士等的研究工作还发展了混凝土坝地震损伤破坏进程的数值模拟方法与地震风险的计算模型和方法。

　　可以看出，林皋院士小组对拱坝、重力坝地震作用的计算模型进行了全面的发展改进，使我国的大坝抗震技术进入世界先进行列，他的研究成果获得教育部科学技术进步奖一等奖。

　　混凝土大坝的地震震害主要表现为动态损伤与断裂，混凝土的动态强度与变形特性成为大坝震害的控制性因素，但在当前混凝土坝的抗震研究中这却是一个薄弱环节。混凝土的动态特性表现为其速率敏感性。在地震、撞击和爆炸等不同性质动态荷载的作用下，随着加载速率的巨大变化，混凝土的动态特性也随之发生很大变化。20 世纪 50—60 年代以后，由于军事上的需要，混凝土动态特性的研究在国际上得到很大发展。但这种研究主要偏重反映核爆炸的特点：单调加载、小试件、以抗压强度为主，应用于抗地震设计有其局限性。林皋院士等通过 2000 多试件的研究，率先得到了反映地震荷载特点的变幅、循环荷载条件下混凝土的动态强度与变形规律。又通过研究进一步发现了温度、湿度等环境因素，以及初始静态荷载幅度等因素对混凝土速率敏感性的影响。基于不同应变率下试件断裂特性的观察分析，对混凝土速率敏感性的产生机理得到了新的认识。这些研究成果在 *ACI Materials Journal*，*Magazine of Concrete Research* 等著名刊物上发表，并应邀在 *Cement Concrete and Composites*：*Processing，Properties and Applications* 一书中独立撰写一章介绍研究成果。

　　2008 年四川汶川发生特大地震，地处岷江大峡谷，都江堰上游 9km 处的紫坪铺水库，承担着为成都平原百姓生活供水发电和 1086 万亩良田灌溉用水的使命。水库工程浩大，库容量为 11.12 亿 m^3，拦河大坝高 156m。5 月 12 日一场突如其来的汶川大地震，使大坝安全受到威胁。坝址距离震中 17km，紫坪铺大坝感受到强烈的振动。作为我国水利工程与地震工程抗震专家，林皋院士忧心如焚，寝食难安。他牵挂着位于灾区的紫坪铺水库大坝的安全。5 月 21 日，国家水利部派出专家兵分六路，前往地震灾区勘察水利设施的震害情况，会商修复预案。已是 79 岁高龄的林皋院士与孔宪京教授，会同来自全国各地的面板堆石坝专家十人左右紧急集结，赶到紫坪铺水库考察大坝的实际情况。5 月 22 日，到达紫坪铺水库大坝的林皋院士和专家们，感觉到问题的重要性和迫切性："大坝所在地区原属于Ⅶ度震区，建设时提高抗震级别按Ⅷ度进行设计。而这次汶川大地震，震级 8.0 级，震中烈度达到Ⅺ度。这么高的烈度，波及紫坪铺水库，烈度应该在Ⅷ～Ⅸ度之间，这是始料未及的。震中地区当时山崩地裂，据大坝上的目击者说，人在坝上根本无法站稳，摇晃厉害，正在作业的起闭机上的电机铸铁固定环也被折断，摔倒在地。我们在现场也看到，左岸坝顶岸坡处大量块石从山坡滚下，仅 2～3t 以上的大块石就有二十几块。水库前面建的桥，是成都通往汶川的必经之路，中央六孔震后倒在了河里。"

　　长年从事大坝抗震研究，林皋不敢有丝毫的大意，他和专家们抓紧时间，对大坝结构反复勘察，不放过任何细节。林院士清楚，科学需要严谨，经验不能代替现场实际，必须做出负责任的准确判断和鉴定，再将勘察结果上报国家。经过实测，专家组给出的评估结果是：大坝整体结构稳定安全，局部有损坏，但无大的隐患。必须密切监测，趁水库水位较低时抓紧抢修，赶在雨季和主汛期到来前加固修复，以保障大坝安全蓄水。

尽管发生这样不可抗拒的自然灾害，给水利设施造成了巨大破坏，但林院士对我国水利设施的抗震能力还是充满自信持乐观态度的："我从五十年代起从事大坝抗震研究，见证了我们国家主要大坝的抗震建设历史。水利设施一方面造福于人民，另一方面遇到大的自然灾害袭击，也会威胁人民的生命财产安全，由此可以看出提高大坝的抗震能力是多么重要。与国外比，我国大坝的抗震水平，居于世界先进行列，可以与美国、日本、俄罗斯等国家相提并论。近年来，我国水利工程蓬勃发展，建设大坝数量占世界一半以上，是建坝大国，不论大坝高度或技术复杂程度，都属于先进国家。但我们的大坝抗震设计和研究的创新能力还有待提高，距大坝抗震强国还有一定距离。紫坪铺水库大坝这次承受大地震的考验，无疑会提高我们今后大坝抗震设防的信心。"

核电作为重要的清洁能源在我国正在得到蓬勃发展。核电厂地基的抗震适应性评价决定着核岛结构和设备抗震设计的安全，是厂址选择中的重要制约性因素。林皋院士担负着我国许多核电厂址地基抗震适应性评价的任务。辽宁红沿河核电厂3号、4号核岛地基开挖过程中发现强风化捕房体，地基不均匀特性表现比较突出。核岛地基这种复杂地质情况在我国核电建设中首次遇到。国际上缺乏类似经验，处理有相当难度。林皋院士小组提出

林皋院士在汶川地震灾区考察

的计算模型为核电厂复杂地基的抗震适应性评价提供了科学依据，节约了大量工程投资，并保障了施工进度得以按计划进行。在此基础上进一步认定了我国自主研发的压水堆核电机组标准设计的厂址地基参数适应范围，加速了我国核电的自主化进程。参数不确定性对核电结构和设备地震响应的影响也是核电厂地基抗震适应性评价的重要内容，林皋院士小组发展改进了地震动、地基和材料特性不确定性的概率统计计算模型，使地基抗震适应性评价更接近实际，更为合理和科学。这部分研究成果也获得了教育部科技进步奖一等奖。

近年来，林皋院士不忘初心，没有停下奋斗的步伐，开拓了复杂地基条件下核岛结构抗震安全性与地基适应性评价的方向；第三代核电关键设备大型 PCS 水箱的水面晃动分析；第三代安全壳结构设计关键技术的研究；地基特性和结构材料特性参数的不确定性对核电结构抗震安全性影响的深入分析，这些成果也获得 2017 年教育部科技进步一等奖。

在一个多甲子的执教生涯中，林皋培养了 150 余名硕士、博士生，直到最近两年，他才离开钟爱的三尺讲台，但仍然亲自带博士，经常与学生讨论问题，一字一句修改论文。林皋认为培养学生最重要的就是要"授人以渔"，他说："我培养的学生，不光要会做，还要清楚为什么这样做，培养他们分析问题、解决问题的能力才能让他们走得更远。"

纵观林皋的科研轨迹，也是我国从筑坝大国到筑坝强国逐步迈进的历史蜕变。随着国家的发展壮大，他不断拓展新的研究方向，而服务国家需求的脚步从未停歇。"科研工作

就像打仗一样，要占领一个又一个山头，不断攻克更高的山头，我们还要向更高峰迈进。"虽年逾九旬，林皋依然壮志未减。

在被问到，是什么让您坚持这样不断的奋斗？他是这样回答的："我是在新中国成立后参加工作，在党的教育和培养下成长起来的，我今年 90 岁了，仍然战斗在教学和科研的第一线，我将在习近平新时代中国特色社会主义思想指引下，为实现中华民族伟大复兴的中国梦而继续努力奋斗。"

案例 4： 土木结构工程专家——赵国藩

人物简介

赵国藩院士出生于 1924 年 12 月 29 日，山西汾阳人，1949 年于上海交通大学土木系毕业后，即入华东人民革命大学学习。1949 年 9 月到齐齐哈尔铁路局工作，不久调入兰州大学水利系任助教，1950 年 8 月调入大连工学院任助教，并学习了俄文，翻译了当时教学急需的苏联教材和参考书。抗美援朝期间，被借调到吉林省公主岭 810 国防修建委员会任工程师，获吉林省一等模范干部奖章。1954 年后历任讲师、教授、结构工程博士生导师，1997 年当选中国工程院院士，2017 年 2 月 1 日病逝。

长期从事结构可靠性及钢筋混凝土结构理论和工程应用研究，早在 20 世纪 50 年代就在国内系统介绍了极限状态设计理论，20 世纪 60 年代在国内首次提出用一次二阶矩法计算安全系数，提出了结构可靠度计算的实

赵国藩院士

用分析方法及荷载、抗力统计模式，在学术界颇具影响，其著作《工程结构可靠度》发行达 1 万余册，为我国工程结构可靠度设计统一标准的编制做了大量基础性工作。曾承担 7 项国家重大工程关键技术中的 10 项攻关子题，为制定我国水利水电、港工、建筑、桥梁等专业的工程结构规范，解决四川二滩拱坝、贵州东风拱坝、贵州普定碾压混凝土拱坝等国家"七五""八五""九五"重大工程项目中的关键技术问题，作出了重要贡献，曾获国家科技进步奖 8 项、省部级科技进步一、二等奖 26 项。

曾任中国土木工程学会理事、中国水利学会名誉理事、中国工程建设标准化协会理事等国内重要学术职务，以及《土木工程学报》《建筑结构学报》等国内重要期刊及《水泥混凝土复合材料》等国际期刊编委。曾先后 30 余次应邀担任国际学术会议主席或主席团成员等职务。曾任《亚洲混凝土模式规范》国际委员会执行委员及第 6 届国际会议主席。培养了 87 名硕士研究生、75 名博士研究生及 10 名博士后，主编或合编规范 7 本，专著 19 部，获第 8 届"陈嘉庚技术科学奖""国家级有突出贡献专家""辽宁省功勋教师""辽宁省优秀专家"等荣誉称号。

根植大工

赵国藩院士 1950 年 8 月调入大连工学院（大连理工大学的前身）土木系任助教。期间除借调两年外，一直在这里工作，从未离开过。新中国成立之初，高等学校里绝大多数课程（特别是理工方面的课程），用的都是英美等国编写的外文教科书，个别课程还用外语讲课。赵国藩和许多工学院的教职员工一样，从中学到大学一直学习的是英文，从未学过俄文。为了突击学习俄文，他白天工作，晚上参加大连工学院的夜校学习俄语，业余有时间就自修俄语，从而使俄语提高很快，翻译了当时为"向苏联学习"而急需的苏联教材和参考书。

1953 年 12 月，赵国藩与同事合译的第一本著作是由苏联专家 Е. Е. ГИБШМАН 撰写的《都市交通人工建筑物》（上、下册）由龙门联合书局出版了，赵国藩本人翻译了 75 万字。在我国中等技术学校里，按照所设置的专业试用苏联教材，而不再使用以英美教育内容为基础的材料，是为了进一步改革教学内容和提高教学质量。

1956 年 9 月，赵国藩独自翻译的苏联技术科学博士 Г. Д. 齐斯克烈里教授所著《无筋混凝土及配筋混凝土的抗拉强度》一书由电力工业出版社出版，共三章，15 万字。Г. Д. 齐斯克烈里教授在这本书中综合地阐明混凝土和钢筋混凝土工作中的受拉问题。书中的内容完全依照作者和其他学者的实验资料而编写的，根据这些研究的结果，提供出计算的公式和图表，并举例说明了这些公式和图表的应用。这本书适用于设计工程师、科学工作者及研究生参考之用，为我国钢筋混凝土学科的试验研究起了先导的启示作用。

1961 年 9 月，赵国藩与钱令希等人翻译了《蠕变理论中的若干问题》一书。该书是由苏联专家 Н. Х. 阿鲁久涅扬所著的。蠕变影响到结构物质机械零件的强度和稳定性，因此，考虑材料蠕变性能的结构物的强度计算，在现代技术中具有非常重要的意义。该著作系统地介绍了蠕变理论的若干问题和发展了考虑材料蠕变性能时结构计算的方法。本书还阐述了弹性-蠕变体平衡的若干问题及考虑材料蠕变的结构（主要是混凝土和钢筋混凝土结构）计算理论方法的发展。

所有这些翻译都是赵国藩在繁忙教学工作和科研工作之余完成的。当时赵国藩与夫人白天都在单位上班，晚上夫人回家忙活做饭、收拾家务，还要照看孩子。看到夫人承受着疲劳与压力，赵国藩回到家里常常一边翻译专著，一边做一些力所能及的事情。那时，赵国藩的孩子正值幼年，他常常缠着赵国藩不让他读书、翻译专著，没办法赵国藩只能让他的孩子骑在自己脖子上玩，一边照看着孩子，一边翻译专著。在翻译专著期间，赵国藩还把许多时间用来看苏联专著，思考专著，对已有的外国教材，他逐段、逐句、逐字地推敲，从中获取有益之处。他在翻译期间尽力面向读者忠实原著，做到深入浅出。其目的是使大多数学校的教师教起来能够感到适用，学生学习比较方便。赵国藩等人翻译的专著为教学工作作出了巨大的贡献。

1954 年，赵国藩在大连工学院晋升为讲师。也就是这年他撰写的论文《建筑结构按照计算的极限状态的计算方法》发表在《大连工学院学刊》1954 年第 1 期。赵国藩在这篇论文中指出，自 19 世纪起，很久以来，一直是用资用应力法进行结构的计算，在各方面均获得了很多的成就。随着科学技术的进步，人们对于材料性质愈来愈加正确的掌握，按资用应力计算结构的方法已不能满足科学发展的要求了。它的主要缺点就在于估计结构的承载能力时以部分应力到达极限值为标准，而实际上当结构部分应力到达极限时，结构并未丧失承载能力；其次所用的安全系数是缺乏充分科学分析依据的。计算结构物的强度与稳度是建筑工程中最重要的问题之一，提出了建筑结构按照"计算的极限状态"这一新的计算方法。并用大量的数据和计算公式证明了自己的计算方法。赵国藩在文章结尾总结到：新的方法还未完善，还不能马上推广到全部土木工程的结构计算中去。这是因为任何一个方法很难是绝对完善的，总是在现有的基础上不断改进和发展。赵国藩还告诉读者新的方法已经在苏联某些结构的计算中加以采用，例如工业厂房的标准分间就是用的这种方法。赵国藩还强调说，值得我们注意的是，匈牙利在1952年颁布的钢筋混凝土结构设计标准是完全按照极限状态计算的方法为基础而制定的。

1961年，赵国藩出版了专著《钢筋混凝土按极限状态的计算》。这本书主要阐述钢筋混凝土结构按极限状态计算的基本原理和系数的确定方法，并载有我国关于混凝土均质系数，钢材均质系数和风荷载的研究成果，以及关于承载能力、变形、裂缝的出现和扩展等按极限状态的计算公式的推导和实用的计算使用图表等。该书1961年第一次印刷后，作为高等学校教学用书、工程技术人员和科学研究人员参考书颇受欢迎。这本著作，是基于苏联著名钢筋混凝土结构理论家和结构力学家格沃兹杰夫之后，我国最早、最系统、最完整的一部关于极限分析理论的专著。

据不完全统计，赵国藩自1952年到工学院的10年间在工程建设、大连工学院学刊、土木工程学报等发表了20多篇学术论文，其中有几篇学术水平相当高，许多观点都是非常前沿的。他的这些学术论文和翻译的苏联专著和本人的专著都是在非常艰苦的条件下做出来的。赵国藩在日常的生活中，没有节假日，没有白天，没有黑夜，毕生投身于科研与教学中。20世纪50年代，生活十分艰苦，普通人家很少有能安装上空调的，在炎热的夏天，赵国藩为了推演计算公式，就走出房间，坐在自己家中的阳台上，脱掉上衣，光着膀子，披着毛巾（吸汗），挥汗计算。这一情景被水利系的同事来访时见到，很快就在水利系广为传播。每当大家谈起此事，都深深地敬佩赵国藩的这种刻苦钻研的精神。

1978年7月，经辽宁省有关部门批准，大连工学院提升8名讲师为教授，赵国藩名列其中，并为越级晋升。大连工学院党委对于赵国藩破格晋升教授上报材料写道："赵国藩同志多年来不论是在他所担任的教学工作或生产建设任务中，都一贯认真负责，积极完成。三年多来他担任水电部钢筋混凝土设计规范修订组的技术指导、交通部水运工程钢筋混凝土设计规范修订组领导小组成员、国家建委钢筋混凝土规范联络员，为国家建设作出较大贡献。该同志在教学工作中一直是积极努力的，教学效果好，几次参加全国水利类专业通用的钢筋混凝土教材编写工作，起了主要作用。多年来在科研中，态度认真、刻苦钻研，取得了显著成果，有的纳入国家规范，用于生产建设中。他先后在《土木工程学报》《水利学报》等刊物上发表过二十几篇学术论文，有的论文在国内是最早的，起了传播、介绍先进科学技术，促进和推动生产发展的作用。该同志在钢筋混凝土及力学方面基础较深，有较高的造诣，在国内享有一定声望，他做了许多理论研究工作，也参加了不少工程生产实践，是国内钢筋混凝土方面的一名专家，为国家社会主义建设作出较大的贡献。"

攀登科技高峰

为了加强国家对基础研究和应用基础研究的支持，推动基础性研究持续稳定地发展，攀登世界科学高峰，国家从 1992 年起设立"攀登计划"。土木水利项目是国家攀登计划中的两个大项。赵国藩是我国工程结构可靠度理论的开拓者之一，对结构可靠度的研究与应用有着深刻的认识和见解。他具有多年可靠度理论与应用理论研究和规范编制经验。因此，他也成为了国家攀登计划课题"有关建筑结构安全性与耐久性设置标准的基础研究"的负责人。此课题建立的根本宗旨是通过 5 年的基础研究，掌握我国建筑结构的安全水平和耐久性情况。当时的背景是，我国经济快速发展，而建筑结构设计采用的标准和规范虽经多次修订，但安全度基本没有变化，总体上处于 20 世纪 50 年代的水平，因此提出了对于规范的安全水平重新进行审视和深入研究的要求。这是一个看似简单但却非常艰巨的任务，因为建筑结构的安全水平不仅与百姓的生活密切相关，而且还关系到国家资源的分配和其他行业的发展。换句话说，这不仅是一个技术问题，同时也是一个国家战略决策问题。研究成果可为国家建筑结构安全度水平的调整提供依据。

为带领团队完成这一艰巨的科研任务，赵国藩制定了详细的研究计划，自始至终把握着正确的研究方向。他特别强调哪些是科研人员研究的技术问题，哪些是政府部门的决策问题。

首先，赵国藩将建立一支既能从事科研，也能从事教学，其特点是以学科建设为中心；以探索学科前沿为目标，促进专业建设的队伍放在了首要的位置。他经过认真系统思考和对通盘的把握后，对参与项目的每个人进行严格的考核，然后根据研究资源、技术、环境进行合理优化的配置。经他负责组建课题组采用课题负责人全面负责的管理办法，下配有课题秘书。课题秘书的职责是，根据整个课题的布局及研究进展，协调各研究成员的研究工作，每月组织课题组内部的研究情况汇报及其他的有关学术活动，负责课题年度研究报告的整理工作。

确定好科研团队后，赵国藩根据结构可靠度理论和应用方面存在的需要进一步研究的问题，将课题研究的基本任务选定为以下四个方面：

（1）典型结构抗力与荷载的大规模实测；

（2）安全性的表达方法与精度设定；

（3）设计与维修理论的协调；

（4）安全定量分析与决策定性推理。

根据这四个方面赵国藩确定了：以建筑结构可靠度设计理论中当前急需解决的关键性问题为研究对象，以结构设计规范的应用为目标，应用现代的结构分析、计算技术和比较成熟的数学工具，按照上述的基本研究内容，全面、系统地开展研究的技术路线。

按照实际情况调整工作方针，这是赵国藩在整个项目中常常采用的方法。当项目实施一年后，根据课题执行中遇到的一些问题以及与其他课题的协调，1996 年 3 月在"国家基础性研究重大项目子题补充说明书"中，赵国藩又对课题的基本任务作了局部调整和说明。主要是考虑到有些课题开展了施工期结构荷载的调查工作，有些课题开展了老化结构抗力实测工作，本课题组不再重复对结构抗力结构荷载效应组合等方面的研究内容。

2000 年，恰逢项目接近尾声时，国内开展了建筑结构安全水平设置标准的大讨论，当时建设部领导非常重视，组织了几次国内学者、设计院总工程师的讨论。在讨论会上，赵国藩根据多年对结构安全问题的认识和这次项目的研究成果，发表了"影响工程结构可靠度的主要问题及对微调的建议"的意见（见《建筑科学》2000 年第 5 期）。在这篇论文中，赵国藩总结了新中国成立以来建筑结构服役的总体情况，本着厉行节约的原则并考虑我国经济的发展，提出对我国建筑结构设计的安全水平进行微调的建议。赵国藩和其他一些专家的意见成为我国后来建筑结构安全度水平调整的基调。在 2000 年后颁布的建筑结构设计规范中，对楼面活荷载、风荷载、材料强度等进行了调整，使我国建筑结构的安全度水平有所提高，同时又不会造成费用过大的提高。

赵国藩带领他的课题组经过 5 年的努力工作，出色地完成了课题的全部内容。5 年来提交年度研究报告 4 本，并通过了 1995 年、1996 年、1997 年和 1998 年的年度检查。1996 年 10 月由大连理工大学出版社出版《工程结构可靠性理论与应用》专著一部，该专著 1998 年被辽宁省技术经济中心评估为"具有国际先进水平的优秀论著"，并于 1999 年获辽宁省科技进步二等奖（专著类）；包括本课题部分研究成果在内的项目"工程结构可靠度理论及其应用"1998 年获国家科技进步二等奖。

另外，攀登计划 6.1 课题不仅按期完成了国家任务，还为以后的科研提供了许多宝贵的经验，赵国藩在总结报告中写到：

（1）攀登计划是涉及面广、起点高的基础性研究项目，研究队伍庞大。因此，项目的组织管理非常重要。我们感到项目实行动态管理是必要的，每年进行年度评审的办法是积极、可行的。

（2）研究生（特别是博士研究生）是课题研究的主力军，关心他们的生活，使他们无后顾之忧，全身心投入课题研究，是保证课题高质量完成的一个重要方面。

（3）本项目为期五年，时间跨度大，在研究生学习期满离校的流动过程中，保证研究内容的前后衔接非常重要。因此，要加强协调与合作，避免研究的重复与脱节。

（4）课题内部的定期讨论是活跃学术气氛、沟通课题组成员学术思想的好办法，同时也督促了课题组成员的工作。

情系拱坝和码头建设

从工程中来，为工程服务。赵国藩带领他的课题曾经承担过 7 项国家重大工程关键技术中的 10 项攻关子题，很多项目都与大坝工程相关，通过对其中多个工程关键问题的研究，解决了技术上的一些难题，为工程的顺利完成提供了保障。

二滩水电站是我国 20 世纪投产的最大电站，为中国能源建设的重点工程。混凝土拦河大坝高 240m，在同类坝型中，当时属世界第三高坝，投资近 300 亿元。赵国藩和他的课题组承担了"七五"重点攻关项目子题"平面应变状态下混凝土本构模型研究"。承担此项目后，为了使这项研究顺利完成，首先研制了一套混凝土三轴试验装置，每向最大压力为 2000kN，最大拉力为 500kN。为了进一步提高工作效率，课题组还将三轴试验装置同从美国MTS公司引进的疲劳试验系统联机，从根本上推进了"平面应变状态下混凝土本构模型研究"的项目。该项目由于赵国藩制定了正确的研究技术路线，方法先进，成果可信，结论可靠，所以很快便完成了合同所规定的要求。赵国藩领导的课题组完成的这项成果被鉴定为"达到国内领先水平，部分达到国际先进水平"，于1991年获能源部电力科技进步一等奖。

赵国藩在承担四川二滩拱坝子题时，还完成了"八五"攻关项目的3项子题。在该项研究中提出黏弹性和损伤滞后理论，建立了拉伸和压缩时的黏弹性损伤动态本构模型；提出地震作用下结构全过程分析所需要的加载、卸载过程线表达式，成果被鉴定为"国际先进水平"；通过对全级配大尺寸试件和湿筛小尺寸试件在双轴拉压状态下强度和变形的试验，提出了考虑试件尺寸效应的主应力空间和八面体应力空间的破坏准则，成果被鉴定为"国际先进水平，部分国际领先水平"。提出简便、实用的混凝土Ⅰ-Ⅱ复合型断裂准则和动态疲劳断裂准则，成果被鉴定为"国际先进水平"，于1996年获国家教委科技进步二等奖。"八五"项目1996年获国家计委、科委、财政部颁发的国家"八五"科技攻关重大成果证书，1998年获电力部科技进步二等奖和国家科技进步三等奖。

"七五"国家重点建设项目东风拱坝，须严格防止危害性裂缝，而混凝土坝的裂缝是国内外工程界极为关注且难度很大的重大问题。东风拱坝是亚洲最薄的高拱坝，坝高153m（深槽以上），拱冠顶厚6m，底厚25m，厚高比仅0.163，坝体混凝土须严格防止危害性裂缝，否则维修将会十分困难。赵国藩承担该"七五"攻关专题的子题"混凝土裂缝的评定技术"，通过对3.6m×3.0m×0.2m和3.6m×2.5m×0.45m特大型大骨料混凝土试件的试验研究和理论分析，在国内外首次发现了混凝土高（厚）度超过2m时，断裂韧度不随尺寸变化的规律，排除了尺寸效应的干扰，证实了线弹性断裂力学可应用于大体积混凝土结构的裂缝评定。

混凝土断裂韧度的尺寸效应是早在1960年代国外学者就提出的问题，并且一直未能解决。赵国藩带领他的课题组通过这次攻关研究初步得出了断裂韧度尺寸效应的规律，所得的结论在国内外是首次明确提出的可望为线弹性断裂力学在水工混凝土结构中的应用，采用线弹性断裂力学分析水工混凝土结构裂缝稳定性提供参考。这项研究成果具有理论和实用意义。

在测定混凝土在各级荷载作用下的亚临界扩展量及阻力曲线时，赵国藩坚决主张采用光弹贴片、电阻应变片等测试手段和方法。他通过对由光弹贴片法和电阻应变片全场布点法观察到：当试验高度超过1m，裂缝稳定扩展长度与试件尺寸无关，约为200mm；由此所得的等效断裂韧度与试件尺寸无关。并由此提出大型混凝土结构裂缝扩展的双K判断准则。该项目成果被鉴定为达到"国际领先水平"，攻关专题获能源部电力科技进步奖一等奖和国家科技进步奖二等奖。其相关的两项国家自然科学基金和一项水利水电基金研究成果"混凝土损伤和断裂机理"分别获国家教委科技进步奖二等奖和国家自然科学基金资助项目优秀成果。"混凝土静态及动态断裂特性研究"获国家教委科技进步奖二等奖，1999年获国家科技进步奖三等奖。

普定坝是结合我国"八五"科技攻关，采用高掺粉煤灰和低水泥用量的碾压混凝土作为筑坝材料，应用碾压混凝土材料和筑坝新技术建成的我国首座碾压混凝土拱坝。为了解决碾压混凝土拱坝的层面抗剪特性方面的问题，受原能源部水利部贵阳勘测设计院的委托，赵国藩带领他的课题组于 1991 年 12 月承担了国家"八五"重点技术攻关项目"普定碾压砼拱坝筑坝新技术研究"专题中的《普定碾压混凝土拱坝层面抗剪特性研究》子题。

赵国藩承担这项课题后，带领他的课题组首先从碾压混凝土层面抗剪特性入手，进行了碾压混凝土多轴剪压强度试验及变形和损伤特性试验研究。为准确反映普定现场碾压混凝土的特性，许多试验原样都是赵国藩和他的课题组的成员直接取自于普定拱坝。建立了包含拉剪、拉压剪、压压剪本体和层面特性的碾压混凝土破坏准则和内时损伤本构模型。这项模型当时在国内外均属少见，其本构模型的先进性在于将内时理论与损伤力学相结合，采用较少的基本方程和参数就能反映碾压混凝土本构关系的本质特性，另外不需要屈服面的概念，这不仅使计算过程简化，而更重要的是它符合碾压混凝土等材料根本没有明显屈服面的特性；其破坏准则的先进性在于通过一个应力状态能将各种应力状态的破坏准则统一到一个公式中，并且各种应力状态可以自动转化，这便于设计和非线性分析应用。

该项工作建立了普定拱坝碾压混凝土在拉剪、拉压剪、压压剪多轴受力状态下的本体和层面的破坏准则和内时损伤本构模型，为设计提供了依据。该项成果被鉴定为"国际先进水平"，于 1996 年获电力部科技进步一等奖，1998 年获国家科技进步一等奖。

其他项目，如"九五"有关"云南小湾水电站混凝土双曲拱坝和四川沙牌碾压混凝土拱坝"项目，港口重大工程、国家"攀登计划"项目以及国际合作项目等，赵国藩及其学生们都付出了巨大心血，进行了多方位的试验研究、理论分析。

赵国藩在教学、科研、学科建设方面做出了杰出贡献。他带领大连理工大学土木系结构工程专业成为我国首批硕士点，并于 1984 年创建博士点。他先后培养指导博士生 72 人，硕士生 87 人，博士后 9 人，访问学者 3 人。毕业研究生中有 2 人获霍英东教育基金会奖，1 人被评为"有突出贡献的博士学位获得者"，8 人为博士生导师，1 人获中青年突出贡献奖学金，1 人获长江学者特聘教授。赵国藩热爱祖国、热爱科学，献身于祖国建设和高等教育。他的卓越贡献、严谨的教学风范以及高尚的道德风范，正激励着新一代科技工作者和工程技术人员奋勇前进。

案例 5： 中国设计大师——谢世楞

人物生平，熠熠生辉

谢世楞院士，港口和海岸工程专家，中共党员，于 1935 年 5 月 20 日生于上海市，1956 年毕业于大连工学院（现为大连理工大学）水利工程系水道和港口工程专业；1956 年 9 月—1958 年 8 月，北京交通部水运设计院技术员；1958 年 8 月—1978 年 2 月，

交通部第一航务工程勘察设计院技术员；1978 年 2 月—1979 年 11 月，交通部第一航务工程勘察设计院设计室主任、工程师；1979 年 11 月—1981 年 11 月，荷兰德尔夫特理工大学进修海岸工程专业，访问学者；1981 年 11 月—2004 年 4 月，交通部第一航务工程勘察设计院，副总工程师、成绩优异的高级工程师；1999 年 12 月，当选中国工程院院士；2004 年 4 月，任中交第一航务工程勘察设计院有限公司高级技术顾问。

谢世楞院士

科研成就，硕果累累

谢世楞院士主要研究方向为港口和海岸工程设计标准以及港口和海岸工程新型建筑物的开发和设计方法研究。从事港口及海岸工程设计 60 年多来，谢世楞院士完成工程设计 100 余项，其中国家重点及大中型项目 40 多项。在水工建筑特别是在深水防波堤方面有国内外领先的独创成果；在海港水文特别是波浪和泥沙理论方面造诣很深，为我国海岸动力的设计条件充实了理论基础，曾在国内外发表论著 50 余篇，有很高的科学性、创造性和实用价值，其中有些是海岸工程的重要著作。谢世楞创造的直立堤前冲刷公式，多次在国际会议和刊物上被推荐使用，被业界称之为"谢氏理论和公式"，这一理论已被实际工程应用和推广，并纳入交通部防波堤规范，在国内外享有很高的声望。他提出的淹没情况下半圆形防波堤上的波浪力计算公式，已在长江口深水航道治理工程中推广应用，效果良好。

谢世楞院士主持的设计与科研项目获得国家优秀设计金、银质奖和国家质量银奖 6

项、国家科技进步一等奖 1 项、国家科技进步二、三等奖 3 项，交通部优秀设计一等奖 5 项，交通部科技进步奖 3 项，联合国发明创新科技之星奖 1 项，并有 3 项研究成果由中国专利局分别授予 1 项发明专利和 2 项实用新型专利。

海外求学，心系祖国

伴随着改革开放的到来，我国对外贸易来往日渐增多，外贸海运量猛增，对港口码头的等级要求越来越高，但在海岸工程理论方面，如对波浪、泥沙的研究以及试验设备等与国际先进水平还有不少差距。谢世楞看在眼里，急在心里，他决定出国求学，用国际先进的建港技术回报祖国，发展祖国的港口事业。

1979 年，谢世楞报考了教育部选派到国外进修的留学生，在众多竞争者中脱颖而出，成为当年港口工程专业赴国外进修的三名人员之一。他主动要求到荷兰代尔夫特（Delft）理工大学海岸工程研究室深造，师从世界著名海岸学专家拜克尔教授。

鉴于谢世楞"进修生"的身份以及中国当时港口和海岸工程的实际水平，拜克尔教授开始时安排谢世楞研究海浪对海堤上人工护面块体的内力分析工作。谢世楞一听心凉了半截："这方面研究在国内也能做，学不到拜克尔教授的核心技术，我何以提升国内港口建设水平、报效祖国？"他大胆地说出了自己的想法，拜克尔教授在惊诧之余也深为谢世楞的爱国热忱、求学精神感动，决定让他研究当时最前沿的波浪冲刷理论——也是他自己的专长。

谢世楞没有让恩师失望，两年后，他提交了论文《直立式防波堤前的冲刷形态及其对防波堤整体稳定的影响》，对有关的计算理论提出了突破性的观点。论文发表后，成果被日本、澳大利亚、美国和欧盟等有关文献多次引用，所提出的直立堤前冲刷公式，被称为"谢氏理论"和"谢氏公式"，之后还被纳入当时的交通部防波堤规范，并收入美国《海岸工程手册》。

拜克尔教授当面没有太多的夸赞，却作出了两个"破天荒"之举，其对弟子的称赞与自豪胜于千言万语。其一，在正式出版的论文上，他在谢世楞的名字前加上了"荷兰代尔夫特（Delft）理工大学海岸工程研究室研究员"的头衔，按照荷兰惯例，研究室主任有权力选聘研究员，这等于他已默认此点。其二，为谢世楞论文正式出版，并将其中 50 多份寄给全世界相关领域最权威研究机构收藏。在荷兰，研究生也还没有正式出版论文的资格，更何况谢世楞"进修生"的身份，给全世界最权威研究机构寄发 50 多份论文更是少中又少的举动。

1988 年，受美国《土木工程实践》设计手册主编的邀请，谢世楞为该手册编写了"波浪对建筑物的作用"一章，在该书中也包含了他的直立堤前冲刷公式的成果。直到现在，这个理论和公式仍是有关国家研究机构从事该项实验研究的一项依据。在一次深水防波堤国际会议上，德国专家说，"谢世楞先生是世界上同时用规则波和不规则波完成动床模型研究直立式防波堤前冲刷问题的第一人。"

大国工匠，党员模范

谢世楞院士在 60 多年的工作中，在平凡的岗位做出了不平凡的业绩，并多次获得上级表彰。1959 年被评为天津市劳动模范；1986 年被评为天津市先进科技工作者；1986 年被国家科委批准为国家级有突出贡献专家；1988 年被交通部授予成绩优异的高级工程师；1991 年享受政府特殊津贴；1992 年获天津市海岸动力及海岸工程设计专家称号；1994 年获中国工程设计大师称号；1998 年当选为交通部技术委员会委员；1999 年当选中国工程院院士；2010 年被国家商务部授予中国援外奉献奖金奖；2011 年被交通运输部评为长江口深水航道治理工程建设杰出人物；2016 年被国家海洋局授予"终身奉献海洋"纪念奖章。

此外，谢世楞院士还兼任中国海洋工程学会理事兼海岸工程专业委员会副主任委员、中国土木工程学会港口工程专业委员会委员、全国水运工程标准技术委员会委员兼海岸动力分委会主任委员、国际水利研究学会海洋水力学委员会委员；亚洲和太平洋海岸工程会议理事、中国海洋工程学会名誉理事长，以及天津大学兼职教授等。

谢世楞院士一直眷恋着我国港口建设事业的发展进程。步入耄耋之年，仍老骥伏枥，心系港口的未来，关注着公司的各项工作，为我国港口事业倾注了自己毕生的心血，充分体现了一名共产党员的高尚品质和思想境界，充分体现了一名忠诚的筑港人甘于奉献的崇高精神。

谢世楞院士热爱祖国、热爱党、热爱人民、热爱港口事业，具有强烈的事业心和高度的责任感，是我们学习的楷模和典范。他设计严谨，精勤不倦，一丝不苟；他为人正派、严谨务实，平易近人，深受人们的尊敬和爱戴；他兢兢业业，鞠躬尽瘁，把毕生精力献给了祖国的港口事业，为我国港口事业的起步、发展和现代化建设作出了卓越贡献，为国际港口事业的进步作出了贡献。

案例6： 李士豪——献身科教、甘为人梯

李士豪教授（1914—1992 年），水利工程教育家和工程水力学专家。他创建原大连工学院水利系，推广电测技术在水利科学研究中的应用，是高速水流问题研究的开拓者之一，为培养我国的水利工程建设人才和解决水利建设中的水力学问题做出了卓越贡献。

李士豪教授

毅然回国

李士豪祖籍广东省梅县，于 1914 年 5 月 22 日出生在黑龙江省哈尔滨市的一个小康家庭。1932 年秋，李士豪考入交通大学唐山工学院土木系，于 1936 年获学士学位后去美国康奈尔大学研究院水利工程专业深造。1939 年 12 月李士豪回国后在重庆中央大学水利系任教授。1946 年 7 月，李士豪到南京水利部工作，1948 年底，解放军兵临长江，南京兵荒马乱，李士豪于 1949 年 1 月辞去水利部的职务。在李士豪辞职的同时，中央大学的一位地下党员问他："在老解放区大连，共产党正创办一所新型大学，很需要人，您是否愿意去？"他不顾家庭困难，毫不犹豫的表示愿意。于是，在党组织的精心安排下，他从南京到上海、香港，再经朝鲜，怀着建设新中国的崇高理想，于 1949 年 3 月 28 日到原大连工学院任教授兼土木系主任（1954 年土木系改为水利系），并于 1956 年 6 月加入中国共产党。"文化大革命"前的十七年，他除了担任土木系（水利系）主任外，还兼任过院工会主席、科研处处长、教务处处长、中国共产党大连工学院党委委员，大连工学院学术委员会副主任、水力学教研室主任等职务，呕心沥血，为建立发展大连工学院、水利系，为培养新中国的水利建设人才，做出了很大的贡献。

奉献教学

李士豪教授于 1949 年 3 月担任大连工学院土木系主任的时候，土木系只有几名教师和一块牌子，而第一届学生将在当年秋后进校。虽然准备工作十分紧迫，但李士豪认识到共产党创办的大学应该和旧大学有区别，必须贯彻联系实际和加强学生思想工作的方针，因此在组织教师们确定专业设置、教学计划、课程设置、教学大纲和编写教材时，并不是简单的"拿来"，而是进行了一定程度的改革。经过艰辛劳动，终于为土木系这个"胎儿"

的分娩准备了必要的条件。

学生进校后，教师不够，因此每位教师都必须讲几门课。作为系主任的李士豪，一方面通过各种渠道招聘教师，另一方面身体力行，在建校初期的行政工作十分繁忙之际，还要主讲几门课，付出很多心血！1952年，大连工学院筹建新校舍，李士豪认为对土木系学生来说，既应注重基础理论，同时应加强实际锻炼，建造新校舍是给土木系师生提供了实际锻炼的机会。在党组织的领导下，他和其他教师一起指导学生进行校园测量、道路规划、校舍设计，加快了基建的进度，使大连工学院的主体很快迁到了新校舍，即现在的大连理工大学校址。

1951年开始了高等教育向苏联学习，1954年大连工学院来了苏联专家，土木系先后共来了四位。当时的苏联技术水平、高等教育的经验，也的确都是值得我国学习的。为了更好地学习苏联经验和采纳苏联专家的有益建议，李士豪带头积极学习俄语而且很有成效。李士豪还积极使用苏联教材，吸收他们的长处；安排教师，补做毕业设计等。在李士豪的推动下，深化了原有教学体系改革。当年，大连工学院土木系向苏联学习，是比较有成绩的，在全国有一定影响。

1954年，高等学校院系调整，苏联专家指导的水利类研究生班由哈尔滨工业大学调到大连工学院水利系，李士豪感到这是培养水利系师资的极好机会。在他的支持下，这个研究生班一共办了三期。它的毕业生一部分留在大连工学院任教，相当大一部分到有关兄弟院校任教。后来，他们都成了我国水利工程教育中的骨干教师。为了提高师资素质，李士豪还有计划地派出部分教师到兄弟院校学习，以收博采众长之效。1958年，当时的高教部要求大连工学院支援部分师资组建郑州工学院水利系。因为大连工学院水利系本身也是新建的，底子薄，师资并不富裕，但李士豪从大局出发，而且不以邻为壑，组建了一个很强的班子，输送给郑州工学院。

献身科研

李士豪认为培养高质量的工程师，必须有相应的实验室。因此，在向苏学习的同时，他积极争取院领导的支持，于1954年先后建完了材力馆（包括结构、建材、材力和水力学实验室）和当时在国内较先进的水利馆（包括水力学、水工、水能和港工实验室），为水利系的教学实验和科学研究提供了必要的物质条件。

大连工学院水利系在1987年又改为土木系，师资力量、专业设置和实验室等各方面都有很大的发展，但是大家都还没有忘却当初创业的艰辛，老校友们都还深深怀念着老系主任李士豪教授。

在50年代初，我国水利科学研究中电测技术还用得极少，和国外先进国家相比有很大的差距。李士豪利用苏联专家在水利系当顾问的有利条件，于1955年、1956年开办了两期电测技术学习班，请专家等讲授电测技术。这两期学习班后，在大连工学院出现了一批电测传感器，用来测量水流的脉动流速、脉动压力、水位、应力、振幅和振动加速度等，使大连工学院水利系的实验水平提高了一大步。

电测技术的应用，提供了量测随机脉动量的有力手段。考虑到我国将来会建立一大批高坝，泄洪流速比较高，从国情出发，李士豪于 1956 年开始研究护坦（溢流坝后平坦的使河床质不被冲刷的保护结构）上的水流脉动压力，这是高速水流的基本问题之一。他对脉动压力的点、面关系，脉动压力的相似律等问题都做过较系统和较深入的研究。他是国内最早开展水流脉动压力的研究者之一。

在李士豪的影响、带动和组织下，高速水流问题成了大连工学院水利系的主要科学研究方向之一，40 年来没有中断，具体的研究课题一直和我国水利建设中的实际问题密切结合。如在 50 年代末研究流溪河溢流坝坝面过流时的脉动压力、三峡溢流坝面反弧段的总脉动压力；后来扩展到研究由水流脉动诱生的结构振动，如大伙房水库、乌溪江水库和鲁布革水库的闸门振动等，在研究吉林海龙水库进行水塔振动时李士豪还曾亲自到现场查看振动实况。

60 年代初，李士豪就准备研究高速水流引起的空化空蚀问题，因种种原因，大连工学院研究室空化空蚀的基本设备一直到 70 年代末和 80 年代初才陆续建成。那时已年过花甲的李士豪仍亲自参加坝面凹槽等不平整度空化问题的实验研究和指导数值模拟。在他的倡议下，大连工学院水利系于 1983 年成立了高速水流研究室。这个研究室在他的指导下经过十多个高坝的空化空蚀问题，为工程设计提供了必要的依据。

李士豪从 1956 年开始招收指导研究生，他的研究生们也大多从事高速水流的研究。多少年来，他一直坚持研究生选题要有明确的生产背景，一直亲自为研究生修改论文和讲课。80 年代末，他虽已年逾古稀，但仍在为研究生讲授"边界层理论"；并历时五个春秋，三易其稿，出版了供水利建筑类专业的研究生使用的"流体力学"教材。

淡泊名利

李士豪教授淡泊名利，他做了大量为其他同志从事科学研究所必须的搭桥铺路工作。他兼任科研处长和教务处长时，经常因开会等工作需要住在集体宿舍。早在 60 年代初，"三年严重困难"期间，李士豪说，作为一个共产党员，应该分担党和国家的困难，于是每个月交 100 元党费，一直持续了好几年。

李士豪长期积极参加科协、学会的活动。在 50 年代初，他热情参与了筹建旅大市科协及旅大市土木工程学会；从 50 年代后期开始，长期任辽宁省科协副主席；他还担任过中国力学学会理事、中国水利学会理事及名誉理事、中国水力发电工程学会理事及名誉理事、辽宁省水利学会副理事长及中国水利学会水力学专业委员会副主任等职务，为科协和有关学会做了大量工作。

人到无求品自高，但真要做到对名利的无求又谈何容易？李士豪教授几十年的言行表明，他做到了这一点，他的高尚品德是有口皆碑的。"一片丹心为教育，半点未曾留自己；春蚕到死丝方尽，蜡炬成灰泪始干。"李士豪如春蚕、蜡炬，把自己的一生默默奉献给了中国的教育事业和水利事业。

案例 7：陆文发——爱国钢桥专家

陆文发，1916 年 12 月 8 日生，浙江省鄞县人。1939 年毕业于上海交通大学土木系。后在交通部桥梁设计处实习，任粤汉铁路公务员。1945 年去美国实习铁路工程，1951 年获密歇根大学工学博士学位。曾在美国四家顾问工程公司从事结构设计工作两年。1951 年回国，应聘于大连工学院水利系（现改为大连理工大学建设工程学部），任教授。历任工程结构教研室主任、海洋工程教研室主任，兼任中国土木工程桥梁与结构工程学会第一、二届理事，中国钢结构协会第一届理事，长期从事教学、生产及科研工作，专长土木

陆文发教授

结构工程。1980 年参加《海上固定平台入级与建造规范》的编写工作，任编写组副组长。这本规范填补了我国海洋工程检验法规的一项空白，1984 年被中国船舶检验局评为科技一等奖。1975 年参加大连新港油码头设计，1981 年获国家建委全国七十年代优秀设计奖。1984 年主持设计大连市滨海路北大桥。合编教材有《水工钢结构》《近海导管架平台》等，培养研究生十余人。

滇缅公路功果桥抢修，为抗战做出了贡献

陆文发毕业后，为了支援抗战被分配到昆明交通部桥梁设计处实习，并参与建造了滇缅公路和建造澜沧江功果桥。在抗战时期，滇缅公路是我国通向海外和从海外输入军用和其他物资的主要国际通道。滇缅公路自昆明至腊戍，全长 1200km，地处西南高原，海拔 1400～3000m，路线跨越澜沧江、怒江等大河。在澜沧江上建有功果桥，跨径 88.55m，在怒江上建有惠通桥，跨径 87.23m，二桥均为单跨加劲木桁架悬索桥，且均为便桥，仅能通行轻型卡车。在抗战时期，由于交通运输任务繁重，在功果桥上游数百米处，另建新桥，能通行重型卡车，桥型选用钢塔单跨加劲钢桁架悬索桥，跨径为 135m。大桥主体在香港加工制造，然后运至功果工地进行安装。陆文发于 1940 年由昆明去功果参加工地工作。那时全桥安装工作进展顺利，不久桁架的吊装工作在桥跨中央合拢，大桥工程即将全部完成，准备正式通车。看到满载物资的十轮大卡车在桥上源源平稳通过，这些物资将送往前线支援抗战，陆文发欢欣鼓舞，感到无比高兴。

可是过了不久，日机前来功果侦察并轰炸。第一次来袭，日机找错了目标，第二次来袭，功果便桥被炸毁，第三次又来袭，日机轮番轰炸，功果新桥锚碇前部的缆索被炸断

开，导致大桥全部塌落。通车仅一个多月，功果新桥就此被炸毁，使滇缅公路交通运输全线中断，抗战大受影响，他深感愤恨。为了恢复交通，组织力量进行抢修，先在河上加强渡轮运输，以维持两岸临时性的交通。在抢修中，白天要躲避日机空袭，只能在每天早晚进行抢修。悬索桥上的零配件主要是在昆明中央机器厂加工制造的，他的同学董铁宝也自畹町来功果参加抢修。陆文发后来回忆"当时我们住的房子，不少已被炸毁，有几个晚上我和董铁宝睡在炸毁的屋子里。那时的生活条件和工作环境虽然很差，但我们一点不觉得苦和累，有说有笑，都很乐观。"为争取早日修复功果桥，大家积极工作，经过两个多月的抢修，大桥终于得到修复。

1940 年，在功果桥建桥过程中，昆明交通部桥梁设计处处长钱昌淦因公自重庆回昆明途中遇日机劫机，不幸在昆明机场遇难。为纪念他的功绩和为此桥而殉职，在抗战胜利到来前夕，功果桥改名为昌淦桥。桥梁设计处处长一职，后来由茅以升担任。

海外留学，心系祖国

1944 年冬，美国以"租借法案"拨款，由交通部、农林部及经济部先后考选 1200 名学员赴美国实习。陆文发通过严格的初试（在广东省坪石粤汉铁路管理局）和复试（在江西赣州），考取了公派赴美国实习工程技术员资格，专业是铁路工程。

1945 年 7 月，陆文发等五人被分配到田纳西州的一个铁路公司实习了半年，后申请转入密歇根大学读书。"第一学期我选修了五门课，含理论、公路及铁路经济、施工方法及设备、铁路选线及站场设计。"陆文发后来回忆。1947 年，取得了硕士学位后到底特律的一家美国顾问建筑工程公司找到了工作，从事绘图和设计工作，主要工程有啤酒厂、医院、学校房屋和纪念馆等。

1948 年 9 月陆文发重回密歇根大学，办理入学手续，攻读博士学位。1951 年初，通过博士论文答辩。博士毕业后在美国得到很好的工作，薪水也很高。新中国成立后陆文发毅然决然抛弃这一切，冲破种种阻碍，1951 年 6 月 23 日搭乘"克利夫兰"总统号邮船，在海上漂泊一个多月转道日本横滨和中国香港回到上海。当时，他的母校上海交通大学和其他几所大学都想聘他做教授，但他积极响应党和国家号召，急国家之所急，接受了刚成立不久的条件较差的大连大学（大连理工大学前身）的聘书。

主持大连市滨海路北大桥

北大友谊桥是大连市和日本北九州市结为友好城市五周年的纪念建筑物，位于大连市老虎滩公园的西侧，东邻半拉山，西倚燕窝岭是联结闻名的老虎滩公园和傅家庄浴场的纽带，对开发大连市的旅游事业将起重要作用。为纪念日本北九州市和大连市结为友好城市，祝中日两国人民永远友好而取名。该桥为三跨简支加劲桁架悬索桥，钢桥塔，钢筋混凝土桥面，全长 230m，宽 12m，双车道，能通行 15t 汽车，主车道宽 8m，两侧人行道各宽 2m，桥塔高 35m，为双层框架钢结构，桥台、转向支墩和锚碇为重力式混凝土整体结构。全桥结构选型和尺寸比例合理，设计得当，满足了美观实用、结构轻巧的要求。

桥型采用钢塔三跨简支加工劲桁架悬索桥，引起日本方面的兴趣。当年应日本北九州市的邀请，陆文发率领大连市桥梁及城市规划考察组访问日本，考察了日本已建成和在建的大小悬索桥十余座，并和日本桥梁专家们对悬索桥的设计和建造技术问题进行了交流。北大桥全长230m，桥宽12.5m，结构新颖，造型优美，为大连旅游区增添了景色。

　　在大连北大桥设计中，桥梁顶端的索鞍设置对桥塔结构设计影响较大，是采用固定设计，还是可滑移设计，是桥梁设计必须重点解决的问题。由于20世纪80年代初，我国悬索桥为数有限，可借鉴的工程经验几乎没有，而国外的悬索桥设计也不尽详致。设计组在陆文发的指导下，从施工放索到主缆成形，从桥面载荷变化到温度变形控制，对索鞍的设置方式以及对桥塔的影响都进行了详尽的分析，最后提出了可动限位的索鞍设置方案，工程实践证明这种方案是可行和有效的。

案例8： 陈守煜——守献身科教初心 担立德树人使命

陈守煜教授 1930 年 10 月出生于上海，祖籍浙江宁波。1952 年毕业于上海交通大学土木工程系，同年 9 月任教于大连工学院（后更名为大连理工大学）。1955—1957 年在河海大学水文学研究生班在职学习。20 世纪 80 年代中期至 2014 年 2 月，担任大连理工大学水利工程学院水文学及水资源、水利水电工程专业博士生导师，水利工程学科博士后科研流动站导师。

陈守煜教授

学识卓越，硕果累累

陈守煜教授学识卓越，致力于水文水资源系统分析、工程模糊集理论与应用的研究 60 余载，是我国"模糊水文水资源学""工程可变模糊集理论"的创始人。陈守煜教授指导并培养优秀研究生和博士后 50 余人，在国内外发表论文 450 余篇，出版学术专著 10 余部，代表性专著有《工程水文水资源模糊集分析理论与实践》《系统模糊决策理论与应用》《工程模糊集理论与应用》《可变模糊集理论与模型及其应用》等；研究成果分别获得国家级、省级、部委级科技专著图书奖、自然科学奖、科技进步奖等共计 19 项，为我国相关领域的发展做出了突出贡献，其 83 岁时发表在《水利学报》的科技论文，被评为"中国最具影响力的百篇优秀论文"之一。

执著研究，学术典范

陈守煜教授毕生热爱教学科研工作，一生不停地攀登科技高峰，耕耘不止，创新不断。20 世纪 50 年代参加三峡水库前期规划研究时，陈守煜教授提出了确定三峡水库年调节库容的概率统计方法；20 世纪 70 年代参加水能利用计算机应用研究，建立水利水能计算数值解法新途径，1980 年发表的论文《水库调洪数值解法及其程序》与国际上同类成果相比早 12 年，现已广泛用于水库防洪调度生产实践，取得了显著的防洪效益，在国内外产生了重大影响；1987 年 10 月、1990 年 9 月分别在我国西安和波兰华沙举办的重要水文水资源学术会议上，陈守煜教授率先提出创建模糊水文水资源学，并在此之后取得了一系列原创性成果，得到同行专家的高度评价和认可，是大连理工大学水文水资源专业研究的一大特色。

陈守煜教授的教学科研热情始终如一。在 2009 年一次学术报告会上，80 岁的陈守煜教授作诗表达对自己"科学人生"的感悟，期望能"耕耘九十桃李满，常乐百岁又迎春"；2012 年 80 多岁的他牵头组织申报的水利部科技奖励还获得了大禹水利科学技术二等奖，等等。就在他离世前一个月还在撰写科技论文，指导年轻老师申请国家基金项目和指导博士生撰写学位论文，如此精神，让人敬佩不已。

为人师表，德高望重

陈守煜教授从事高等教育工作逾 60 载，指导并培养研究生和博士后 50 多人，其中多人已经成为知名的博士生导师，可谓桃李满天下。

陈守煜教授一生治学严谨，坚守学术规范。不论是在指导年轻教师工作，还是指导研究生学习时，总是强调学术风气，要求大家沉心静气，踏实努力，时常告诫年轻科研工作者切忌浮躁情绪，不要急功近利。

陈守煜教授坚持立德树人，为人乐观豁达，平易近人，谦虚正直，宽厚仁爱，因而德高望重，为后生学为人师之楷模。

奉献科教，一生无悔

陈守煜教授一生守望教学与科研，是大连理工大学水文学及水资源国家重点学科的奠基人与开拓者，为学校与学科发展做出了巨大贡献。在耄耋之年，他仍老骥伏枥，志在千里，一直工作在教学与科研第一线，根据对其发表的学术论文和出版的论著等成果的统计分析可知，其研究成果在 80 岁前后还出现了一次高峰，其坚持致力于教学科研的精神、活跃的科技创新思维，着实让人敬佩；他高度关注并深入思考学校与学科的发展，提出了很多宝贵而中肯的建议，做出了大量指导与示范，为学科的可持续发展奠定了坚实基础，特别是他对于学科建设坚守"在坚持中求发展，在创新中出成果"的理念，将一直指导后辈把握学科发展前沿，继承和发扬传统优势，开拓新的学科生长点。

与时俱进，党员模范

陈守煜教授是一名优秀的共产党员。他与时俱进，坚持不断学习党的理论知识，严格按照党章党规党纪要求自己，在工作中始终发挥党员的先锋模范作用；在每次的党支部民主生活会上，他都会提出中肯的意见或建议；就在他离世前生病住院期间，还提前缴纳了当月党费，保留着中国共产党人的组织观念，尽显党员优良本色。

陈守煜教授从事教育科研工作逾 60 载，切身感受到了几十年来我国教学科研环境和条件的巨大变化。他经常鼓励年轻科研工作者，要充分利用当前科研条件和平台，踏实工作，努力进取，有恒心和毅力，不断提升科技创新能力，取得更多更好的科研成果，将个人发展与时代发展紧密结合，为实现科技强国目标贡献自己的一份力量。

案例 9： 董毓新——治学严谨、勤于创新

董毓新（1926 年 2 月—2018 年 5 月），教授、博士生导师、共产党员。1926 年 2 月 13 日生于辽宁铁岭县阿吉堡子区古城子村红山屯，1953 年加入中国共产党。

董毓新教授曾在东北工学院土木系（1949 年 9 月—1951 年 7 月）、哈尔滨工业大学水力发电研究班（1951 年 9 月—1953 年 10 月）、大连工学院（现大连理工大学）研究班（1953 年 10 月—1954 年 7 月）学习，1954 年留校任教，任讲师。1955 年 9 月—1958 年 12 月在苏联莫斯科动力学院学习进修，获副博士学位（相当于国际通常承认的博士学位）。1959 年 1 月回大连理工大学水利系任教，1978 年任副教授，1981 年任教授。

董毓新教授曾任大连理工大学校科研处副处长、水利系副主任、水利水电工程科研所所长和副所长、水电站研究室主任等职务。他是中国水力发电工程学会的发起人之一，曾任中国水力发电工程学会理事、东北地区水力发电工程学会副理事长和学术委员会主任、国际水利机械研究中心理事等。

教学经历

董毓新教授 1954 年 7 月留校进入大连理工大学水利系水能利用教研室，任职为讲师。

1954 年 7 月—1955 年 8 月，给大学生讲授水利水电规划、指导毕业设计等。

1959 年 1 月—1961 年 10 月，给大学生讲授水能规划、水电站建筑物和指导毕业设计。

1961 年 11 月—1963 年 4 月，在越南河内水利水电学院援助任教，讲授水利水电规划、水力机械和水电站建筑物 3 门课程。河内水利水电学院是中国援建的一所院校，董毓新教授为第二批援建专家学者。

1982 年，作为合编单位之一编写高校教材《水电站建筑物》，中国水利出版社出版；1984 年，作为两位主编之一，与清华王树人编写高校教材《水电站建筑物》，清华大学出版社出版，是大学本科全国通用教材，该教材 1987 年 9 月获水利部优秀教材一等奖。

科研经历

董毓新教授早年从事水资源方向的研究工作，在苏联攻读副博士学位的学位论文为《水库和梯级综合利用水库优化选择》。在"十年动乱"期间，董教授先后参与大连英那河水库大坝设计、碧流河水库电站厂房设计，承接白山拱坝振动试验项目，通过业余时间学

习抗震理论与实验方法，为今后在水电站厂房结构振动研究以及人才培养、科学研究等方面打下了基础。在此期间还参与了葛洲坝停工技术审查会、河南洪水溃坝事件相关的高端会议。在20世纪70年代末，董教授在国内率先开展机组振动的系统研究。

1977年5月，大连理工大学水利系成立水电站研究室，董毓新教授任研究室主任。经过4年的努力，把承担的科研项目资金大都用于购买实验设备和仪器，建立起振动试验室和仪器室。从无到有形成两个新的研究方向：水电站建筑物结构振动；水轮发电机组振动。1978年，水力发电工程专业被国家批准为全国第一批硕士学位点，1986年被批准为第一批水力发电工程博士学位点，1988年以水力发电工程和水工结构工程两个博士点为主申请土木—水利博士后流动站被国家批准。通过20年的发展，研究室的主要研究方向发展为三个：水电站建筑物动静力分析；水轮发电机组动静力分析；已建混凝土大坝的可靠度分析。其中，水电站建筑物动静力分析取得重大进展，其中一部分成果已处于国际先进水平，研究成果在李家峡和三峡等工程实践中得到成功应用；水轮发电机组振动一些成果处于国内领先水平；已建混凝土大坝的可靠度分析和监测为国电公司东北地区大坝的定期检查完成报告近20份（1984—2001年）。

董毓新教授是大连理工大学"水力发电工程"专业（现水利水电工程专业）和水电站研究室创始人，一生从事科学研究、实验室建设和人才培养，为人正直、治学严谨、勤于创新，是大连理工大学老一辈杰出人物的代表。

董毓新教授学术生涯共培养硕士研究生25人，博士研究生17人，博士后3人；出版教材2部、学术专著8部，其中《水轮发电机组振动》是国内第一本系统论述机组振动的学术著作，至今仍是该领域研究和技术人员的重要参考书；在国内外学术刊物、学术会议上发表学术论文143篇；承担国家科技攻关项目8项、省部级科学基金10余项，重要工程科技研究项目40余项，获省部级及以上奖励10余项，享受国务院特殊津贴。

水利工程泰斗潘家铮院士评价董毓新教授"是一位治学严谨、教导有方的导师，也是一位理论结合实践的研究人员，他为水电事业培养了大量人才，桃李满天下，也取得丰富的科研成果，成就卓著，董毓新教授不愧是我国德高望重的水电前辈之一。""董教授能根据国家和事业发展需要，在广泛的领域中进行探索，并选准目标，敢于向不熟悉的方向进军，迎难而上，开辟了多个新的研究领域，有一种无畏的精神。"

案例 10： 李玉成——港口、海岸和近海工程专家

李玉成教授 1932 年出生于上海，1953 年毕业于大连工学院（现为大连理工大学），之后一直在我校从事教学和科研工作，是我国著名学者，港口、海岸和近海工程专家。分别于 1953 年、1960 年、1980 年及 1983 年任水利系助教，讲师，副教授和教授，并在 1955—1966 年期间担任港工实验室主任，1978—2001 年担任海动研究室副主任。1986 年至今任博士生导师。1981—1982 年以访问学者身份在美国 Texas A&M 大学海洋工程系做研究工作。1990—1994 年任海岸和近海工程国家重点实验室（大连理工大学）副主任及学术委员会委员，1994 年至今任上述重点实验室学术委员会副主任。2001 年至今为大连理工大学特聘教授。1993 年以来先后被聘为上海交通大学、大连水产学院兼职教授，大连舰艇学院客座教授。1987 年以后先后担任《中国海洋工程（英文版）》、《海洋学报》及《海岸工程》三杂志编委，中国海洋平台顾问编委，水动力学研究与进展执行编委。1998 年至今任辽宁省（及大连市）海洋学会常务理事。1990 年国际海洋工程师协会成立后为特邀会员，1996—1998 年为该协会董事局董事。

李玉成教授在长期的科研工作中建立良好的国际学术声誉，蜚声中外。国务院给予他首批政府特殊津贴，辽宁省授予他"劳动模范"和"优秀专家"称号；国际近海与极地工程协会先后四次为他颁发 PACOMS 奖与 ISOPE 奖，2015 年更是授予他 NEPTUNE 最高奖；2014 年 6 月，美国土木工程师学会海岸、海洋、港口与航运工程院（ACOPNE）授予他"港口工程领导学者（Diplomate of Port Engineering）"称号。

科研与工程贡献

自 20 世纪 50 年代开始，他主要从事直墙波浪力和大型油轮靠泊力研究，提出了计算油轮撞击能量和波浪力的新方法，两项成果荣获 1978 年全国科学大会奖。

我国海岸多为平缓岸滩，波浪谱在其上传播时往往还伴有水流，因此研究此时波浪谱传播过程中的变形及破碎问题对海岸工程中的许多方面有着重要的实际意义和理论价值。80 年代，李玉成教授建立和发展了波浪在水流和地形联合影响下变形及破碎的理论及计算方法，首次提出了不规则波破碎指标，建立了缓坡和极平缓岸坡上波浪变形的计算方法，以及波浪、水流对桩柱结构作用的有效计算公式。1999 年获得国家科技进步三等奖。

为适应国际贸易需求和运输船舶向大型化发展的趋势，港口建设逐步进入水深浪大的深水开敞海域。"九五"攻关期间，李玉成教授与中交水运规划设计院、交通部天津水运工程科学研究所、大连港务局和中港第一航务工程局三公司等单位开展合作，进行了深水

防波堤新型结构形式研究和斜向波与直立式防波堤相互作用研究，大力推动了技术创新，加速了科技成果向现实生产力转化。与中交水运规划设计院共同研发了具有国际领先水平的"新型梳式结构防波堤"，在大连港建设应用中为国家节省投资数千万元，2002 年获得国家科技进步二等奖。

之后，深入系统地开展了海岸开孔结构的消浪和作用机理研究，提出了波浪力与反射系数的分析理论和计算方法。其中斜向波对局部开孔矩形沉箱的作用力和外壁开孔双圆筒与规则波相互作用的两项成果达到国际领先水平。开孔沉箱是防波堤的一种新型结构，但迄今为止，国内外对开孔沉箱与波浪相互作用的研究成果尚不系统，理论和计算方法尚不完善。该研究内容包括：开孔沉箱结构波浪力的计算方法；规则波、不规则波与开孔矩形沉箱（有、无顶板）和开孔双圆筒两种结构形式的波浪反射率及波浪力的物模试验及数模分析等。通过试验和数值模拟分析，系统地研究了规则波和不规则波作用下开孔沉箱的总水平力、总垂直力及其力矩和它们极值间的相位差关系，借此可全面分析结构的稳定性；同时，提出前、后板，顶板和底板的波压力计算方法可用于结构构件计算，在理论分析和计算方法上取得明显进展，在工程上有很好的应用前景。主要创新性成果为：①建立了规则波和不规则波与开孔矩形结构相互作用的计及黏性效应和波浪非线性的数学模型，经物模验证符合良好；②提出利用分离变量法与特征函数展开法对斜向波与局部开孔矩形沉箱作用的数值分析方法；③首次提出开孔消浪结构的斜向波作用下沉箱平均单宽上波浪力折减计算方法，具有实用价值；④首次提出单个外壁开孔双圆筒结构与规则波相互作用的解析解。该项目研究成果改进并完善了开孔沉箱波浪力的理论分析及计算方法。在理论分析、数模计算和实验研究的结合上，规则波与不规则波的对比分析上，有、无顶盖影响的比较上和水平力与垂直力综合分析上均有突破。目前，相关成果已在大连港 25 万 t 矿石码头及 30 万 t 原油码头等两项工程中得到应用，取得良好的经济与社会效益，2007 年再获国家科技进步二等奖。

古稀之年，带领年轻学者在我校开辟了海上养殖柔性网箱设施水动力特性研究方向，短期内取得了国际公认的成果。多年入选 Elsevier 中国高被引学者榜单。

桃李满天下

李玉成教授的成就不仅在于自身学术成果丰硕，更在于为众多年轻人的发展铺路架桥，使年轻人不断开阔眼界，获得新知识、新思想。他培育了一大批优秀的研究生，包括 2 名辽宁省优秀博士论文获得者，2 名全国优秀博士论文提名奖获得者，毕业生中有很多成为工程设计、科技管理和学术研究的优秀人才，包括教育部"长江学者奖励计划"入选者、国家百千万人才工程国家级层次入选者、国家杰出青年基金获得者、国家优秀青年基金获得者、中组部青年拔尖人才等。李玉成教授为我国海洋和海岸工程领域的教学与人才培养做出了重要贡献。李玉成教授 80 岁生日之际，学生们纷纷恭贺先生寿辰，谢先生往日培育之恩。

参 考 文 献

[1] 滕斌. 波浪对结构物作用的分析理论和应用：贺李玉成教授八十寿诞论文集 [M]. 北京：海洋出版社，2016.

案例11： 李彦硕——一位老党员的五十年水利人生

李彦硕，1933年5月生，汉族，河北唐山人，中共党员。1950年考入大连工学院土木系，1954年毕业留校任教，1980年晋升为副教授，1987年晋升为教授，硕士生导师。1992年起享受国务院政府特殊津贴。曾任大连理工大学土木工程系水电站研究室主任，东北水力发电学会水工及水电站建筑物专业委员会副主任，高等学校水电工程类专业教学指导委员会委员，大连理工大学老教授学会及老科协副理事长，《中国水利百科全书》（第二版）、《水力发电》分支副主编。接受水利部邀请担任三峡水电站厂房设计审查和《水电站进水口设计规范》修编专家组成员。主持完成龙羊峡、安康、岩滩、五强溪、二滩、天生桥一级、水口和三峡水电站的厂房、进水塔和坝上拦污栅框架等结构的生产科研项目20项（科研报告39本），出版《水电站建筑物的振动》和《水电站建筑物结构分析》（董毓新、李彦硕合著）等著作8部（部分为合著）。

李彦硕教授

建校之初来大工

1950年，李彦硕从开滦高中毕业，在北京参加东北高校联合招生考试，按第一志愿被大连工学院土木系录取。8月下旬，他首次离家，先到北京，再乘大连工学院统一包乘的专列，经两天一夜来到大连。9月1日开学，他被编入土木系七班建筑专业学习。从此大连工学院就成了他的第二故乡。

入学时，该班分为港工、建筑两个专业。李彦硕从小喜欢建筑，报名上了建筑专业。1952年，全国大专院校院系调整，中央决定他们年级52人全部改学水利工程专业。由于学习成绩优良，在任小组长、材料力学课代表、学习委员工作期间认真负责，1953年初，李彦硕被同学选为大班班长。1952年起，土木系建立了党总支，开始发展学生党员。经本人申请，党组织教育培养，并经全面审查，支部大会讨论通过，李彦硕于1953年6月9日光荣地被批准为中国共产党党员。这一年，他刚满20周岁，成为土木系年龄最小的党员。

1953年，土木系进行全面教学改革，李彦硕所在班级是改革的实践者，也是改革的受益者。1953年7月，他们班54名同学首次到新中国成立后修建的第一座大型水库——

北京市西北永定河官厅山峡内官厅水库工地进行生产实习，思想上、业务上收获巨大，特别是在了解到几代农民遭受到永定河洪水泛滥的惨痛灾难后，同学们坚定了为水利事业贡献一生的信念。回校后，他们收到工地领导给他们发来的喜报："你们走后，永定河发生了历史上第二大洪水，但被官厅水库给拦蓄了，下游北京、天津，安然无恙。"这次实习给李彦硕教授留下了深刻的印象。2015 年 7 月 1 日，他把手中唯一一张当年在官厅水库实习时，10 名同学和 12 名技术工人师傅在溢洪道开挖现场的黑白老照片捐赠给了学校档案馆，可见他对这次实习感情之深。2017 年 6 月 9 日，校档案馆以"红色基因，档案见证"为题，将多幅历史照片在档案馆门前展出，其中就有这张照片。李彦硕教授到校园散步时，看到这幅巨大的照片，67 年前老同学清晰熟悉的面孔正向他微笑。他凝视很久，心潮澎湃，热泪盈眶。

1952 年，李彦硕所在班级在新来的汪坦副教授的带领下，到凌水河新校舍北山进行地形测量实习。毕业前，在王众托老师（1951 年清华大学电机系毕业来校任教，现为中国工程院院士，大连理工大学教授）带领下到丰满水电站指导毕业实习。这充分体现了党的理论联系实际的办学道路，使李彦硕和同学们获益匪浅。

1953 年 9 月，哈工大苏联水能利用专家带领他指导的水能利用研究班和苏联港工专家先后来到大工土木系。为了发挥外籍专家的指导作用，在毕业前的最后一个学期，将他们班又一分为三，即水能、水工和港工三个班。在 1954 年毕业分配工作后，各班留下一半学生补做和上述研究班一样要求的毕业设计，分别总结了经验，使他们班成为全国最早进行毕业设计的班级，全面完成了工程师的训练。

教书育人五十载

1954 年毕业后，国家分配李彦硕教授留校任教。系领导安排承担下一届五个班学生《水轮机》课程的授课任务。从 1954 年走上讲台开始，到 2004 年以副主编名义完成并出版《中国水利百科全书（水力发电分册）》巨著，他整整为中国的水利事业勤奋工作了 50 年。

1955 年 6 月，教育部在大连工学院召开全国水利院校领导会议，讨论并通过了水工专业全国教学计划，系领导请林皋和李彦硕参加具体编制工作。会后领导又派他去北京水电勘测设计院进修。在北京半年多的时间里，他参加了新安江、以礼河水电站的水能设计和水轮机选择等工作，看了很多水电站的说明书和图纸，特别是以党员身份看到了苏联专家为丰满水电站扩建所作的保密的 366 号设计，扩大了眼界，收获颇丰。

1956 年春节过后，李彦硕回校。工作之余，他就如何改进水能设计使之更好地适合我国中部和南方河流修建水电站水库调节的问题，连续写了三篇文章，刊登在《水力发电》上，在全国水能界引起了很大反响。《水力发电》杂志聘他为特约通讯员。同年，我国大三峡高坝方案（回水将淹没重庆）在全国开始热烈讨论。李彦硕教授代表教研室写了题为《我们在长江流域规划座谈会上谈到的几个问题》的文章，并以特约通讯员名义，发表在《水力发电》1957 年第一期。60 年过去了，现在看来他们当时的观点是正确的。

1956 届水工专业毕业设计完全是按照全国统一教学计划完成的，即全面完成了工程师的训练。毕业设计答辩时，聘请清华大学张光斗教授做答辩委员会主席，李彦硕做秘书。张光斗教授对水利系的毕业设计和毕业生质量给予了很高评价。

尊师爱生，伯乐助人

李彦硕教授性格开朗，多才多艺，平易近人，助人为乐，从他 20 岁作班干部开始，就在群众中享有很好的声誉，在五六十年代校友师生聚会上常有传诵。

毕业分配留校后，他受大连工学院团委指派，到大连俄专（部他院校）给全体同学作《如何向三好迈进》的报告，受到同学们的称赞。水 61 届一位广东籍校友，1957 年反右时曾犯过"错误"，但较轻，认识较好，因此未受处分，随班学习直到毕业，并参加全国统一分配。30 年后，1991 年 12 月 16 日，他给李彦硕教授寄来了一封信，信中说："李老师，我在留在学校等待分配时，是您多方面做工作，从已分配到广州的五个名额中调整出一个名额，让我得以回到家乡工作。三十年来我内心无时不在感谢您对我的帮助。"

生产科研二十载

1980 年，水利系成立了水电站研究室，李彦硕任副主任。这一年他晋升为副教授，开始招收硕士研究生。1981 年他首次承接了水电部西北勘测设计研究院的龙羊峡厂房抗震任务。设计院对该成果非常满意。厂房建成后也经受住了青海省两次地震的考验。他的第一个研究生的论文就是结合此任务完成的。

1982 年他又接到水电部北京勘测设计院的来函，委托他们研究室做"安康水电站进水口拦污栅支承结构的抗震试验"。任务完成后，设计院来函对李彦硕教授等人的工作提出高度赞扬，同时表示，在大坝整体模型上进行的拦污栅支承结构抗震试验在国内属首次进行，李老师等人的工作填补了这方面空白，很有意义。

1984 年 11 月，水电部西北院聘请李彦硕编写《水电站进水口设计规范》（后简称《规范》）中的抗震设计专题。经过两次专家开会审查，最后于 1987 年 6 月在黄山水利局召开全国会议审查并通过了送审稿，1990 年由水电出版社发行实施。2000 年水利部修订该《规范》，又聘请李彦硕教授担任专家组成员。原《规范》中，李彦硕提出的三项基本原则没有改变。

1988 年 11 月，水利部组织了三峡升船机"七五"重大科技攻关全国招标，五年来他为二滩水电站进水塔编的动、静程序和科研成果发挥了作用，于是代表学校去投标，最后中标"三峡升船机承重塔柱的静、动态及结构稳定与温度应力分析的电算程序研制与实验"项目。三峡升船机可以在 30min 内实现一次快速升降，承船厢可承载一条具有 820 个客位 300t 的客货轮，它与平衡重的总重量 23000t，全部由 1m 厚的混凝土薄壁组合高筒柱承担，最大提升高度 113m，其规模和技术要求都超过世界上已建和在建的任何一座升船机。两年中，他们的课题小组（还有两名实验工程师和他 88 级的硕士生）共提出四本中间报告，并于 1991 年 1 月提交了总报告。水利部组织国内专家鉴定，提出的评价是：该成果体现了研制者在编制大型结构软件程序上的独创性，具有相当大的工作量，我们认为本研究成果已达到国内领先的水平。1990—1996 年，他又为长江水利委员会完成升船机塔柱的两项"八五"攻关子题和八项横向科研任务，全部按时完成，为大连理工大学赢得了声誉。1990 年 6 月 16 日三峡设计枢纽处给学校来函表示感谢。

李彦硕 1987 年晋升教授。1990 年，校研究生院曾请李彦硕教授填表，准备作为博士生导师上报教育部审批。当时他在水电站研究室已协助该室的博士生导师指导博士生，研究室还给了他一个内部名分——博士生副导师。而水工研究室此时尚无博导，于是他把名额让给了水工研究室一位年长的教授，该教授获批成为博导后，招收博士生，做出了很多贡献。李彦硕教授继续协助研究室指导博士生，直到退休。他顾全大局、甘为人梯之举令人敬佩。

1996 年初，已经退休的李彦硕被三峡工程开发总公司两次特别邀请到北京，作为专家组成员审查了三峡水电站厂房结构强度、刚度和抗震专题。1998 年 9 月，国家教委科技发展中心聘请李彦硕为鉴定委员会副主任，为清华大学水利水电工程系的"三峡水电站进水口的水力优化及其选型"科研项目进行了鉴定。

从 1980—2000 年共 20 年的时间里，他培养硕士研究生 10 人，主持完成了龙羊峡、安康、岩滩、二滩、五强溪、天生桥一级、水口和三峡的水电站厂房、坝上进水口拦污栅刚架、升船机塔柱等结构的生产科研、"七五""八五"科技攻关项目共 20 项，科研报告39 本，成果全部被采用，经济效益显著。

退休十年不停歇

李彦硕教授的夫人因病 1993 年按时退休，他自己于 1995 年退休。退休后的 8 年，他和夫人仍奋战在科研前线。特别是去杭州接受华东院福建水口升船机的任务，李彦硕用三峡"七五"攻关程序同样的方法为设计室完成两本选型和动、静内力计算的《咨询报告》，并把源程序送给他们，只要求对方支付了 3 万元的出差费和电算费。2007 年该项目获国家科技进步二等奖时，李彦硕教授为他们感到高兴，更为他的科研理论再次得到实践的检验而自豪。水口升船机开工三年后，上级检查发现塔柱楼板过薄，可能与电机共振，勒令休工。李彦硕及夫人第二次去杭州接受紧急任务，论证"楼板共振"的《报告》是他苦战 10天完成的。他巧妙地修改支座，得到了楼板三阶自振频率与振型与电机干扰频率，校核结果，不会共振。成果汇报后，工地很快复工。到 2017 年止，水口升船机已正常运行 14年，为福建省创造了巨大的财富和广泛的社会效益。

后来，李彦硕教授将"七五"攻关中大量用电算算得的非线性温度场薄壁高塔柱的温度应力，研究改成用等效线性温度场计算薄壁高塔柱的温度应力公式计算，写成《薄壁板壳塔柱结构温度应力的精简计算》，和夫人一起到南京参加学术会议，获得优秀论文奖，发表在《水利水电技术》上。

2016 年，在"两学一做"学习教育中，建设工程学部党委邀请李彦硕教授为部分教师党员讲授《弘扬土木水利人精神，献身党的教育事业》特别党课，李彦硕教授用两小时讲述了他的经历，激励大家为水利事业、为学校发展做出更大贡献。最后，他幸福地向在座的党员说："2013 年，学校离退休教师党委给我颁发了《光荣入党 60 年》荣誉证书，并为我戴上大红花，合影留念。这是我一生中最高的荣誉。我没有辜负党的培养与教育，我是一个合格的共产党员。"与会党员深受感动和鼓舞，激动地和这位老党员、老教授合影留念。

李彦硕教授一生质朴无华，他将责任扛在肩上，谨记作为党员的义务与责任，用学识为祖国的水利事业做出了应有的贡献，用奉献精神感染了身边的每一个人，用自己的一生回答了"如何成为一名优秀教师和一名优秀党员"的人生课题。

案例12：他用生命诠释教书育人
——追忆李心宏教授

剧烈的病痛阵阵袭来，让他感觉有些吃不消，2006年12月26日这一课，是土木水利学院2005级学生本学期的最后一节理论力学课，台下30多双专注的眼睛正聚集在他的身上。

学生们没有想到：胰腺癌已经无情地侵蚀了老师的肌体，这将是老师在生命的最后阶段给他们上的最后一课！

他自己也没有想到，45年的教学生涯将就此戛然而止，他再也没能回到割舍不下的七尺讲台。

当晚上完课，他拖着虚弱的身子回到南山教工家属宿舍，短短的几百米却用了半个多小时。为了把这个学期的课程不中断地教完，他去医院看病的日子一拖再拖。

仅仅一个多月后，2007年2月22日，带着无限挚爱与留恋，他走了。永远留下的，是他的笑貌音容。

闻此噩耗，同事和学生们泪水沾襟，大家怎么也不敢相信，话语铿锵、和蔼耿直的李老师就此永别，大家从各地赶来，要看上他最后一眼，给他送送行。

李心宏教授

3月3日，开学第一天。他的夫人受他临终前委托，把去年普调工资部分增加的党费交到了学院党委，正在帮助他整理办公室和遗稿的师生们不禁再度哽咽。

他，就是我校礼聘教授、土木水利学院退休教师李心宏教授。他用45年的赤诚之心，战斗在教育教学一线，把满腔炽爱送给学生、年轻教师和教育教学工作，直到生命最后一息。

"教师，要有演说家的口才，演员的表演能力，作家的文才"

他始终认为：讲课要让学生"听得见，看得见，记得下"

李老师生前曾说：大学讲台，是神圣的殿堂，教师千万不要误人子弟，课要备得十分熟练，这样在登台的时候，才能够理直气壮，胸有成竹。

从1956年考入大连工学院水利系水工专业，到1961年本科毕业留校任教，李老师从教 45 年，教过的学生 8000 余人，他真心对待每一个学生，不仅把教学当作一门艺术一样精益求精，而且把育人当作天职，与学生心心相印。

"听李老师的课，是一种享受"，很多学生都有这样的评价。李老师讲课完全脱稿；不迟到、不早退、不压堂、不换课；几百名学生的作业全批全改。

学生们不知道，为了做到这些，李老师背后有多少付出。每天早上，七点左右，他准时骑着那辆用了多年的自行车来到二馆的办公室，工作到傍晚六点，才骑车返回家里。晚上也很少看电视，写文章、批作业、编书稿，总有忙不完的事。退休后有一年去国外孩子家里住了一段时间，但离开讲台，他感到浑身不自在，所以不久就回到了校园。

2005 年，他为土木 0401 班讲授力学课，提出了"三个百分百"的目标：100% 听课率、100% 交作业、100% 及格率。目标提出后，李老师的管理一刻都不放松，带领全体同学，在学期结束时终于实现了目标。全班 34 名同学无旷课，期末考试平均分数远远超出年级平均分，优秀学生 9 人，所有学生都达到及格。这"三个百分百"成绩取得的背后凝结着一位年近古稀老人和 34 名青年学子求索的艰辛和奋斗的汗水。

每次授课中间和结束，他都要虚心征求学生们的意见，哪块儿讲得快了，哪个地方学生希望多些练习，倾注心血编写的教材同学们用得怎样，他都一一记录下来，与学生交换意见，改进教学。

2006 年年底，李老师已经病得很重了。在大家的一再催促下，仍坚持给学生讲完学期末的最后一节课。

"那天中午，李老师说'卷子我都出好了'，然后夹起他那包自己一个人就去医院了，没想到这一去就没再回来。"给李老师当过助教的黄丽华回忆，"其实早在几个月前医院就通知他住院，因为课没讲完他一直拖着"。

易平老师讲到恩师，也是几度哽咽。"住院时我们一起去看他，他还一直说'我得赶紧好，给同学们答疑去'，班里有 4 个藏族学生，他担心他们考试不过一直念念不忘。"

早在 2001 年 9 月，李老师就曾由于前列腺堵塞，插管排尿，他揣着尿袋子，坚持上完 11 学时的课。有一次，他发烧到 38.3 度，却仍然坚持把课上完。

"定下恒心想当老师的人，才可能当好老师"。人如其言。李心宏教授大学毕业后，助了 5 年的课，他坚持"讲一碗，储一缸"，把米歇尔斯基著的《理论力学习题集》全部做完，认真听、记 5 位老教师的讲课，才对自己主讲心里有底。

李老师讲课极富激情，他常说，教师讲课要像演说家演讲一样有口才。钱令希院士为李教授所著《教育与教学研究论文选集》作序，序中写道，"200 多人的大教室挤得满满的，他在讲台上边讲边写黑板，完全脱稿，深入浅出。师生思维互动，课堂气氛十分活跃。课后他对我说，'上课面对愿听、愿学的学生，在讲台上是一种享受；在家里，面对200 多份作业，有一种责任感，所以我全批全改'，我为他的精神深深感动了。"

从教以来，李老师在本科教学讲坛上笔耕不辍、乐此不疲，共编写讲义 17 部，400 余万字，正式出版教材和参考书 5 部，撰写 150 余万字。《理论力学》教材，出版前后，历时 15 年，却仍在跟踪修改，力争使其日臻完善。他的同事和学生们说，李老师很要强，是个力求完美的人。

李老师自己讲课讲得好，学校希望他做些传帮带的工作，他从 1988—2006 年兼任 18

年校教育与教学调研咨询组成员，1998 年退休后接受返聘，2002 年接受学校礼聘作礼聘教授，先后听了 1000 余人（次）的课，每课下来都要同青年教师进行细心切磋，帮助他们尽快成长。在学院 1 门省精品课和 6 门校优秀课程建设中，李老师更是倾注了大量心血，从教师讲课水平、课程内容体系，到教材建设、学生创新设计，每个环节他都严格把关，悉心指导。

在整理他的遗物时，人们发现一沓厚厚的听课清单，密密麻麻做了很多标记：听过的都用红笔划上，选的人少不开的课划叉，每堂课下面都注明了主讲教师讲课情况及学生的听课情况。

他在自己的教学札记中写道："有的老师，有学问，科研也不错，就是茶壶煮饺子倒不出，这样的教师，在教学方法研究方面多下点工夫。"

这就是他，眼里教书育人永远最重要。

"只有爱孩子的人，他才可能教育学生"

他努力做到：像爱自己孩子一样爱学生

古语道，"经师易遇，人师难求"。李老师不仅是高明的"经师"，更是大写的"人师"，他用赤诚播撒爱心，与学生心连心。

"谁爱孩子，孩子就爱谁，只有爱孩子的人，他才可能教育学生"，类似的字句频频出现在李心宏教授的手稿中。

认识李老师的人都会被他的爽朗所感染。虽近七旬，却健朗依旧，神采不减当年。一届又一届的学生从李老师的课堂走向社会，而他也为学生、为教育奉献了自己的满腔热情。

一个因为迷恋网络而几近辍学学生的家长找到李老师，他们希望通过李老师的帮助，让他迷途知返。李老师从此多了一项任务，每天总要抽时间和那位同学促膝谈心，督促学业。和煦的话语、坦诚的交流，一遍遍地鼓励和叮嘱，精诚所至、金石为开，那位同学幡然醒悟，从网络迷途上悬崖勒马，学业大有起色。当听到李老师去世的消息，他含泪说："李老师是我的师长，更是我的再造恩人！"

人与人的交往，古人曾形容为"如人饮水、冷暖自知"。老师对工作是否投入、对学生是否用心，学生心里最有数。学生们深爱着李老师，因为李老师始终深爱着学生。

少数民族学生阿依古丽生病了不能来上课，李老师就在她病好后主动安排时间为她补课。每次上课前，李老师都提前到教室，和学生谈理想、论人生，答疑解惑。刘科同学说："很高兴能认识这样一位慈祥、认真的老教授，李老师课上课下都是那么博学、风趣与和蔼，从他的教学中，我们学到了很多理论知识，从与他的交流中，我们学到了很多专业课以外的道理。"

李老师曾当过 8 年班主任［水利 75、水 81（2）、水 85（3）］，其中水利 85（3）班比较特殊，是新疆民族班，由 7 个少数民族的同学组成，1984 年入学时的平均成绩仅 241.76 分，比同年成绩低了 300 余分。数学最低成绩 2 分，物理 8 分。虽经过一年预科班，却并未改变被动局面。

李老师仔细分析研究了34位同学学习差的主客观原因，确定了"十抓"的工作策略：为该班主讲理论力学、分析力学两门课，亲自带生产实习，并任实习队长；与34名家长均建立通信联系，发出100余封信；学习"伊斯兰教基本知识""少数民族基本知识"等书，并参加他们的节日活动，增强凝聚力……毕业时，这个班毕业设计成绩平均为82.4分。他还做了跟踪调查，大部分学生都在发挥自己的专长。

与许多李老师教过的学生一样，当听说李老师逝世的消息，他们眼含泪水，相约从各地赶来，一定要看上李老师最后一眼。

"他比我们自己更了解我们"

他身体力行：甘当铺路石，为年轻人做"嫁衣"

李老师是一名老党员，他的言行也体现了一名老共产党员的风范。

与李老师同在一个教研室和支部的高仁良老师已是满头华发，他至今记得，李老师作为他的入党介绍人帮助整理材料的情形，"李老师比我自己更清楚我的优缺点"，他说。

日常相处中，李老师热心，乐于帮助人。在土木水利学院，无论年轻的年长的有事没事都愿意和他交流。对教研室里的年轻人，他更是甘当人梯。

在他的札记中，仍保留着很多人申报教授或各种奖项、基金的材料。"他比我们自己更了解我们"，教研室的几位青年教师曾获得宝钢教育奖和大连市"三育人"先进个人，都是李老师为他们写的推荐材料。姜峰副院长说，我们的点滴进步都离不开李老师的关心和帮助。

对青年教师的事，李老师比他们本人还上心。易平老师回忆，有一年参加青年教师讲课大赛，李老师知道她成绩不是很理想，就打电话安慰她"别灰心，继续努力。"

"我刚调来的时候就给李老师助课，后来独立授课了，他每年都去听，帮我和前一年的做比较。"黄丽华老师回忆，"学校规定任课老师要批改学生作业的1/3，李老师全都批，我们也学着都批改。上学期0405几个学生基础差，我找他们过来辅导，李老师表扬了我……他的师德教风我一辈子也不会忘！"

"有一位青年教师出国探亲的时候，还是积极分子，李老师经常给她写信，告诉她学校的发展和动态，并一直督促她写思想汇报，回国后顺利发展成为了预备党员"，土木水利学院党委副书记李桂玲对此记忆犹新。

李老师是一名老党员，组织观念极强。在他担任土木水利学院力学与测绘党支部书记期间，带头学理论、组织生活开展得严肃活泼。"我们确实感觉到党支部的战斗堡垒作用！"现任支部书记贾艾晨老师说，"李老师当了十几年的支部书记，之后虽然退下来了，但是大家平时还是称他为'书记'，这不单是一种尊敬，而更因他始终是支部的核心。"

熟悉他的人都知道，李老师言行如一。遇到违反原则的事情，他坚决抵制，批评起人来也毫不留情面；但是遇到需要帮助的同志，他则竭尽所能。"为人耿直，爱憎分明"，一位机关共过事的老同志这样评价他。

弹弹手风琴、拉拉二胡、偶尔小酌几杯，是李老师的鲜有的娱乐。前几年，每有单位活动，他的琴声响起，很有些感染力，因有同事、学生们做"知音"，李老师也往往格外开心。

李老师 2003 年曾饱含感情地撰文回顾自己的教书育人生涯："我在大工生活了 47 年，工作了 42 年，在人类历史长河中，是短暂的一刹那，对我个人而言，则是生活的全部。"

大工、讲台、学生便是他的全部，李心宏教授用生命对教书育人作出了最好的诠释。

编者注：

李心宏老师生前是原土木水利学院力学教研室教授，1959 年加入中国共产党，从事教学工作 45 年，时刻关心学校、学院的发展，积极投身教学改革与教学咨询工作之中，将他宝贵的一生献给了党的教育事业。2007 年 2 月 22 日，李心宏老师因病逝世。本文成稿日期为 2007 年 4 月 5 日，系大连理工大学党委宣传部、大连理工大学原土木水利学院党委、大连理工大学土木水利学院力学测绘教研室党支部共同为纪念李心宏老师所作。

案例 13：2016 年度十大桥梁人物——张哲

张哲，大连理工大学教授，原桥隧工程研究所所长，桥隧结构实验室及风洞实验室主任，大连理工大学土木建设设计研究院桥隧分院院长兼总工，桥隧检测所所长。张哲教授是辽宁省第九届政协委员，建设部建筑工程技术专家，中国公路学会桥梁与结构学会常务理事，中国土木工程学会桥隧与结构分会理事，中国土木学会风工程委员会委员，西南交通大学兼职教授。他在独塔混凝土斜拉桥与刚构协作体系桥、斜拉悬吊协作体系、混凝土自锚式悬索桥、钢管混凝土单片桁架拱桥、先简支后连续梁桥，以及桥梁加宽加固领域有重大创新，主持设计 200 余座大中桥梁，科研成果获得省部级科技进步二等奖 3 项，三等奖 3 项，省部级优秀设计一等奖 4 项，二等奖多项。在国内外学术期刊及会议上发表论文 200 余篇，专著四部，已培养硕士、博士研究生 200 余名。

2016 年 11 月 5 日，由《桥梁》杂志社主办的 2015—2016 年度十大桥梁人物颁奖仪式在重庆举行，大连理工大学桥隧工程研究所所长张哲教授荣获"十大桥梁人物"荣誉称号。

锐意创新，敢为人先

从大学时代起，张哲便对桥梁专业情有独钟，肯于钻研，总是先人一步。当他读研究生时为了看英文文献便从头学英语；计算机刚进入中国时，他又意识到计算机作为新工具的重要性，开始积极学习计算机。到毕业设计的时候，他已经是导师最好的学生。

近十年来，在张哲带领下，大连理工大学桥梁研究所设计的 50 余座桥梁造型各异，都包含了新的设计思路，新的技术，集创新、美观、经济、实用于一体。

屹立在西江湍急水流中跨幅巨大的广东金马大桥是这些设计中而最难也最令张哲骄傲的一个。在当时 19 家竞标单位中，大连理工大学设计院实力是最弱的。然而，却能中标，这全靠当时张哲教授首创的混凝土独塔斜拉桥—T 型刚构协作体系——设计不仅减少了深水墩的数量、有利于通航泄洪，同时也大大降低了施工难度与建设成本，将计划投资减少到不足 2 亿元。该桥也因这个蜚声中外的新设计获得了 2003 年教育部优秀设计一等奖、建设部优秀设计一等奖。

张哲在设计中一直坚持创新、受力合理、经济、适用、耐久、安全、美观的理念，也正是因为这样的理念使越来越多优秀新颖的设计从张哲教授手里流出。2015年 10 月 30 日，星海湾跨海大桥建成通车，央广网以"大连理工大学设计星海湾跨海大桥创国内桥梁史多项纪录"为题进行了即时报道。"我国首座海上修筑锚碇的地锚式悬索桥、第一座公路双层钢桁架悬索桥——大连星海湾跨海大桥今天正式竣工通车。大连星海湾跨海大桥由大连理工大学桥隧研发基地张哲教授团队独立设计，首创国内桥梁史多项纪录，成为大连市的一个新的地标建筑，这也标志着大连理工大学在桥梁设计方面实现了新的突破。"

张哲教授团队承担了星海湾跨海大桥的设计、实验、监控和后期检测的全部工作。在"创新、受力合理"的设计理念下，张哲充分考虑大桥的功能性与景观性，历时 2 年多完成设计，先后经过疲劳、整体、风洞、锚碇等十余项试验，突破技术难点、实现创新技术 20 余个，设计大桥可承受台风 12 级、地震烈度 7 度，寿命可达百年。其中，锚碇采用预填骨料升浆基床技术，锚碇沉箱重 2.6 万 t，为国内最大沉箱；钢桁架梁采用整体节点板技术、裸岩地区的钢管桩采用振动环切法植桩和锚杆嵌岩植桩技术、超大吨位钢桁架梁的吊装等大桥关键技术都为国内首创。

白手起家，创一流专业

在大连理工大学桥梁隧道研发基地，摆放了几座由我校参与设计的桥梁的模型，在实验室靠里面的位置高大的灰色的机器在不停地运转，发出规律性的机械声，张哲介绍道，这是在对备受瞩目的星海湾跨海大桥模型进行疲劳实验。

在桥梁专业创系之初，因为学校缺少专业师资，第二任校长钱令希找到刚毕业的张哲，邀请他担任桥梁专业的老师，并参与大连北大桥的设计。

以前的团队人少、知名度小，张哲匠心独具地制定了以设计带动教学、科研的发展模式，主动去承包工程，逐渐使大工桥梁设计院有了名声。"参与桥梁设计为学生提供了素材，使学生既懂理论又会实践，这样培养出的学生非常受欢迎。"张哲教授培养出来的学生每年都有北京、上海、广州的公司来抢。

短短 30 年，大工桥隧专业从无到有、从弱到强。但这些成就的取得来之不易，其中筹集资金、购买设备是面临的巨大困难。

对于设计、研究大型桥梁，风洞是至关重要的。在张哲教授的提议下，学校将废弃不用设备大库房改造成东北地区第一家的风洞实验室，这无异于为桥梁设计锦上添花。"我们当时克服了一定困难，省吃俭用，奖金少一点，酬金少一点，大量力量放在科研投入上。在 2006 年建成了这个风洞，也为此，学科在全国排名提升了一大步。"从 1985 年调入大连理工大学，张哲白手起家，创建桥隧学科和桥梁工程研究所，先后自筹资金 8000 万元建成了东北地区首家民用风洞实验室和桥隧结构实验室，提出了以设计带动教学科研的发展思路，培养和锻炼了一批既有理论研究又有工程实践经验的教师和工程技术人员，实现了人才培养、科学试验、工程实践的紧密结合。

大连理工大学桥隧实验室先后被评为"辽宁省桥梁与隧道安全技术工程实验室"和"桥梁与隧道技术国家地方联合工程实验室"。这对完善大连理工大学桥隧学科发展，提升学校学术水平，承揽大型桥梁科研和设计项目具有重大意义。张哲无私无畏，勇于奉献，使得大连理工大学的桥隧学科跻身国内高校前列。

教书育人，桃李满园

1944 年出生的张哲教授已年逾古稀，但却精神饱满，平易近人。说起自己显得年轻，张哲教授说因为有个团结的集体——"大家平时一起生活我就不觉得年龄大，集体间互相帮助，有困难都依靠团体集体解决。"

张哲说他最欣慰的是不断有新成果出现，有创新出现，有新同志取得更大进步，学科发展有突破。"修完桥不易损坏，不用花资金维护，这样才利于我国经济发展。"这是他设计桥梁的理念，也是他教育学生的理念。在 2016 年十大桥梁人物颁奖典礼上，张哲在接受央视主持人敬一丹的采访时表示："我认为设计桥梁要创新，要受力合理，要努力建造不留后患、坚固耐久的桥梁。"

张哲数十年如一日，坚持教学、科学试验、工程实践相结合，创建了大连理工大学桥隧学科，培养了一支高水平的教师和工程技术人员队伍，同时培养了一大批博士和硕士研究生，为众多高校和各大设计院输送了技术骨干。他秉承"创新、受力合理、安全、经济、耐久"的理念搞研发，设计出了诸如金马大桥、铜瓦门大桥、星海湾跨海大桥等一批精品桥梁，为国家节约大量的资金，受到同行专家和社会各界的广泛关注和好评，为我国桥梁事业做出了积极的贡献。

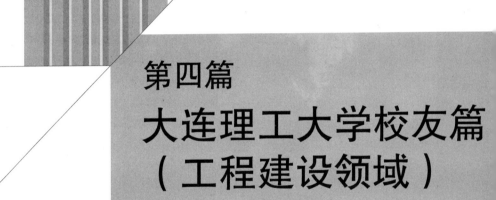

第四篇
大连理工大学校友篇
（工程建设领域）

从初创时的土木工程系，到如今的建设工程学部，70年间，大连理工大学建设工程学部共培养了25000多名校友。建工校友不仅把"学在大工"的美誉和优良学风传播到海内外，而且在各自的工作岗位上坚持践行"厚德和物、勤学创新"的建工精神，创造了辉煌的业绩。大连理工大学70周年校庆之际，建设工程学部校友专题片《70年，我从建工走来》的解说词这样写道：我们闯滩建港，白帆点点，建工人的作品缀满祖国的海岸线；我们开路架桥，天堑通途，在建工人手中完美呈现；我们抗灾筑坝，一次次把"建工"的名字写遍祖国的河山！岩土桥隧、结构监测、建筑环境，水电防洪、流域治理、岛礁岸线，我们走向大江南北，走向"一带一路"，走向深地、深蓝……。我们是新时代的建设者，我们服务国家、造福世界，我们是大工学子，建工骄傲！

70年来，大工学子、建工学子硕果累累，英才辈出。既有孜孜以求、潜心学术的领军人物，也有勇于创新、巧夺天工的大国工匠；既有驰骋商界、运筹帷幄的企业高管，也有精于管理、服务国家的政界英才。本篇中，我们将选录部分校友的事迹，如香港华尔年有限公司董事总经理、香港校友会名誉会长庄锡年长期投身香港社会事务，支持特区政府依法施政；中交第一航务工程局有限公司董事、副总经理、总工程师李一勇致力于工程技术创新，荣获茅以升科学技术奖——建造师奖和全国水运工程建造大师称号；中交第三航务工程勘察设计院有限公司董事、总工程师、党委常委程泽坤在大型专业化码头、防波堤和驳岸等工程设计方面业绩斐然，被评选为全国水运工程勘察设计大师；中国交通建设股份有限公司港珠澳大桥岛隧工程项目总经理部副总工兼总工办主任、中交第二航务工程局有限公司总工办副主任高纪兵在港珠澳大桥、苏通大桥等超级工程建设中参与研发了诸多世界领先的技术，作为全国仅有的9名基层党员代表之一参加国务院新闻办举行的中外记者见面会并答记者问；"岩土女儿"吴慧明是浙江开天工程技术有限公司总经理，在工程一线奋战二十载，获国家科技进步一等奖；招商局集团有限公司总经理胡建华讲述的《从卡西姆港到汉班托塔港—— 一个"老海"跨越30年的故事》，以及2008级桥梁工程专业博士生许斐勇战病魔、自强不息的故事，等等。

案例1： 庄锡年：一个大工人的家国情怀

【校友档案】

庄锡年，香港华尔年有限公司董事总经理，香港校友会名誉会长。1952—1956年就读于我校港口与航道工程专业。毕业后，曾在交通部水运规划设计院和浙江省交通厅工作。80年代初返回香港，创建华丰进出口公司，是一位跨越房产、建筑化工原料和港口船务等多个行业的企业家；是我校香港校友会创会会员，任第一届理事，第二届、第三届副会长，第四届、第五届会长，现为名誉会长。在香港校友会成立及发展的23年间，积极推动各项规章制度的确立和完善，落实校友通讯数据并建立联系渠道，组织多项老幼皆宜的校友活动，鼓励校友畅谈思想、互帮互助，被香港校友亲切地称呼为"庄大哥"，在香港校友会的发展壮大及其亲密、和谐、平等、自由氛围的形成中功不可没。此外，他还积极促进香港校友与母校联系，亲力亲为组织香港校友参加母校校庆60周年活动。2009年荣获我校建校60周年优秀校友工作者奖。

1956届水工专业毕业生，香港华尔年有限公司
董事、总经理，香港校友会名誉会长，
2015年校友服务奖获得者　庄锡年

母校：60年前的青春

1952年，中华人民共和国成立后的第三年，彼时中国的每座城市都洋溢着欣欣向荣的希望和百废待兴的活力，社会主义中国面向海内外所有华人发起号召：共同建设社会主义祖国。

17岁的庄锡年从香港著名的爱国中学——香岛中学毕业，毅然决然地放弃优越的家庭条件，回到大陆读大学。出于对香港美丽港湾的热爱，庄锡年选择了大连工学院港口与航道工程专业。

大学入学前的暑假，庄锡年从香港回到离开了6年的家乡——杭州，"那时候，我外婆还住在杭州。"庄锡年回忆道。随后，他从杭州辗转到上海，又从上海坐了七天七夜火车，穿越了大半个中国，来到大连。当他第一次见到大连火车站的时候，他被震撼了。"大连火车站太漂亮，太先进了！"采访中，庄锡年反复描述着当时大连火车站的二层楼设计和从一楼通往二楼的弧形车道，笑称"它可能是当时全国最先进的火车站"。

大学生活的头一个月，因为饮食和生活习惯的突然改变，让庄锡年的日子过得略显艰难。学校食堂里的苞米发糕和带壳的高粱米成了他大学里的第一道"难题"。在南方吃惯了米饭的庄锡年，面对没有黏性的苞米发糕和粗糙发黑的高粱米难以下咽，不到一个月，他就瘦了五公斤。"咬不动，不消化，但也只能硬往肚子里咽。"现在回想起来，他仍是连连摇头，"实在是吃不来。"两名香港回来的同学因无法适应这里的饮食，不到三个月都回了香港。

除去饮食上的不习惯，庄锡年还为生活方式上的改变买了一笔不小的单。50年代的大工还没有冲水厕所，所有厕所都是蹲坑式的旱厕。入学不到一个月，庄锡年就将父亲送他的入学礼物——一块纯金的超薄自动手表不小心掉到了旱厕蹲坑里。"当时年纪小，不知道怎么办，也没敢声张。"庄锡年笑道，"后来再去厕所的时候，口袋里就什么都不敢装了。"

多年前的窘事，如今再谈起，已经悄然变成了记忆里的大工趣事。庄锡年坦言，当年身处窘境中的他也从没萌生过"逃回"香港的念头。

谈及学习，庄锡年说："我比较喜欢学习，特别是实用的专业知识，铁路道岔、材料水泥、钢材结构等。这些积累在我后来的工作中也都派上了用场。"1958年，庄锡年因交通部水运规划设计院机构解散而被下放到浙江省交通厅工作，凭借着扎实的基础知识，他一入职就得到青睐，承担了多个港口工程项目的设计工作，甚至参与了北仑港的选址工作。

"我们专业一共三个班，88个同学，同学间的感情非常好。"提起大学同学，庄锡年言语间是满满的珍视，梁永康、王恩磊、吴慧如、王泽民、王惠钰、罗建民等名字从他口中一一道出，全然不像提起半个世纪前的老同学，仿若亲近的家人一般。

校友：半个世纪的亲人

如果你来过大工，那你一定走过水杉挺拔的情人路，一定邂逅过情人路尽头的伯川图书馆和图书馆前的屈伯川半身铜像。

"高瞻远瞩、廉洁奉公、鞠躬尽瘁"，这是五六十年代的香港校友们对屈伯川老校长的共同印象和一致评价。虽与母校南北相望，隔了大半个中国，香港校友们对母校的感情却并未因距离遥远而衰减分毫。1998年，听说母校要建伯川图书馆和老校长铜像，香港校友会立刻承接下修建铜像的筹资工作，迅速筹集了全部工程款197315元人民币。如今，屈伯川铜像屹立在以他名字命名的图书馆和他亲手栽种的水杉林之间。

香港校友会成立于1993年，在白炜廉、何平东等校友的倡议和其他校友的支持下，按照当地规定以社团名义完成了注册。作为创会成员的庄锡年见证了香港校友会从无到有，从小到大的全过程，他谦虚地称自己只是前辈们的"追随者"。

庄锡年在香港校友会2003年和2006年的换届选举中连续胜出，连任第四届、第五届会长。担任会长期间，他着手修订了校友会章程、完善了校友的通讯数据、建立了有效的联系渠道。为促进校友间的沟通交流，加强互动，联络感情，庄锡年建议并带领校友会每年定期举行四次会务活动。"一般一个季度搞一次，迎新春聚会、郊游、读书分享会、旅行分享会等等。"因为喜欢组织大家搞活动，且每每在活动现场很活跃，积极营造氛围，庄锡年在老校友中有着"老顽童"的绰号，年轻校友则亲切地称呼他"庄大哥"。"我能在聚会的时候，一口气把各届不同专业的 20 多位校友的姓名、毕业年份和专业快速地介绍出来。"庄锡年自豪地说。

感念母校情谊、热衷校友活动的庄锡年在积极组织和参与香港校友会各项活动之余，还在毕业 49 周年之际组织了港工 56 届校友回母校相聚活动。为寻找分布在全国各地的老同学，庄锡年牵头成立了筹备组，将全国分成几个区域，每个区域设置负责人，通过打电话、发邮件、登报纸等各种方法尽全力寻找。经过 3 个多月的寻找，最终集合了 40 多名老同学，是 50 年前同学总数的一半。

2005 年 6 月，港工 56 届 40 多名校友毕业 49 年后重聚母校，再一次走在大工校园里，再一次拜访当年的老师，校园、老师和同学自己都已不再是旧时模样，曾经的青葱少年，现已逾花甲之岁。"那次聚会让我感慨很多，有些同学自从毕业就没有再见过，记忆里还是他十八九岁时的样子。"感慨时光飞逝之余，庄锡年也暗暗下定决心，以后每两年就要组织大家大聚一次。从 2005 年到 2016 年，他们的大聚地点遍及大连、宁波、北京、杭州、深圳、上海、广州、香港……

祖国：源自基因血脉的深爱

年少时放弃优越的家庭条件只身一人前往大陆读书、学习，一待就是 30 年；20 世纪 80 年代回到香港后，投身香港社会事务多年，为支持特区政府依法施政和香港稳定尽一己之力。庄锡年用他人生中的点滴经历将他的爱国情怀诠释得淋漓尽致。

"爱国是与生俱来的，是本能。我们这一辈人都爱国，都富有民族感情。父母如此，教育我们也如此。"庄锡年的父亲庄保庆先生是著名的爱国商人，在各个时期都一心为国，抗战时期暗中为我军后方运输大量物资，解放初在香港运送民主人士到大连。50 年代（联合国对华禁运时期）又组织大量物资回国。虽蒙不白之冤，被关在秦城监狱审查长达 12 年以致家财尽失，身心俱疲。后经平反，他依旧怀着一颗为国效力的心，继续四处奔走。在父亲竭尽所能，不屈不挠地爱国历程中，庄锡年见证了他的坚韧和不屈；也在耳濡目染中继承了父辈的家国情怀。

如今的庄锡年正在慢慢淡出商界，开始越来越多地参与社团活动，在大工香港校友会、杭州旅港同乡会中发挥重要作用；此外，他还积极参与香港社会事务，怀揣一颗赤子之心为香港地区的稳定繁荣持之以恒地努力着。"我们不是没有看到国家的不足之处，我们也了解中国现有的各种问题，但我们相信，在中央政府的领导下，这些不足、这些问题都会在发展中得到很好的解决。我们对祖国有信心，国家的发展前景不可估量。"

［本文来源于大连理工大学校友工作处网站（2016 年 10 月 28 日），作者：刘宴如、金小渝］

案例 2： 从卡西姆港到汉班托塔港——一个 "老海" 跨越 30 年的两则故事

【校友档案】

胡建华，大连理工大学港口工程专业 1984 届本科毕业生，获英国伯明翰大学建筑管理专业硕士学位、澳大利亚国立南澳大学工商管理专业博士学位。全国优秀企业家。招商局集团有限公司党委副书记、董事。曾任香港振华工程有限公司总经理，中国港湾董事总经理，科伦坡国际集装箱码头董事长，招商局物流集团董事长，中国南山开发集团董事长，吉布提港口有限公司副主席，中投海外有限公司外部董事，招商局港口董事局副主席、董事总经理，招商局集团有限公司副总经理等职务。

从学港口到建设港口，再到开展投资、运营港口，胡建华的职业生涯贯穿港口全生命周期，从事国际工程承包业务遍布全球 50 多个国家。2007 年加入招商局后，带领专业团队开展了一系列重大国际项目，包括科伦坡港 BOT 绿地项目、汉班托塔港综合开发、吉布提 "前港-中区-后城" 综合开发、巴西第二大集装箱 TCP 码头收购等，逐步形成了全球五大洲 50 个港口、园区和物流产业布局，奠定了招商局与国家 "一带一路" 倡议的高度契合的海外发展战略。在 2018 年 8 月习近平总书记主持的 "一带一路" 五周年座谈会上，招商局作为唯一一家国有企业代表进行了专题汇报。

初则学商战于外人，继则与外人商战。非富无以保邦，非强无以保富。　　——郑观应

2017 年 12 月 24 日晚上，"我在海外"征文颁奖典礼现场，我通过视频和远在吉布提、白俄罗斯的 60 多位海外将士隔空对话，看着一张张海外同事亲切的笑脸，翻着一篇篇来自海外一线的真实故事，不由想起了自己 30 年来征战海外的一幕幕往事。30 年前，我初出国门，参与第一个海外项目——巴基斯坦卡西姆港航道疏浚项目，一个现在看来很不起眼的项目，开启了我们走出去的第一步；30 年后，我们斯里兰卡汉班托塔港项目成功交割，举世瞩目，被称为中国在印度洋国家战略的重大突破。30 年来，我在海外经历了无数的风雨，品尝了多味的人生，有着讲不完的故事。

从卡西姆港到汉班托塔港，30 年头尾的这两则故事也许具有一定的典型性，就给大家做个分享。

卡西姆港的鸣笛

"呜——呜——呜——"，汽笛沉闷地响了三声，那是一艘停靠在巴基斯坦卡西姆港达

8年之久的荷兰作业船发出的悲鸣。随着这三声鸣响，船缓缓启动，拖着沉重的步伐缓慢驶向大海，头也不回地走了。夕阳下那黯然离去的船影，用这种落寞的方式，向巴基斯坦告别，向一个时代告别。从那时起，中国接管了巴基斯坦卡西姆港航道疏浚工程。荷兰时代的终结，也是中国时代的开启。

1980年中期的中国，改革开放起步不久，走出国门才迈开试探性的一小步，国际工程承包市场还是西方大企业的天下，中国公司主要做些简单的劳务输出，或者为国际大承包商做点小的分包项目。大学毕业后，我被分配到中国港湾工程公司，这是一家专业从事港口工程建设的大型国企。和当时的很多青年人一样，受女排五连冠的感动，激情澎湃摩拳擦掌，渴望建功立业，我直接给公司领导写信，表示不甘于朝九晚五的办公室生活，主动请缨要到海外闯一闯。1987年10月，我和天津航道局的党委书记一起来到巴基斯坦，参加卡西姆港航道疏浚项目的投标，这是我第一次踏上异国的土地，自此展开了30年的海外征程。

10月的卡拉奇，天气依然炎热潮湿。飞机舱门打开的那一刻，一股热浪扑面而来，热情地欢迎我这个初次走出国门的小伙子。出了机场，一个帅气的年轻人举着牌子等着我们，他就是我们的代理，一见面就给了我一个热情的拥抱，扑鼻而来的是他身上那股混合着香水和汗水的浓烈味道，那种令人窒息的酸爽至今记忆犹新。

当晚9点我们赶到了港务局。港务局总工程师对我们表示热烈欢迎，但对我们的能力持怀疑态度。"第一，这是一个技术含量很高的工程项目，需要专业的$4500m^3$仓容的耙吸式挖泥船；第二，我们时间紧迫，如果不能按期完工，也就是印度洋季风来之前没有完成的话，港口就要封闭，造成的后果将不堪设想。你们想承揽工程的热情令人钦佩，但你们只有船龄老旧的挖泥船，还远在中国，是否有能力完成预定的挖泥任务，我们很担心"，他直截了当地说。面对总工程师的质疑，我们打比方说，在工地现场穿着打补丁的旧衣服，虽然不一定美观，但实用功能与新衣服没有区别，我们的挖泥船是有年头了，但它依然在中国沿海港口疏浚中正常服役，没有影响实际的挖泥工程。总工程师深受感动，接受了我们的说法。

我们在打消了对方疑虑后，随即展开了对航道的考察，并于一周后提交了报价。考察的时候，荷兰人的作业船就停在港口最醒目的位置。卡西姆港是荷兰人建的新港，8年来一直是他们在疏浚维护，每年都有大约两百万立方米的淤泥淤积，因为独家生意，他们以64卢比/m^3的高昂价格来清淤疏浚。当他们通过在港务局的关系了解到我们的报价只有32卢比/m^3时，立刻坐不住了，赶忙于第二天再次报价30卢比/m^3，并放出狠话说："无论如何都要把中国人轰回去，不准他们进入这个市场，这是我们西方人的地盘，这里没有中国人的立足之地。"

而这个局面让港务局也大吃一惊，没想到荷兰人会把价格降到这么低。于是在感谢中方的同时，港务局也把荷方的最新报价透露给了我们。国际舞台的战斗是争分夺秒的，很快我们便给予对方坚决回击，25卢比！荷兰人步步紧逼，立刻将报价降到了23.5卢比，摆出一副势在必得的姿态，并在媒体大放厥词：我们的船就停靠在港口，随时可以开始疏浚；而中国人要设备没设备，要技术没技术，就是一时头脑发热来投标，交给中国人将会对港口造成无可挽回的损失。

截标的日子马上到了。此时的港务局已无所适从，只得拿出一个折中的办法：同时请两家公司最后报价，并在一个礼拜之后，也就是当年 12 月 22 日中午 12 点，在港务局办公室当场开标，公平竞争。

12 月 22 日，天空万里无云。中午 12 点，在中荷双方的见证下，卡西姆港务局总工程师同时打开了两份报价。都是 20 卢比！空气霎时间凝固了，只有风扇转动的沙沙声在耳旁回响。"居然是同样的价格，居然会报这么低。"我心里思忖着。港务局长一时间不知所措，赶紧召集他的下属短暂讨论，然后宣布："特别感谢你们两家参与投标，你们的价格已经远远超出我们的想象，我对你们的低价格表示感谢，但是对你们相同的价格我们无法做出决策，我们将另行开董事会，请各位先回吧。"

我心灰意冷地拎起公文包，老党委书记好像看出了我的低落，拍拍我的肩膀说："小胡，振作一点，我们并没有失败，真正的战斗才刚刚开始。"果然，接下来的几天，荷方出动了各种游说；而我们这边，驻巴大使也积极协调，我们的合作伙伴甚至在当地报纸《黎明报》上发文，告诉广大民众：中国人来了，这是我们的兄弟，我们将打破荷兰人的垄断，再也不会为高价买单。我们将和中国兄弟一起，打造我们自己的疏浚公司。一场普通的竞标已经上升到政治的高度。

一周之后，我们焦灼的等待终于得到回音，驻巴基斯坦大使发来电报："巴基斯坦政府已决定把卡西姆港航道疏浚项目授予中方，请中国港湾公司即日起尽快准备船舶调遣，一定不能辜负巴基斯坦对我们的信任。"后来我们才知道，巴基斯坦港务局内部两极分化，无法对授标做出定夺，又将此事呈报到巴基斯坦交通部，巴交通部也出现了两种声音，后来是时任巴基斯坦政府总理的居内久先生亲自拍板。交通部的官员告诉我们，当总理先生听了整个招标过程的来龙去脉后，饱含深情地说："我比你们更了解中国。中国是我们的兄弟国家，关键时刻无论中国政府和人民处在何种境地，都始终坚定地支持我们。把项目给中国人，相信他们一定能做好。"

卡西姆港多年以来，中国人走向海外，都是去中东等地从事房屋建设，以廉价的劳动力换取微薄的外汇。而这一次，我们终于有机会通过我们的专业知识和技能，来从事专业的港口维护工程。其实，这个项目不大，总价也只有两百多万美金，但是在我们心中，却沉甸甸的，它代表着中巴两国多年的友谊、感情与相互信任。我心里暗暗给自己加了把劲，一定要把这个项目做好！最终项目顺利按期完工，并得到了中巴双方政府的赞赏。从此，卡西姆港的疏浚乃至整个巴基斯坦的港口建设，再也没有了荷兰人的身影。也正是从这个项目开始，我作为中国港湾在巴基斯坦的首任首席代表，开始了我第一个常驻海外 8 年奋斗并幸福的工作经历。

斯里兰卡的"金龟婿"

30 年后的 2017 年，我再一次站在了印度洋边，这一片海还是那样湛蓝澄澈；而我的角色，却已从一名港口工程师，变成了"一带一路"倡议的践行者。

2017 年 12 月 9 日的斯里兰卡议会大厦，熙熙攘攘，高朋满座。斯里兰卡汉班托塔港特许经营权生效仪式在此举行，汉班托塔港从这天开始，正式由斯里兰卡政府转交给招商局集团运营，11.2 亿美元的总投资，11.5km² 的土地，10 个泊位，3487m 的岸线，运营期 99 年，距离亚洲至欧洲主要航道 10 里范围内的黄金位置，是"一带一路"的重要节点。这是斯里兰卡历史上首次将整个港口交给外国公司投资和管理。

在中印边界对峙的敏感时刻，斯里兰卡把这样一个重要的战略资产交给招商局，引起国内外舆论高度关注。我有幸在斯里兰卡总理和诸多部长的见证下，作为招商局集团的代表发表讲话，并接受新华社和中央电视台新闻联播记者的采访。

当斯里兰卡总理宣布特许经营协议正式生效的那一刻，作为一个中国人，一股深深的骄傲与自豪感涌上我的心头。我从 2007 年加入招商局，便开始了探索港口业务的"走出去"，我们用了 10 年时间，完成了招商局港口 20 个国家、53 个港口（其中 26 个海外港口）的布局，而拿下汉班托塔这一印度洋上的明珠，则是继 2009 年入股科伦坡国际集装箱码头（CICT）之后，在斯里兰卡市场又一重大成功，凝结了数载的艰苦谈判与跟踪历程。

汉班托塔港 2009 年，金融危机席卷全球，其他全球港口运营商都临时放弃了对 CICT 运营权的投标。但凭借前瞻性眼光和专业性判断，招商局毅然选择拿下 CICT。如今，该码头已经成为中斯合作的标志性项目，在合作过程中也得到斯里兰卡方的高度信任。

2016 年 4 月，斯里兰卡总理在北京访问，专门向李克强总理提出，斯里兰卡政府由于无法偿还建造汉班托塔港的高额贷款，想通过"债转股"形式出售汉班托塔港特许经营权，希望得到中国政府和企业的支持。当天晚上，斯里兰卡总理亲自带领若干内阁部长，在北京君悦酒店与我带领的招商局团队会谈，他提出："招商局是全球港口行业的精英和标杆，我们信任你们，你们现在做的科伦坡港项目为我们国家争得荣誉。我们现在遇到了无法偿还汉港项目贷款的困难，希望你们能够出手相助，不仅带来资金解决困难，而且相信你们能管理得更好，我们愿意把我们最好的资源交给兄弟的中国企业，我已经与你们总理沟通，得到了你们总理的支持。"斯里兰卡总理恳切的目光，与当年巴基斯坦卡西姆港总工程师的目光似曾相识，都饱含友好，但双方层次则天壤之别，更重要的是已将怀疑完全变成了信任，甚至有些请求的意味。带着莫大的荣誉和肯定，我们开始了与斯方的谈判。

然而谈判过程并没有想象中那么一帆风顺。第一次技术谈判就遇到了挫折。科伦坡是我最为熟悉的城市之一，也是我长期海外工作的根据地之一，我曾目睹了它内战时的满目疮痍，也欣赏过它和平时期的风光旖旎。然而坐在谈判桌前，港务局主席带领的团队却让我感到陌生。会上，我很客气地说："主席先生，为了更好地了解汉港的状况，我方需要做工程的、法律的、市场的、财务的尽职调查，请贵方协助。"然而，港务局主席跟他的团队却似乎有意无意回避这个话题，总是在打太极。随后一个月，我带领的谈判组多次向港务局正式索要资料，全都吃了闭门羹。

"真是个难缠的对手！"但是谈判还是要继续，我一方面安排细化尽职调查所需的资料，另一方面则派人去港务局和港口部打听情况。5 月的斯里兰卡天气闷热，每次费尽周折，得到的答案却总是冷冰冰的"还在联系，无法提供"。想约港务局的领导私下会谈，却比见总统还难。

蛇口有句著名的口号："时间就是金钱，效率就是生命。"半个月过去了，看着谈判毫无进展，我也有些坐不住了，便安排谈判组成员黄鹏去港务局对副主席进行"围追堵截"。不一会儿我便收到黄鹏的信息，"副主席在办公室，我已经在门口等待。"我这才得以静下心，思考对方拖延的原因。是啊，这个港口的位置确实太重要，它位于印度的后花园，是东西这条航线上非常具有战略意义的位置，离主航线只有 10 海里，不管是散货船还是集装箱船都从它前面过。这难免会引起其他利益相关国的阻挠，斯里兰卡本地人本来也对外国人经营港口心怀芥蒂。但是，这个港口是国家 21 世纪海上丝绸之路的关键节点，也是招商局在该地区唯一有可能获得主控的港口，我们志在必得！正在这时，我的思绪被一阵急促的敲门声打断。打开门，黄鹏一边擦着他满头的汗，一边急匆匆地说："胡总，副主席……副主席我没有跟住。"我一阵纳闷："你不是在门口等着吗？他还能钻地缝不成？"黄鹏拿起一瓶水，猛灌了一口，然后说："我看到他的车就在楼下，他的秘书也告诉我他确实在里面。我以为胜券在握了，就一直在办公室门口守着。谁知道，等了整整一下午也不见他出门。到了下班点，秘书告诉我说，副主席已经走了。再一看，车也不在了。后来我觉得蹊跷，便绕到楼后，才发现原来他办公室还有一个后门，原来他从后门溜走了。"

这么重要的项目，岂能是捉迷藏的儿戏！我立即要求与港务局召开正式会议。会上，港务局主席还是那副慢条斯理的样子，打着官腔说："你看，我们该做的都做了。我们已经报了港口部了，还没有消息，而且我们这边的资料也不全，我们需要多部门沟通，这都需要时间。"我与他面对面坐着，紧紧地盯着他，眼睛一动不动，他的眼神一直试图在逃避。不等他讲完，我再也忍不住内心的怒火，狠狠地拍了下桌子，站起身来，严厉地跟他说："主席先生，作为投资者，我们带着足够的诚意到斯里兰卡，而且据我了解大部分的资料港务局都可以提供。如果连基本的尽职调查的资料都无法得到保证，那么，很遗憾，我们无法继续这个项目的谈判了！我们今天就会返回香港！"于是项目组一不做二不休，选择以退为进，先返回了香港。斯里兰卡总理对我们的做法表示不解，我向他汇报了谈判情况，并解释说："很抱歉，总理先生，您也知道现在斯方内部有一些分歧，对项目的推进产生了影响。如果斯方内部的问题都处理不好，那很遗憾我们就只能选择退出了。"

回到香港不久，前方便传来好消息，总理为此项目专门召开了内阁会，会上他力排众议，将港口部长、港务局主席、副主席进行了调整，安排了新的团队跟我们对接。谈判组便马不停蹄地赶往科伦坡。这次斯方十分配合，积极为我们提供各类尽职调查所需要的资料。

随后的一年多时间，对方先后四次更换谈判团队，并专门成立技术委员会，与我们进行了五六十轮"斗智斗勇"、艰苦卓绝的谈判，我自己先后 3 次专门拜会斯里兰卡总统，10 次与斯里兰卡总理会面，其中 5 次与总理面对面的正式会谈。一路曲折，项目终于等到了签约的这一天。

我们谈判团队的一位同事打了一个有趣的比方：汉班托塔港就是斯里兰卡最宝贝的一个闺女，现在闺女要出嫁了，父亲肯定要精挑细选一个金龟婿。斯里兰卡总理之所以为了促成与招商局的合作，以雷霆之势换掉港口部长、港务局主席等一干人马，就是因为在他访华时亲自拜访了深圳蛇口，亲眼看见了以蛇口为代表的深圳的朝气与繁荣，认可了招商局的实力和模式，相信招商局能够盘活汉班托塔港的经济、增加就业，因此认定招商局就是他看好的"金龟婿"。新任港务局主席的话代表了他们的心声："招商局一家公司所管理的资产总额超过了斯里兰卡全国的 GDP，选择这个伙伴，够了。"

新时代的弄潮儿

1987—2017 年，我绝大部分时间和精力在海外，在 100 多个国家留下了我的足迹和汗水，海外情结已经深深地融入我的血液，我早已习惯并喜欢上了发展中国家的风土人情，包括 30 年前令我窒息的亚非拉兄弟身上的味道。30 年海外征战，我亲眼看见了国家日新月异的变化，对中国人在海外的地位变化感受尤为深刻。30 年前，我们只能承包简单的对外工程，只能给西方大公司打打下手，而如今，中国公司早已是国际工程承包市场的绝对主体，我们有能力承接各种高难度工程；30 年前，我们为了争取两百多万美元的合同和西方人斗智斗勇，而如今，我们有能力拿出数十亿美金收购国外的港口；30 年前，我们的承包合同期限一般只有 1～2 年，而如今，我们获得了 99 年的运营期；30 年前，我们只能输出廉价劳动力，输出工程承包服务，而如今，我们可以进行资本输出、管理输出、技术输出、模式输出，主动带资收购全世界各地的优良资产，积极实施港口全球战略布局；30 年前，我们的项目默默无闻，而如今，全世界媒体都对我们在海外项目的一举一动高度关注；30 年前，我们要苦口婆心说服兄弟国家的基层官员，30 年后，诸多国家总统、总理、部长争相与我们探讨合作。

这 30 年，国家完成从贫穷落后到繁荣富强的变迁，是一代人的辛苦拼搏和不懈努力换来的。而只有国家强大起来，我们的腰杆子才会更硬，讲话才会更有底气。我很幸运能够成为其中的一员，在海外的舞台上挥洒自己的热情和汗水。

放眼未来 30 年，那时候的中国将成为世界最大的经济体，中国的公司中将诞生一批领导全球行业的世界一流企业。我们的年轻一代面临的机遇前所未有，具备的海外拓展条件前所未有，施展个人才华的国际大舞台前所未有。

[本文来源于招商局内刊，作者：胡建华]

案例3： 李一勇：勇于开拓创新的工程师

【校友档案】

李一勇，中交第一航务工程局有限公司董事、副总经理、总工程师。1978 年 10 月—1982 年（1978 级），在我校港口与航道工程专业就读。先后任一航局五公司总工程师、总经理，一航局副总经理兼总工程师，主管施工技术、工程质量和科技进步工作。为交通运输部专家委员会委员、享受国务院特殊津贴专家、中国工程建设高级职业经理人。曾荣获天津市五一劳动奖章、茅以升科学技术奖——建造师奖，2014 年获全国水运工程建造大师称号。主持完成的上海港罗泾港区二期工程荣获国家优质工程金奖，秦皇岛港煤码头四期、秦皇岛港煤五期水工、广州南沙港区一期、天津港北港池集装箱码头三期等工程荣获国家优质工程银奖，杭州湾跨海大桥工程荣获中国建设工程鲁班奖，秦皇岛港煤五期水工、广州南沙港区二期等工程荣获中国土木工程詹天佑大奖，多项工程获交通部水运工程质量奖、水运交通优质工程奖。主持"离岸深水港抛石基床整平关键技术研究"等多项科研成果达到国际领先水平，"离岸深水港建设关键技术研究与工程应用"获 2013 年度国家科技进步一等奖（排名第五），"深水抛石整平船"获 2015 年度国家专利金奖，多项成果荣获省部级科技奖。获国家知识产权局授权专利十余项。"鼓励企业开展个性化定制、柔性化生产，培育精益求精的工匠精神，增品种、提品质、创品牌。"

2016 年《政府工作报告》第一次将"工匠精神"写入其中。这让始终以"工匠"定位并执着追求"工匠精神"的李一勇感受到了极大的肯定和鼓励。

1982 届港工专业毕业生，中交第一航务工程局有限公司董事、副总经理、总工程师，2015 校友成就奖获得者 李一勇

传承：源自母校的工匠精神

李一勇，1957 年出生，70 年代读中学。在李一勇的记忆里，他的中学时期很有那个年代的特点，"相比于课本上的知识，学校更强调学生要在劳动中接受教育"。

李一勇中学时曾在汽车修理厂劳动了一年，拆发动机、装发动机、修电瓶、修喇叭……"我现在还记得汽车内部各部分的构造。"李一勇笑着说，"75 年到 78 年，我作为知青下乡，当了三年农民。"在这三年里，除了学会做各种农活，他还学会了缝衣服、做饭、理发甚至盖房子。这段经历让如今的李一勇回想起来，感慨不已："知青这段日子给我最大的财富就是教会我变通和永不放弃。"能迂回，会变通，永不放弃，这在李一勇此后的工匠生涯中让他受益良多。

1978 年，大连工学院时任院长钱令希先生在领导大连新港主体工程的设计和建造中提出的"百米跨度空腹桁架全焊接钢栈桥"方案获评全国科学大会奖和国家 70 年代优秀设计奖。

这给刚刚考入我校港工专业的李一勇注入了一针强心剂，让他对尚有几分陌生的专业萌生了浓厚的兴趣，也对参加过大型工程设计和施工的老师们充满了崇拜和羡慕。"最崇拜的还是钱令希先生。对我们来说，钱先生不是目标，是偶像，是值得追寻一辈子的榜样。"近 40 年过去，已经在港口工程领域获奖无数的李一勇提起钱先生，言语神色间仍是学生对院长的敬仰和崇拜。

李一勇坦言，因为"文革"的关系，他们这批人在考入大学前几乎都没有条件专心学习，所以，一进入大学，大家都如饥似渴地学习。一方面是填补基础知识的匮乏，另一方面也是珍惜来之不易的学习机会。李一勇当年的授课老师们大都有过港口设计或施工经验，不时将实际案例带入课堂与学生们一并研讨。李一勇就是在这样一个又一个实际案例中渐渐了解并喜欢上了自己的专业。

"对我影响最深的，是当年老师们在工程和教学中坚持的求真务实精神，就是我们大工人特有的'实'。"在李一勇看来，大工人特有的"实"意味着既要尊重教科书，又要结合实际；既要有广阔的思考空间，又要有能把想象落到实处的勇气和能力。他说，这就是母校教给他的工匠精神，在他此后三十多年的工程实践里，他从未忘却过。

荣耀：不懈创新的工匠之路

1982 年大学毕业后，李一勇被分配到了中交一航局第五公司，从技术员做起，1995 年升至总工程师，2002 年任总经理；2005 年起担任中交一航局副总经理兼总工程师至今，主管公司的施工技术、工程质量和科技进步工作。

回首 34 年职业生涯，李一勇最怀念的既不是做总经理也不是做总工程师，而是跟着项目泡在施工现场的日子。

1993 年，李一勇担任秦皇岛港煤码头四期项目总工程师。在此前秦皇岛港煤码头一、二、三期工程的经验基础上，为了进一步提高效率，缩短工期，李一勇大胆提出将翻车机房混凝土底板一次浇筑体积提升到 $3000 m^3$，经过现场实验，他的技术得到了验证。$3000 m^3$ 成为当时水运工程混凝土施工一次性浇筑最长长度。

施工现场的成就感总是伴随着艰苦。浇筑一次 $3000 m^3$ 混凝土需耗时 7 天 7 夜，在这 7 天 7 夜里，必须得保证一直有人监控。"我们就排班，每人 12 小时。当时正赶上冬天，连续 12 个小时站在露天里，偶尔还赶上风雪交加，算是切实体会到了施工现场的艰苦。"

"在施工中想到改良措施，大胆尝试，亲眼见证自己的想法被证实或者被推翻，这个过程是最让我兴奋的。"李一勇坦言，相比于企业管理者和经营者，做一个潜心技术的工匠是他更喜欢的状态。

因为李一勇的创新，秦皇岛港煤码头四期提前半年完工，并被评为国家优质工程银奖。李一勇也因此升任中交一航局第五公司总工程师，是当时集团里最年轻的总工程师。

李一勇坚持把创新贯彻到他的每个项目里，这让他主持的多个项目斩获佳绩，上海港罗泾港区二期工程获国家优质工程金奖；秦皇岛港煤五期水工、广州南沙港区一期、天津港北港池集装箱码头三期等工程获国家优质工程银奖；杭州湾跨海大桥工程获中国建设工程鲁班奖；秦皇岛港煤五期水工、广州南沙港区二期等工程荣获中国土木工程詹天佑大奖。

此外，李一勇本人也先后获得天津市五一劳动奖章、茅以升科学技术奖——建造师奖以及"全国水运工程建造大师"称号等多个奖项。

工匠的荣耀背后也藏着不为人知的辛酸，李一勇的工匠之路有自己的坚守、集团的重托、家人的支持和他对家人的愧疚。"还是在工地做项目的时候，那年，我们在马耳他做项目，当时我太太正怀着孕，我多么想早点儿结束项目回国等小孩儿出生。结果等我回国，儿子都满月了。"多年之后，再谈起这段往事，李一勇神色间仍有些许无奈和愧疚。

未来：机遇与挑战并存

"对于搞施工的人，过去的荣誉都应该翻篇，更好的项目、更大的荣誉和挑战永远都应该是下一个。"提及过去的荣誉，李一勇云淡风轻地回应。

据他透露，最近的"下一个"正在申报中。

李一勇及其团队在中交一航局正在推进的港珠澳大桥项目中又完成了多项创新。

为了快速建成人工岛，李一勇团队采用大直径钢圆筒围成人工岛。所谓的大直径钢圆筒，直径 22m，面积相当于一个篮球场，高度达 50.5m，相当于二十几层楼。建成人工岛需要 120 个这种规格的大圆筒。"经过论证，这个方案可行。那么，问题来了，怎么振沉这 120 个大圆筒？目前没有这种设备。"李一勇挂帅成立专题组，进行全面测算和研讨，最终决定与美国 APE 公司联合开发了世界上最大的振动锤组——APE600 液压振动锤组。该锤组可以实现 8 锤联动，一天就能振沉 3 个大圆筒。依托这项技术，港珠澳大桥项目中的人工岛实现了当年动工当年成岛。APE600 液压振动锤组被美国打桩承包商协会授予年度工程项目奖，成为世界打桩领域最高水平的代表。"这项技术是我们目前的核心技术，在以后的多个大型水运工程中都将继续运用。"李一勇言语间透着欣慰和自豪。

此外，李一勇团队在港珠澳大桥项目中还创造了目前世界上最大的外海深水整平船，总结出了《预制墩台的干法施工工艺》《桥梁施工监控方案》《预制墩台模版系统结构设计》《装配式钻孔平台设计》等多项国内及世界领先的技术成果。

在李一勇看来，港珠澳大桥项目跟他此前主持的诸多港口工程并不一样，它是一个大型水运工程，是水工技术、施工能力、装备水平和人员素质在外海能力的体现，在某种程度上代表着港口工程在未来的发展趋势。

21世纪将是中国真正走向海洋的世纪，对于水工人，未来将是更大的机遇和挑战。

纵观李一勇的事业生涯，创新既是他矢志不渝的追求，也是其日复一日的行动。"创新应该是一种思想状态，要时刻想着创新，保持对新鲜事物的敏锐性；创新还必须要具备一定的基础和背景，天时地利人和缺一不可。"他真诚地建议学弟学妹们："一定要坐得住板凳，耐得住寂寞，不要急着求成果，只要你每天都前进一点儿，就一定会有成果。"

[本文来源于大连理工大学校友工作处网站（2016年5月31日），作者：金小渝、丁艺菲]

案例4： 程泽坤：至情至性的水运工程勘察设计大师

【校友档案】

程泽坤，中交第三航务工程勘察设计院有限公司（三航院）董事、总工程师、党委常委。1989—1992年，硕士就读于我校结构工程专业，1992—1995年，博士就读于我校计算力学专业。1995年，进入中交第三航务工程勘察设计院有限公司工作，先后任高级工程师、教授级高级工程师、所总工程师、院副总工程师、院总工程师。作为项目总工程师、总设计师，主持设计了洋山深水港区一期至三期工程、盐田国际集装箱码头三期以及扩建工程、世界规模最大的矿石水-水中转港——宝钢马迹山30万t级矿石码头工程等数十项在国内外有重大影响的港口工程；在大型专业化码头、防波堤和驳岸等工程设计方面业绩斐然，有十多个大型项目分别获得国家科技进步（重大工程类）奖，詹天佑土木工程大奖，全国优秀设计金奖、银奖，行业优秀设计一等奖，省部级科技进步一等奖等；主持编制水运行业技术规范7项，专利30多项，发表技术论文40多篇，获得省部级以上科技进步、咨询、设计、优秀论文、詹天佑等30多项；荣获国家首批"百千万人才工程"国家级人选、上海市重大工程立功竞赛杰出人物、交通部青年科技英才等荣誉；2013年被评选为第二届全国水运工程勘察设计大师；作为主要完成人，获得国家科技进步（重大工程类）二等奖1项，省部级科技进步特等、一等、二等奖10多项；全国优秀设计金、银、铜奖各1项，省部级优秀设计一等奖10多项；全国优秀咨询成果一等奖、二等奖各1项，省部级咨询成果一等奖、二等奖10多项；是交通部第二、三、四届专家委员会委员，享受国务院特殊津贴专家，中国工程建设标准化协会水运专业委员会设计组组长，中文核心期刊《海洋工程》《水运工程》《中国港湾建设》编委会委员。

1995年，走出大工校门的程泽坤如愿走进了原交通部第三航务工程勘察设计院的大门，成为中国水运工程设计大军中的

1992届结构工程专业硕士毕业生，中交第三航务工程勘察设计院有限公司党委常委、董事、总工程师，全国水运工程勘察设计大师，2016校友成就奖获得者　程泽坤

一员。

22 年间，程泽坤坚持创新工程、直言技术，在不断追求事业的征途中实现自身价值，先后成为国务院特殊津贴享受者、首批"百千万人才工程"国家级人选、上海市重大工程杰出人物。2013 年，他不负众望，被评选为第二届全国水运工程勘察设计大师。

读学位是为了更好地干活，为了做更优秀的工程

1989 年，本科毕业的程泽坤为了继续深造考取了大连工学院的研究生，这一读就是 6 年，直到 1995 年博士毕业。

"硕士毕业时，我本打算工作。"1992 年，大工结构系土木工程专业的硕士毕业生在就业市场上还是很抢手的。但导师赵乃义教授的一句话改变了他的决定，"你再去读一个力学博士，对你将来解决复杂结构设计问题有帮助。"在程泽坤看来，读书就是为了更好地干活，为了做出更优秀的工程，抱着这样的念头，他又踏上了读博的征途。

程泽坤博士期间师从钟万勰院士，博一下学期就跟另外两个师兄弟一起被安排到上海市政工程设计研究院，承担水池、水塔标准图设计工作。这是一项庞大繁杂的工作，涉及几千套图纸和对应的计算书、施工说明等相关文件，程泽坤三人需要完成的工作就是通过编制软件实现自动生成上述文件。这对师兄弟三人都是一项全新的挑战，"我们只做过结构分析，编程绘制标准图这可没做过！"三人只能边学习边尝试，用了一年多的时间摸索和尝试，最终圆满完成任务。

程泽坤的学习习惯一直从他的大学时代延续到现在，学习已然成为他生命中不可或缺的一部分。每天忙完工作后，他总爱翻一翻资料或书籍，从业界期刊到各单位工程档案材料都被他视为学习资料。事实上，他在主持设计中，许多创新灵感也正源于他的这一习惯。

2000 年，时任三航院副总工程师的程泽坤刚到盐田港国际集装箱码头工程报到，就碰到一件棘手的事儿。该项目设计团队第二天一早就要同香港业主雇用的英国技术专家讨论前期结构设计方案。但由于方案属空间结构，需采用大型通用分析软件计算，而熟悉该类软件的人并不多，大家不免对第二天的交流有些担心。程泽坤却在此前的学习中对该软件有所涉猎，他亲自上阵，挑灯夜战，在完善原有方案的基础上，还按照不同标准和要求，提出了备选方案。第二天会议上，业主方高度赞赏了三航院的技术方案，程泽坤这位年轻的副总工程师也给他们留下了深刻的印象。

常怀感恩之心，不忘创新之志

1995 年，程泽坤因一封自荐信来到三航院。随后的五年里，因国家政策调整，水运市场陷入低迷，而与之相关的道路、桥梁等土建市场却形势一片大好，引得水运行业大批设计师、工程师出走。程泽坤留了下来，因为一个最质朴的念头：咱得有感恩之心。

1995 年，即将博士毕业的程泽坤在图书馆翻看《改革开放上海市十大重点工程》一书，其中一篇关于外高桥港区项目介绍的文章引起了他的注意。"我以后如果也能做一个

这样的项目就好了！"于是，他很快写好自荐信，将自己此前的研究成果和参与项目都一一写清，还附上了相关图纸。没出一星期，程泽坤收到了三航院的电话，简单的核实之后，求贤若渴的三航院就向他抛出了橄榄枝。

入职半年后，单位解决了他和爱人、孩子两地分居的境况，还分了一套单位住房，这让初来乍到的程泽坤倍感温暖，并在此后整个行业长达五年的低谷期，他都从未生出离开的念头。尽管，一转行就是两三倍的收入差距，尽管，他身边大半个圈子的同行都出走了，他只知道："咱得有感恩之心。"

要做就做精品工程

随着新千年的到来，水运行业的春天也来了。在程泽坤看来，重大工程是技术载体，同时也是稀缺创新资源，要做就做精品工程。

2000 年，程泽坤主持设计深圳港盐田国际集装箱码头工程，该工程是我国首座参照英国标准和香港习惯做法设计的大型集装箱码头，许多技术标准均超出当时的国内技术规范，如码头主体结构需满足"50 年不修"的要求。对此，程泽坤坚持高标准、严要求制定技术对策：码头主体结构按照全寿命成本最低的理念制定技术方案，通过适当提高不易更换构件的安全度、耐久性，以预留较大结构承载力、耐久性，提高对未来船型和大型设备的适应能力。全新的设计理念对我国诸多码头工程的设计产生了较为深远的影响，成为我国集装箱码头高品质的设计力作。

2005 年该港区在伦敦获得全球物流协会（Global Institute of Logistics，GIL）颁发的"全球最佳集装箱港口"称号，这不仅是该组织第一次为港口运营商颁奖，同时也是中国港口第一次获得此类全球性行业大奖。

在程泽坤的另一代表作——洋山深水港区工程中，为保证 3.5 年的一期工程，程泽坤带领团队精心研究出了一种新型码头接岸结构——斜顶桩板桩承台接岸结构，解决了洋山工程码头与接岸结构选型关键技术问题，达到了节省工期的要求，填补了我国港口界在外海实施高填土挡土结构的技术空白，成为我国水运建设事业的技术品牌。

此外，连云港徐圩港区防波堤工程、宁波舟山鼠浪湖 40 万 t 级大型矿石中转码头工程、福建国投湄洲湾煤炭码头工程、宁波大榭 45 万 t 原油码头工程……在程泽坤 23 年的水运工程设计生涯中，他用理念创新和技术升级铸就了一个又一个水运工程的精品。

直言是对技术的尊重，对业主的负责

"说话太直"几乎是三航院所有员工关于程泽坤的共识，对此，他憨憨一笑："这也是我的大工基因，改不掉的。"

读博期间，因导师太忙，并不能时常敦促程泽坤和师兄弟们学习。但每次见面，钟院士总会给他们布置一些课题，留作学习和思考，也是他们下次面见老师时的"考题"。"先生主张学术自由。在学术讨论上没有师生之别，每个人都平等地阐述观点、反驳异见。"已是学生父辈年纪的钟院士经常在讨论会上跟他们就某一问题争得面红耳赤，这让程泽坤不管多少年后再回想起来都感慨不已，"这是学者和技术从业者该有的自由和较真儿。"

程泽坤的学术自由和技术较真儿在刚一入职时，就引起了不小的"轰动"。程泽坤入职没多久就旁听了一次院里技术委员会的审查会。一位副总工新研发了一个程序，用它替代原算法可以降低约 20％的造价。但因降幅过大，遭到一些德高望重的老工程师们的质疑。初来乍到的程泽坤仗义执言，评价一个新理论、新方法是否合理要看它是否更贴合工程实际，是否能更好地解决实际问题，而不应纠结它比先前的理论改进了多少。"不按顺序发言，不讲'语言艺术'，让很多人都一下子记住了我。"程泽坤笑道，"技术是容不得艺术加工的，一就是一，二就是二。"

从技术员到总工程师，程泽坤的直言始终不变，"每次带团队开技术会，都会找到当年跟先生一起探讨学术的感觉"。因为直言和耿介，程泽坤赢得了越来越多同行的敬重和业主的信任，这是一个技术者的尊荣和骄傲。

目前，程泽坤正在主持洋山深水港四期工程的设计工作。该工程竣工后将成为我国规模最大、最先进的全自动化无人智能环保型集装箱码头。这将是我国水运工程建设领域一座崭新的里程碑，也将是程泽坤手中的又一个精品工程。

［本文来源于大连理工大学校友工作处网站（2017 年 6 月 19 日），作者：金小渝］

案例5：吴慧明：国家科技进步一等奖获得者

【校友档案】

吴慧明，浙江开天工程技术有限公司总经理。1985—1989年本科就读于我校岩土工程专业，1989—1992年硕士研究生就读于我校土木工程专业，2001年获浙江大学岩土工程博士学位。吴慧明校友是教授级高工、国家级注册岩土工程师、注册监理工程师、中国实验室国家注册评审员、浙江省资质认定评审技术专家，兼任浙江省高知联理事、开天浙大滨海和城市岩土新技术梅山中心常务主任、中国岩石力学与工程学会理事、《地基处理》杂志副理事长、浙江省土木建筑学会工程测试分析学术委员会委员等。先后主编《基桩检测技术与实例》等专著，发表论文50余篇，课题"广义复合地基理论研究及工程应用"研究成果处于国际领先水平，获"中国岩石力学与工程学会科技进步特等奖"。吴慧明校友十分关注学校和建设工程学部的发展，获得学校"2017校友年度人物"校友成就奖，并在2018年5月回母校为建设工程学部研究生做了题为《做个有用的人》的报告。

1989届岩土工程专业毕业生，浙江开天工程技术有限公司总经理，2017校友成就奖获得者　吴慧明

最好的成长在大工

吴慧明出生在江苏南京。父亲是一名数学教师，虽然没有系统教授子女数学知识，却给他们"预设"了学习专业，本着"七十年代社会缺啥就读啥"的原则，三女一子分别就读了医疗、通信、土木、计算机等专业。"预设"不分性别，成了吴慧明走进岩土行业的第一步。

1985年，吴慧明考入大工，攻读土木工程专业岩土方向。八十年代的大工校园到处充满奋斗的气息，举目而见努力的青年学子，吴慧明亦不例外。课堂、图书馆、宿舍"三点一线"的日子成为青春最美的轨迹，也描摹了她与大工深厚的感情。

"母校教会我的严谨是这一生最宝贵的财富！"吴慧明不无感慨地说。"那时我们做实验，全是老师'一盯一'，想蒙混过关，门儿都没有，只要实验有问题，必须找出缘由。"直到现在，吴慧明还记得测量实验、电工实验的场景。当然，也让严谨融入她的骨髓。

严谨换来本领，正气安身立命。"我一直记得副系主任郑芳怀老师。不是因为他对我好，而是对我们所有人都好。这种好不止传道授业，更教会我们拥有正气凛然的大工品格！"吴慧明如是说。"郑老师从来都是一碗水端平，从学业到生活"。"我最好的成长在大工，它教会了我堂堂正正做人，干干净净做事。"今天的吴慧明已成为岩土工程知名专家，在专业领域游刃有余，但她一直认为，这一切都归功于在大工学会的本领、塑造的品格和坚毅的精神。

1989年，吴慧明本科毕业，保送至我校岩土工程专业攻读硕士研究生，三年后硕士毕业，成为宁波大学的一名教师，1997年师从浙江大学龚晓南院士攻读博士学位。当然，也就是在这一年，吴慧明创业成立浙江开天工程有限公司，进入工程一线。

干工程的女人比男人难

"我与岩土真是有莫名的缘分，一个女孩子偏偏就喜欢这个行业，又偏巧对它还有灵性"，吴慧明不无调侃地说。"岩土研究很特殊，没有工程一线经验就很难进步，虽然在宁波大学教学很不错，但终归与我的兴趣和梦想差一步。"其实在离开宁波大学前夕，吴慧明所在学院已有意安排她出任学院领导，但还是被她婉言谢绝。

吴慧明的爱人陈浩军也是大工人，更是她事业最有力的支持者，尽管那时他们已经有了不菲的积蓄和稳定的生活，但为了爱人的梦想还是一同创业打拼。有了爱人全权打理公司业务，吴慧明全心投入工程一线，成为公司里最拼命的一线员工。

父亲的"预设"不分性别，吴慧明也从来没觉得男女有何区别，可工程一线却因为性别让她困难重重。在岩土领域工作的女性很少，即使有也大多从事理论研究，像吴慧明这样直冲一线，一干就是二十余年的女性凤毛麟角。用她自己的话就是，"工程不分男女，不会有人因为女性就放弃要求，干岩土工程，女人可比男人难！"

穿上难看的工作服在现场摸爬滚打，无时无刻都要留意现场安全，跳出体制后出现的不稳定，日复一日通宵达旦的工作强度……都在考验这个执着坚强的女人。"其实，我并不怕专业上遇到问题"，吴慧明以骄傲的大工学子的身份说，"我最怕的是社会水太深，又没有人来教"，而无论是工程商谈还是公司经营，这又都是不可回避的问题。"适应！再适应！"成为夫妻二人最朴素的坚持，一点点学，一点点改，公司渐渐站稳脚跟。

工程一线二十载，淡泊名利繁花开。直到今天，吴慧明仍然每天都到工地去，亲自做勘察，亲自做分析。"我就爱待在那。"吴慧明笑着说，"一般来说，岩土领域很难看见一个老博士成天待在工地上吧？偏巧我就是最特别的一个。"二十余年的工程一线经验让吴慧明迅速成为行业专家。她主持的"高压气溶胶排水固结技术的研究"项目对岩土工程领域的核心基础理论——排水固结理论进行了重新构建，建立了立体的排水固结系统，整合了岩土、机械、自控、材料等多个学科，在北仑万人沙滩地基处理等项目上获得成功应用，被评为"第四届浙江省岩土力学与工程学会科学技术奖特等奖"，这样的案例还有很多很多。近五年，她主持完成的基桩检测项目年均超过300项，累计2000余项，产值数亿元, 多个项目获鲁班奖、钱江杯、甬江杯等奖项, 值得一提的是, 舟山连岛工程中的金塘大桥主桥墩的桩基检测达到 117m, 已是当时国内长度最大的桩基工程。每年, 她所从事基坑监测项目都有几十余项, 累计产值超过数千万元, 她做过的技术咨询项目、设计项目、地基处理项目超过百项, 解决多个技术难题、处理危难工程。

在岩土领域还有很长的路要走

务实、勤恳、聪明、坚持……这些特质已成为吴慧明被人称道的标签, 也由此赢得不少前辈的帮助与支持, 博士生导师龚晓南院士无疑是其中最受敬仰的一位。岩土工程涉及领域广, 从海洋围岛、石油开发配套、超高层建筑, 到地铁勘测、民房改建。但这一领域的理论创新却乏善可陈, 不少解决方案虽来自一线, 但缺乏有力的理论支撑, 理论探索与创新成为岩土科学家们不懈的追求, 龚院士在这么做, 吴慧明也在这么做, "潜心研究不循规蹈矩"成了师徒二人最和谐的默契。

吴慧明在岩土工程理论探索与创新领域可谓是火力全开。"很多在一线得出的工程数据, 要比在实验室计算出来的准确得多, 因为实验室里很多假设、边界条件和模型有时并不符合工程实际, 但一线数据缺乏理论支撑, 进步很是困难, 需要我们以此为基础深入理论研究, 再反馈一线, 循环起来。"如此思考的吴慧明, 已不再是创业者, 更是为岩土工程发展不懈努力的深情岩土人。2017 年, 夫妻二人新建"滨海岩土工程与地下空间开发利用新技术研究院", 研究院包括岩土工程与新技术研究开发板块、岩土工程与新材料多学科联合板块、先进智能检测技术与设备研发板块以及专业人才培养的博士后流动站等四个板块, 希望通过研究院建设, 推进岩土工程科研成果转化速度, 打造国内外岩土工程领域的研究最高地, 为国家社会发展多做服务与贡献。

有幸在母校见到吴慧明, 她正在与建设工程学部岩土工程实验室的师弟师妹们座谈交流, 分享工程研究的新思路。用她自己的话说, "我是永远的大工人, 在岩土领域我还有很长的路要走, 希望能和师弟师妹们一同进步。我也一直在努力, 希望能够把前辈、老师们的科研精神、工程经验、学术素养学过来, 尽早与岩土领域的世界顶级专家对接, 深入研究世界最先进的课题, 做好与国内工程实际的有效互动, 为我国岩土工程事业发展贡献大工人的力量"。

锲而不舍, 金石可镂, 岩土女儿吴慧明正怀揣梦想, 执着前行。

[本文来源于大连理工大学校友工作处网站 (2019 年 1 月 18 日), 作者: 朱志伟]

案例6： 高纪兵： 与时代并肩的桥梁工匠

【校友档案】

高纪兵，中国交通建设股份有限公司港珠澳大桥岛隧工程项目总经理部副总工兼总工办主任、中交第二航务工程局有限公司总工办副主任。1996—2000 年就读于我校交通土建工程专业。工作 17 年来，一直在施工一线从事工程技术研究，在港珠澳大桥、苏通大桥等超级工程建设中参与研发了诸多世界领先的技术，累计取得 43 项发明专利，与团队创造了多项国内外工程记录；荣获湖北省科技进步二等奖、中国航海学会一等奖、中国交建科技进步一等奖、二等奖、公路学会科技进步特等奖、二等奖等，2017 年获第五届"中国交建十大杰出青年"荣誉称号。十九大召开前夕，作为全国仅有的 9 名基层党员代表之一，参加国务院新闻办举行的中外记者见面会并答记者问。

三月的珠海，生机勃勃，蓄势待发，潮湿却舒适的空气中，港珠澳大桥像一条宏伟却轻盈的巨龙横亘在浩瀚无边的伶仃洋上。高纪兵坐在干净整洁的办公室里，第一次静心回顾着走出大学校门后这 18 年的岁月。

2000 届交通土建专业毕业生，中国交通建设股份有限公司港珠澳大桥岛隧工程项目总经理部副总工兼总工办主任，2017 年青年校友成就奖获得者　高纪兵

1996 年，国家迎来第九个五年计划，机械工业飞速发展，道桥专业人才需求量急剧增加。同年，高纪兵从江苏扬中家乡来到大工，次年，读大二的他毫不犹豫选择交通土建工程专业。"学在大工"是他对大学四年最大的感悟。在交通土建工程专业，繁重的课业压力让他不敢松懈，"我和室友一起，每天晚饭后就满世界找自习室学习"。班级里有一半同学选择考研，但渴望到外面世界看看的高纪兵最终选择走出校园，怀揣梦想走向未来。

蓄势：桥箱上的黎明

2000 年 6 月，高纪兵来到重庆中交二航局二公司工作。一个月的培训后，他迎来了人生中第一所施工桥——鄂黄大桥。"这是我参与过的最苦的桥"，作为为数不多的会用

CAD画图的大学生，高纪兵却也每天在工地上跑，24小时连续倒班。"像民工，每天干12个小时，干完就回来睡觉，当然，如果上白班，那么晚上回来还要手写工程方案"他戏谑地说，"鄂黄大桥有两个百米高塔，两塔相距也有几十米，只用一米多宽的临时通道连接，我只能硬着头皮从这边走到那边，每天往返"。

君子求诸己，小人求诸人。少言寡语却踏实肯干的高纪兵，很快得到领导赏识。2002年，他参建了当时世界第一跨径斜拉桥——苏通大桥，这成为他人生重要转折点。四年时间，高纪兵经历了苏通大桥从前期临时工程到贯通竣工的整个过程，在收获事业成功的同时，也组建了幸福的家庭，成为一名父亲。"很多人说我是苏通大桥最大的人生赢家，把所有事情在这里都干完了。"他笑着说。

高纪兵在31岁时担任了当时国内最大跨径连续钢箱梁桥梁——崇启大桥的总工程师。如果说鄂黄大桥是高纪兵经历过的最苦的桥梁，那么崇启大桥就是他经历过的最累、压力最大的桥梁。"作为总工程师，基本上所有的决策、所有的技术方案都需要自己定。"

崇启大桥最大的难度是要将185m的钢箱梁整体吊装，在其他工程师都纷纷摇头的时候，高纪兵一个人将钢箱梁的生产、质量、安全、安装进度、协调等方面工作全部扛在肩上。在钢箱梁吊装施工的两个月里，高纪兵每天凌晨四点钟起床，冲一大杯咖啡带在身上，走上钢箱梁的梁顶，一个人站在梁顶进行吊装的总体协调与指挥，用对讲机指挥着工人进行吊装。"这段经历让我形成了大局观，当从上到下所有事物都交给我的时候，我必须要处理得清清楚楚。"

十年间，高纪兵将年轻岁月的"苦"和"累"都尝尽，经历着中国从"桥梁大国"到"桥梁强国"的转变。十年间，很多与他一同进入公司的技术人员都转去做了行政管理，而他依然坚定地留在一线，毫无怨言地将"脏活累活"包揽，架起一座座祖国山河的脊梁。

2011年，崇启大桥主跨合龙后，高纪兵收到了港珠澳大桥岛隧工程建设的邀请函，他怀着激动的心情办理了工作交接，马不停蹄地从长江口奔赴浩瀚无边的伶仃洋。

创新：征战港珠澳

港珠澳大桥岛隧工程项目包括两个10万 m^2 的海中人工岛、中间6.7km的沉管隧道以及700多m连接桥，而岛隧工程项目又是整个港珠澳大桥的控制性工程，技术难度最高，投资份额最大。作为岛隧工程总经理部副总工，高纪兵负责技术研发。然而，刚到新工作岗位的他，对即将面临的艰难和挑战一无所知。"这个工程难点是在海底建一条沉管隧道，而我以往是做桥梁的，所学专业和经验完全用不上。"高纪兵苦笑。港珠澳大桥的海底沉管隧道由33节巨型沉管拼接而成，这些沉管每节长180m，近四层楼高，隧道内宽可达双向六车道，重量近8万t，比一艘中型航空母舰还要大，是目前世界上最大的沉管。无疑，"自主研发"和"沉管安装"是摆在高纪兵和团队面前的最大挑战。

沉管结构设计创新在高纪兵的记忆中最为深刻。

自1928年人类工程史上修建第一条钢筋混凝土沉管隧道以来，所有沉管结构只有刚性和柔性两种，但现有工程记录显示，这两种结构体系沉管隧道都是浅埋隧道，而港珠澳大桥隧道是世界上唯一深埋沉管隧道，最深沉放水下 44.5m，上有 20 多 m 覆盖层，超过浅埋沉管 5 倍的荷载。"如果采用传统的结构体系，那么沉管结构得不到安全保障。"

面对问题，国外权威隧道专家给出"深埋浅做"的两个解决方案：其一，在沉管顶部回填与水差不多重的轻质填料，这需要增加十多亿元人民币投资，工期也将延长；其二，在 120 年运营期内控制回淤物厚度，进行维护性疏浚，维护费需要数十亿元人民币。

这样昂贵的代价让中国工程师心有不甘，经过近一年的攻坚克难，他们在刚性结构的基础上提出了半刚性结构的概念，"刚性结构好比一块长条积木，柔性结构好比将小积木块拼接成积木条。我们提出的'半刚性'结构，相当于用小积木块拼成积木条的同时，在每两节积木块中间用松紧带连接起来，让它们实现既分离又相互间有联系。"高纪兵介绍，这能有效增强深埋沉管的结构安全性。

半刚性结构理念一提出就遭到了国内外诸多同行专家的质疑，说服专家取得共识似乎比论证技术本身更艰难，这个艰难过程从 2012 年底一直持续到 2013 年 8 月。最终，他们邀请国内外 6 家专业研究机构进行"背对背"分析计算，从模型实验及原理上验证"半刚性"结构。研究论证结果趋同，证明"半刚性"是从结构上解决沉管深埋的科学方法，最终得到了一致认可。

经过两年的努力和坚持，"半刚性"只花费了极小的代价就把沉管深埋的构想变成了现实。到 2016 年 11 月 23 日，已安装隧道总长达到 5130m，不仅已是世界上最长的公路沉管隧道，也超过了国内沉管隧道总和。从此，世界百年沉管结构的工具箱除了已有的"刚性""柔性"之外，还增加了"半刚性"的新成员。

自主研发沉管结构只是海底沉管建设的第一步，每一节沉管安装都是项目"生死攸关"的冒险，用岛隧工程项目总经理林鸣的话说，"33 个管节的安装就像连续 33 次考上清华"！"第一节沉管安装时，项目走了很多人，因为没有信心能成功"，高纪兵说。由于海底隧道是大桥主体控制性工程段，因此，对沉管间安装的误差控制非常严格。"沉管横截面积约 400m^2，安装最大误差不能超过 5cm。"然而，当 E10 管节安装完，误差却为 8.5cm，超出既定标准。"是安装技术有问题，还是管理决策流程有问题？"国内外同行专家中充斥质疑，安装施工停滞 3 个多月。

高纪兵坦言："那是我唯一想做逃兵的一次，这种质疑可能导致我们上百号人一年半的技术攻关被全盘否定。"那段日子，他白天陪同交通部督查小组检查，随时解答对方提出的问题，晚上彻夜不眠，将白天督查情况整理成文汇报。同时，他带领技术团队分析 E10 管节安装过程中各项数据和流程，找出偏差过大的根源。

一个多月后，项目海洋观测团队发现了深水"齿轮现象"，即与普遍认知不同，海底深槽内存在大流速，安装过程中，巨大体量的沉管会受到很大的冲击力，影响安装精度。随后，高纪兵和技术团队完成了"海流实时监测与沉管运动姿态实时监测"和"对接窗口"预报保障系统研发，让沉管安装过程"看得见、摸得着"，成功破解世界级难题，填补世界范围内深水深槽沉管安装的技术空白。

七年的港珠澳工程，让高纪兵找到了自己的解压方式——快走。"每天晚上从营地走到唐家市场，往返路程近 10km。走着走着，人就静下来了，头脑也变得清晰了。"

大桥全线贯通的时刻逼得越近，高纪兵和团队的工程师越不敢有一丝松懈和怠慢，收尾工作精细到工程中的每个角落、每条缝隙，希望能将这备受世界瞩目的超级工程犹如艺术品一样交给国家和人民。

梦想：做肩负时代使命的科学工匠

2017 年 10 月 9 日，39 岁的高纪兵作为全国 9 名优秀青年共产党员的代表之一，参加了十九大前夕召开的中外答记者问座谈会，他将 18 年的一线工作经历融入对时代、对祖国的感恩中："青年人要走在时代的前面，做时代的奋进者、开拓者与奉献者。这个时代给予了我们创新的空间，工程人员只要想得到，就可以做得到，这就是我们工程人生活在新时代的幸福。"

在高纪兵看来，勇敢担当、甘愿奉献、不断创新是成为一名优秀的工程师必须具备三大品质，不仅是"科学家与工匠"的结合体，更要有心中的追求和梦想。"如果每个行业都有梦的话，就会构成中国梦。港珠澳大桥开工前，我们梦想将它做成世界一流的项目，要打破国外技术上的封锁，我们做到了！"

关于未来，高纪兵有些腼腆地说："这个工程做完后，其实我想要休息一段时间。2000 年毕业到现在，我该安稳下来，有一个稳定的家了。"如实，这个生长在江苏的小伙子，在相继辗转湖北、上海和珠海后，成为中国桥梁建设中肩负使命和重任的中流砥柱。这 18 年来，每年累计 20 天的假期，他从来没有休完过。女儿和家人，一直是他隐埋在心中最深的牵挂。今年，是高纪兵在港珠澳大桥工程中第一次回家过年，未来，他希望每年都能与家人团圆。

［本文来源于大连理工大学校友工作处网站（2018 年 7 月 9 日），作者：刘宴如］

案例 7： 他们用"大工精神"书写了
港珠澳大桥的"传奇"

2018 年 10 月 23 日，港珠澳大桥正式开通。港珠澳大桥跨越伶仃洋，东接香港，西接广东珠海和澳门，总长约 55km，这座世界最长的跨海大桥的建成，背后凝结着工程师的匠心、闪耀着中国人的创新。在庞大的港珠澳大桥项目团队中，也不乏大工人的身影，他们脚踏实地、勤勉创新，攻坚克难，砥砺前行。几位亲历港珠澳大桥岛隧项目的大工人，讲述了港珠澳大桥建设中的艰辛与传奇。

大工智慧，实现难度系数堪比"天宫一号"对接的"深海初吻"

港珠澳大桥岛隧工程项目包括东、西两个人工岛、中间的海底隧道、沉管隧道以及一小部分连接桥，"港珠澳大桥岛隧项目是整个港珠澳大桥的控制性工程，技术难度最高，投资份额最大，它的工时也控制着整个港珠澳大桥项目的工时。"港珠澳大桥岛隧工程项目总经理部副总经理、常务副总、大连理工大学水利系海洋石油建设工程专业 1983 届校友尹海卿介绍。

2013 年 5 月 6 日，港珠澳大桥西人工岛与首节隧道沉管完美实现首次对接，这被誉为"深海初吻"，难度系数堪比"天宫一号"对接。随着"初吻"的完美实现，中交四航设计院副总工程师、港珠澳大桥岛隧工程设计负责人、大工土木工程系港口及航道专业 1991级校友梁桁一颗悬着的心终于落了下来。

港珠澳大桥的海底沉管隧道长 5664m，由 33 节巨型沉管拼接而成。这些沉管每节长180m，近四层楼高，隧道内宽可达双向六车道，重量近 8 万 t，相当于一辆中型航空母舰，是目前世界上最大的沉管。

2010 年，梁桁的设计团队接到任务：设计港珠澳大桥桂山沉管预制厂，采用工厂法预制沉管，即在工厂内完成每节沉管预制，安装时直接将预制好的沉管拖运至指定位置完成对接即可。"所有人对这任务都一脸茫然。航空母舰那么重的沉管怎么预制？"据梁桁介绍，此前世界上只有一个工厂法预制沉管的先例，发生在厄勒海峡通道沉管隧道的建设中，"但那个沉管的断面尺寸要比我们的小很多，两者根本没有可比性。那时候，我们手上只有一本介绍性的英文参考文献 The Tunnel，里面有不到 30 页关于预制工厂的介绍。"梁桁将这项任务形容为"典型的三边工程"，即边勘察边设计边施工。从工程建设上看，沉管预制是整个沉管隧道建设的前提和基础，"如果沉管预制不出来，就没有后期的安装和对接，所以人的目光都聚焦在工厂。"这对工程师们的技术和心理考验可想而知。

"沉管预制厂主要面临两大挑战，一是要形成流水线作业模式，二是需要应对频繁登陆的台风。"梁桁团队根据工程特点、建设地址的地形地貌、周边自然约束等因素找出了一个最适合桂山牛头岛的工厂总平面布置。

梁桁带领团队从 2010 年底开始研讨、设计，经过反复勘察、论证和实验，到 2011 年底，沉管预制厂的土建工作基本完成，建成了约 2.7 万 m² 的厂房，中间为两条生产线，各具备 3 个独立的钢筋绑扎台座和浇筑台座，侧翼为其相对应的钢筋加工区。底板、侧墙、顶板的钢筋经加工后在横向和纵向两条流水线上被送至对应的绑扎台座，实现了流水线式的工厂化预制施工模式。"在这之前，外国专家预估预制厂的建成需要三年时间。"

"流水线作业问题解决了，接下来要解决的就是怎么安全存放预制沉管的问题了。"桂山岛处于外伶仃洋，平均每年遭遇台风登陆 1.5 次，常规做法是在外海建设环抱式防波堤以形成避风港，但桂山岛外海处有厚达 20 多米的软土地基，这使得防波堤的建设成本成为天文数字。此外，桂山岛处于白海豚核心保护区，环保上的要求也不允许大规模海工建设。在此情况下，梁桁团队深入研究牛头岛现状，仔细斟酌和反复权衡，大胆提出了在岛内石场现有的巨大采石坑基础上进一步扩大深坞，使其具备同时寄放 4 个管节能力的深坞布置方案。"由于管节在岛内寄放，必要时还可以关闭深坞门，因此即便外海风高浪急，坞内水域依然波澜不兴，管节安全得到了很好的保障。"

从 2010 年底到 2012 年初，这座投资约 10 亿元，历时 14 个月的沉管预制厂建成投产，是目前世界上最大的"现代化"沉管预制工厂。

2013 年 5 月 2 日，进行了一年多的沉管预制工作到了首次接受检验的时候了，首节沉管 E1 管节要被运送至西人工岛暗埋段实现海底对接。"这将是历史性的一刻，也是对我们此前工作的检验，心情很复杂，像古时候的秀才进京赶考。"梁桁直言自己的忐忑与紧张。经过 96 小时的精密操作，E1 管节圆满完成出坞、浮运、安装等环节，成功实现对接。

兴奋过后，梁桁又继续投入了其他管节的预制安装工作。"33 个管节，每个都有自己独有的问题，每个都要具体问题具体分析，哪一个都不能掉以轻心。"梁桁笑称，"从这个角度来讲，每一次都是第一次，我们一直都在走钢丝，我们一直都在攻坚克难。"

大工精神，两次返航三次安装背后不可松懈的质量关

E15 管节的两次返航与三次安装是所有港珠澳人绕不过的话题和记忆，提到挫折，提到印象深刻，亲历港珠澳大桥的大工人尹海卿、梁桁和高纪兵都不约而同地谈到了这节历经曲折而最终成功安装的特殊管节。

"在安装沉管之前，需要在水下先铺设一个碎石基床，从碎石基床开始铺设到安装沉管之前，基床上的泥沙淤积厚度不能超过 4cm。"港珠澳大桥岛隧工程项目总经理部副总工兼总工办主任、大连理工大学土木建筑学院交通土建专业 1996 级校友高纪兵介绍，"在前 14 个管节的安装中出现过回淤现象，但没有超标的。"

2014 年 11 月 15 日，E15 节沉管从预制厂经过十几公里浮运到达安装现场，安装前潜水员再次潜水检查，带来了坏消息：基槽泥沙持续增多，回淤超标。

整个团队在监控室经过了漫长、纠结的讨论，如果终止安装，就意味着要重新铺设基

床、回拖沉管，这给工程带来了很大的进度压力和经济损失，但另一方面，如果不顾回淤的存在而继续安装，隧道后期漏水是一定的，120 年使用期也很难保证。在进度、经济和工程质量三者之间，大家最终选择了严把质量关："终止安装，沉管回航。"梁桁直言，在这样艰难的抉择过程中，老一辈工程师们对工程质量严谨苛刻的要求让他震撼，也深受教育。

11 月 17 日，E15 沉管正式回撤。将已经出坞的巨型沉管重新拖回坞中，他们在作业海区顶着五六级大风以及超过 1m 高的海浪条件下返航。约 7 海里的航程，回航编队小心翼翼地走了 24 小时，E15 沉管毫发无损地被拖回沉管预制厂深坞区。这在世界沉管建设史上并没有先例。

"E15 回坞直到第二次出航是我最焦虑的时期，因为项目部委托我牵头组织全国最熟悉珠江口水沙情况的科研单位和专家对 E15 管节安装过程中发生突淤的原因和解决方案进行联合攻关，时间非常紧迫，压力非常巨大。"梁桁坦言，因为深坞区寄存空间是一定的，E15 返航存放就意味着不能继续生产其他管节，工厂基本处于停工状态。而如果长期停工，就会导致大量工人离职。"这些工人都是从 2011 年 12 月就开始培训的，他们熟悉流程和每一道工序，如果他们流失了，后续沉管的预制质量就会无法保障！"因此项目部一边采取各种措施稳定工人情绪，确保熟练工人不流失。一方面力求在最短的时间内找出发生突淤的原因并给出解决办法。

"沉管回坞后，我们立刻组织了包括气象、海洋、泥沙等领域专家会诊，成立'隧道基槽泥沙回淤专题攻关组'，采取排除法，同时使用卫星遥感测量、多波束扫描、水体含沙量实时监测以及大型三维泥沙数值模拟等高科技手段，最终得出结论：上游的采砂造成了突淤。"据高纪兵介绍，该区域的采砂企业都持有政府批准的合法文件，几乎是整个珠江三角洲所有地区的砂源。面对港珠澳大桥这个国家工程，广东省政府全力协调各方利益关系，果断决定：为确保港珠澳大桥顺利施工，立即停止采砂。

2015 年 2 月 24 日，大年初四，E15 管节回航 4 个月后，再次出征。沉管即将达到安装区时，收到最新消息：E15 沉管碎石基床尾部突然发现 2000m² 的淤积物，泥沙厚度为八九十厘米。

分析认为，当第一次出现回淤后，施工人员清理了基床槽底的淤泥，而基槽边坡上也覆盖了一层厚厚的回淤物，当回淤物受到外力扰动后发生了雪崩般的"塌方"。

"遇到这样大面积的泥沙回淤，只能再次返航。"回想当初的场景，梁桁仍难掩失落，E15 沉管的第二次回拖现场海风呜咽，气氛凝重，甚至有人当场落下热泪。

两次返航的深刻教训为工程提出了新的要求：建立一套回淤预警预报系统。经过攻坚克难，梁桁带领团队实现了回淤预警从宏观到微观、从长期到短期以及微量化的创新，保证了此后每节沉管安装前的回淤预警预报。

在创新手段的护航下，2015 年 3 月 24 日，浮运船队携 E15 沉管第三次踏浪出海，经过数轮观测、调整后，E15 沉管在 40 多米深的海底与 E14 沉管精准对接。

大国工匠，他们是超级工程背后的缔造者

经历过种种挫折，种种磨难，最终，港珠澳大桥以 64 项创新技术贡献给世界沉管隧

道工程。中国是沉管隧道工程的后来者，然而，"如积薪耳，后来者居上"，这背后是中国工程人员的勤奋、智慧和不屈的斗志。

"港珠澳大桥的创新基本上分为六大方面，分别是外海快速成岛技术创新、沉管隧道基础设计施工创新、沉管工厂预制一体化创新、沉管结构设计创新、自主开发了外海沉管安装成套技术以及管理上的创新等。"尹海卿介绍。

这些创新中，让高纪兵印象最深的是沉管结构设计创新。

自1928年人类工程史上修建第一条钢筋混凝土沉管隧道以来，所有沉管结构只有刚性和柔性两种。"刚性结构好比一块长条积木，而柔性结构好比将小积木块拼接成积木条。"高纪兵形象地比喻，但现有工程记录显示，这两种结构体系沉管隧道都是浅埋隧道，沉管回填及覆土厚度在2～3m；而港珠澳大桥隧道是世界上唯一深埋沉管隧道，最深沉放水下44.5m，上有20多m覆盖层，超过浅埋沉管5倍的荷载。"如果采用传统的结构体系，沉管结构得不到安全保障。"

面对问题，国外权威隧道专家给出"深埋浅做"的两个解决方案，其一是在沉管顶部回填与水差不多重的轻质填料，这需要增加十多亿元人民币投资，工期也将延长；其二是在120年运营期内控制回淤物厚度，进行维护性疏浚，维护费数十亿元人民币。

这样昂贵的代价让中国工程师心有不甘，经过近一年的攻坚克难，他们在刚性结构的基础上提出了半刚性结构的概念，"如果还用积木举例子，就相当于用小积木块拼成积木条的同时，在每两节积木块中间用松紧带连接起来，让它们实现既分离又相互间有联系。"高纪兵介绍，这能有效增强深埋沉管的结构安全性。

半刚性结构理念一提出就遭到了国内外诸多同行专家的质疑，说服权威专家并取得共识似乎比技术论证本身更艰难。这个艰难的过程从2012年底一直持续到2013年8月。最终，他们邀请国内外6家专业研究机构进行"背对背"分析计算，从模型实验及原理上验证"半刚性"结构。研究论证结果趋同，证明"半刚性"是从结构上解决沉管深埋的科学方法，最终得到了各方面的一致认可。

经过两年的努力和坚持，"半刚性"只花费了极小的代价就把沉管深埋的构想变成了现实，到2016年11月23日，已安装隧道总长达到5130m，目前它不仅已经是世界上最长的公路沉管隧道，也超过了国内沉管隧道的总和。

从此，世界百年沉管结构的工具箱除了已有的"刚性""柔性"之外，还增加了"半刚性"的新成员。

德国模板PERI公司大中华地区业务主管郑宽志先生评价道："港珠澳沉管预制的水准绝对是世界一流的。港珠澳项目总经理部对项目的管理及现场的施工水准可以用通俗的话来讲是一个超级样板工程，这不仅为中国，也为全球的施工定出了一个全新的高标准。"

在港珠澳大桥管理局聘请的第三方咨询单位荷兰TEC公司专家、隧道专业负责人和首席隧道专家汉斯·德维特看来："港珠澳大桥岛隧工程项目团队对所从事工作保有高度责任心，有时候他们或许会深深感觉承担责任的痛苦，不得不逼着他们快速学习许多事情，但最终中国交建会变得更强大，能够在海外的沉管隧道工程中与国际承包商竞争。"

这是大国工匠精神，也是尹海卿、高纪兵、梁桁在采访中一致提到的"大工人的特质"。毕业16年，提到母校，高纪兵的第一反应依然是"学在大工。晚自习每个教室都人满为患，去晚了就没位置了。"在尹海卿看来，经过大工浓厚学习氛围的熏陶，哪怕走上不同岗位，哪怕毕业多年，大工人好学、踏实、勤勉、钻研的特质也已溶入血脉基因，成为大工人共同的特质，也成为大国崛起中各行各业先锋精英的共同特质。

除了三位受访校友外，还有更多的大工校友参与到港珠澳大桥的建设中，为他们点赞！

［本文来源于天健网（2018 年 10 月 24 日），作者：周学飞；记者：金东淑］

案例8： 许斐：生命虽艰，但大工人足够相信

许斐是大连理工大学2008级桥梁专业的一名博士生，一张秀气的脸庞除了有点清瘦之外，已经看不出她曾经是一名白血病患者。

不幸：女博士求学期间患上白血病

2006年，许斐师从建工学部桥隧研究所所长张哲教授攻读研究生后攻读博士，张哲教授是大连星海湾大桥总设计师，2011年，许斐同时参与了张哲教授主持设计的包括星海湾大桥在内几个工程项目并顺利完成博士论文开题，而此时，生性好强的许斐忍耐已久的身体不适却终于爆发，检查的结果让年轻的姑娘如乌云压境般喘不过气来——慢性粒细胞性白血病。

许斐说："那是一段黑色的日子，心里被恐惧、怨恨、迷茫填满，特别想不开。"第一个知道许斐患病消息的是她的男友王德慧，也同是大工桥隧研究所的博士生，许斐和王德慧相恋于2005年，两人一同考研、读博，在得知许斐患病之后，王德慧毅然担负起照顾许斐的重任，常伴左右。我们不知道什么才是爱情最好的模样，对于许斐和王德慧来说，可能就是能够挽着手一起向前走吧。

别哭：导师和同学为她筹款治病

很快张哲教授和研究所的师生得知许斐患病的消息。大家第一时间赶到病床前给她鼓励，张老师告诉许斐："要相信一定会好的，费用方面研究所会想办法，到任何时候我们都会帮你，家里的房子一定不能卖。"老师朴素的话语化成许斐脸上难以抑制的热泪，早已泣不成声。在张哲教授的倡导下研究所的老师和同学们发起了募捐，很快在仅有二十几位老师的研究所内筹到了27万元，接着建设工程学部青协也参与筹款，陆续在学校范围内又筹集善款十余万元。对许斐第一阶段的治疗起到了决定性的作用，许斐很快被转到北京医院等待进一步的治疗。许斐说："在家人都不在身边的时候，大工桥隧研究所的老师和同学们给了我山一样的依靠，张老师不断告诉我，不管任何时候大家都会帮助我的，大家说让我相信会好，我就真的会相信。"就像茨威格所说："勇气是逆境当中绽放的光芒一样，它是一笔财富，拥有了勇气，就拥有了改变的机会。"

爱情：相爱十二年男友一直陪伴左右

在家人和教研室师生四处寻医问药下了解到，慢性粒细胞性白血病并非不治之症，但根治的途径只有骨髓移植，接下来几年，漫长的治疗过程一波三折，许斐与亲弟弟的配型结果不成功，但万幸的是在中华骨髓库中找到一个与许斐全相合的配型，并且对方也表示愿意捐赠，生命的大门再次为许斐打开。手术顺利进行之后许斐回家休养，虽然身体依然虚弱，但她一直没有忘记自己的学生身份，导师张哲教授一直安慰她说："养好身体才是最要紧的。"但是许斐在病床上又拿起文献，开始写论文。正当许斐觉得可以重新开始生活的时候，病情却又发生反复，2013 年许斐发生了严重的肺部排异，在 2013 年到 2015 年期间许斐又经历了大大小小的数次手术，2016 年病情刚刚稳定下来，竟又发现由于在治疗肺排异时使用了大量激素，出现了股骨头坏死等一系列关节问题，稍有劳累就会关节疼痛。但当被问到关节疼痛的问题时，她会轻描淡写的笑着说："这些不算什么。"许斐就是这样一个爱笑的清瘦女孩，坚强得让人心疼。

虽然饱受病痛折磨，但让人欣慰的是这个坚强姑娘的生命始终被爱滋养着，饮食起居都由细心的男友王德惠一手操持，从本科阶段相恋至今，两人已携手走过了十二年，王德慧说："我不去想那么多，只想把她照顾好！"人们常说，陪伴是最长情的告白，因为这意味着有人把最珍贵的东西给了你，那就是时间。

坚强：带病完成 7 万余字博士论文

在许斐患病的六年的时间里，虽经历了病情的反反复复，但她始终没有放下学业，许斐坦言，也有很多次自己觉得坚持不下去了，但是想到自己热爱的专业，想到老师和同学们给自己莫大的鼓励，还是选择坚持完成学业，正如海明威所说："人不是生来被打败的！" 2017 年 6 月，许斐完成了 7 万余字的博士论文《单承载面下承式连续梁拱组合体系桥结构性能相关问题研究》，并以优异的成绩完成了预答辩。导师张哲教授说："许斐一直是一个非常优秀的学生，但我也没有想到她能带病完成论文，而且完成的水准很高。她的执着和坚持是我们桥隧研究所一笔宝贵的精神财富。"

如今许斐的身体已经逐渐恢复，大工桥隧研发基地为许斐提供了工作，张老师还特别批准她如果身体不适也可以在家网上办公，希望宽松的工作环境让许斐调养身体的同时也能自食其力，发挥自己的专业才华。许斐也表示，她现在最想做的就是用所学回报学校、父母、老师和同学们。

六年中，在许斐最脆弱的阶段，是众人的关爱给她重生的希望，给她生命的滋养，给她生活的光芒。这世界上没有人是一座孤岛，有了爱的陪伴才有了生命的意义。面对命运的多舛，爱笑的许斐说得最多的却是感恩！她总说："失去了很多，但是却收获了这么多的爱和帮助。"

生命虽艰，但大工人足够相信。

［本文来源于大连理工大学新闻中心（2017 - 07 - 10），作者：杜佳］